嵌入式系统译丛

电源与供电

Power Sources and Supplies

〔美〕Marty Brown 著

郭利文 译

北京航空航天大学出版社

内 容 简 介

本书从线性稳压器设计入手,逐步介绍开关电源及相应的设计事项。从电源设计的基本概念到电源设计中的各个主要组件分别介绍,从线路到元件,从理论到实践,由浅入深、图文并茂地介绍了电源的设计与应用。内容包括:线性电源与开关电源的基本概念,DC-DC转换器的设计与磁性的基本概念,电源中的控制线路的设计,非隔离电路以及变压器隔离电路的基本概念、类型及其应用,各种不同的功率半导体以及各自的应用范围、优缺点等,电源设计中的传导和开关损耗,功率因子校正以及在电源设计与效率优化中的重要性,离线转换器的设计与磁性的基本概念,"真正正弦波"逆变器设计实例,在电源中进行热分析与设计。

本书语言生动、实例丰富、结合实际,无论对于刚接触电源设计的新手还是资深设计验证工程师,本书都是案前必备的参考书。

图书在版编目(CIP)数据

电源与供电 /(美)马蒂·布朗著;郭利文译
. -- 北京 : 北京航空航天大学出版社,2013.10
书名原文:Power Sources and Supplies
ISBN 978-7-5124-1052-7

Ⅰ. ①电… Ⅱ. ①马… ②郭… Ⅲ. ①电源②
供电 Ⅳ. ①TM91②TM72

中国版本图书馆 CIP 数据核字(2013)第 019911 号

电源与供电
Power Sources and Supplies
[美]Marty Brown 著
郭利文 译
责任编辑 刘 晨 刘朝霞

*

北京航空航天大学出版社出版发行

北京市海淀区学院路 37 号(邮编 100191) http://www.buaapress.com.cn
发行部电话:(010)82317024 传真:(010)82328026
读者信箱:emsbook@gmail.com 邮购电话:(010)82316936
涿州市新华印刷有限公司印装 各地书店经销

*

开本:710×1 000 1/16 印张:20.5 字数:437 千字
2013 年 10 月第 1 版 2013 年 10 月第 1 次印刷 印数:4 000 册
ISBN 978-7-5124-1052-7 定价:49.00 元

版 权 声 明

北京市版权局著作权登记号：图字：01-2008-3392

译者序

7年前,我加入一家服务器研发公司,并一直工作至今。刚进公司的我便进入了信号完整性测试与验证部门(Signal Integrity,SI),在那里我第一次比较系统地接触了电源及电源完整性方面的概念。随着设计的复杂度和精确度以及电源效率的要求不断地提高,后来电源与电源完整性单独成为了一个部门。随着研究的深入,我不断地发现电源在整个设计过程中至关重要——特别是在云计算领域。云计算使得大量的高功率密度设备集中放置,直接的结果就是能耗成倍增加。目前数据中心运行成本中增加最快、所占份额最大的部分就是能耗成本,而这些能耗中的大部分被服务器和冷却系统所消耗。如果在云计算数据中心建设前期购置设备时,基于10年的生命周期来考虑,假设用户大约需要花费近1亿美元的设备投入。当达到生命周期时,其电力支出也会接近1亿美元,而其他花费大约需要4千万美元左右。因而,其能源成本不可小觑。

今年,在和北京航空航天大学出版社胡晓柏主任聊天时,他问我是否有兴趣帮忙翻译一本关于电源方面的书。没过几天就收到了该书的英文版,顿时如获至宝、相见恨晚。

本书的英文作者 Marty Brown、Nihal Kularatna、Raymond A. Mark Jr. 以及 Sanjaya Maniktala 都是才华横溢的电源设计工程师。在电源设计领域中有着数10年的工作经验,是电源方面的佼佼者,不论是 AC-DC 还是 DC-DC,不论是线性电源还是 PWM 电源方面都有着各自独到而深入的见解。本书便是他们各自观点的集中体现,涵盖了电源设计的方方面面。从线性稳压器设计入手,逐渐介绍开关电路以及相应的设计事项。从电源设计的基本概念,到电源设计中的各个主要组件分别介绍,从线路到元件,从理论到实践,由浅入深、图文并茂地介绍了电源的设计与应用。

本书分为12章,其中第1、2章分别介绍了线性电源与开关电源的基本概念。第3章介绍了DC-DC转换器的设计与磁性的基本概念。第4章集中介绍了电源中的控制线路的设计。第5、6章分别介绍了非隔离电路以及变压器隔离电路的基本概念、类型及其应用。第7章重点介绍了各种不同的功率半导体以及各自的应用范围、优缺点等。第8章分别介绍了电源设计中的传导和开关损耗。第9章介绍了功率因子校正以及在电源设计与效率优化中的重要性。第

电源与供电丛书

2

10 章介绍了离线转换器的设计与磁性的基本概念。第 11 章基于第 10 章的理论基础,具体介绍了"真正正弦波"逆变器设计实例。第 12 章介绍了与电源应用中息息相关的热的概念,怎样在电源中进行热分析与设计。全书语言生动、实例丰富、结合实际,无论对于刚接触电源设计的新手还是资深设计验证工程师,本书都是案前必备的一本参考书!

几个月艰苦的翻译工作是一种磨练,更是对自身知识的一次梳理和升华。尽管每天的设计工作都会与"电"打交道,但并不系统,更多的时候会求助于各电源厂商的数据手册以及应用工程师的指导建议,而国内可以参阅的书籍非常有限。即使有,很多的知识和观点都已经比较陈旧。而由于经常参考的数据手册都是英文版,许多专业术语在日常工作中都是直接使用英文表达,因此在翻译过程中不得不字斟句酌,经常会为如何恰当翻译一个词汇而不断进行推敲。在翻译过程中发现了几处英文原文的错误,经原作者同意,在中文版中得以纠正。

全书主要由笔者翻译并校对。我的同事孙金艳、吴政道(中国台湾)、林韦成(中国台湾)等通读了译稿,并提出了许多修改建议。湖南师范大学王亿芳、唐瑶等同学也为本书的翻译做了大量的工作,从而促成了本书的迅速问世。Lance Lee(美国)、Robert Yuan(美国)是我的上司,和我亦师亦友,他们在英文及工作方面给予了我很多的帮助。在此,谨向他(她)们表示衷心的感谢。

湖南师范大学物理与信息科学学院邓月明老师及湖南省教育厅教学改革研究项目(编号:2012－401－80)成员参加了对译稿的校对工作,在此一并表示感谢。

我还要感谢我的老板 Foo-Ming Fu(中国台湾)。7 年前,我加入了他的公司,在这里,我从一个云计算研发方面的菜鸟成长为一名资深的研发工程师;在这里,我的专业素养、研发与管理技能得以长足进步,从而为翻译工作打下了坚实的专业基础。

我也要特别感谢我的妻子——高芳莉,正是由于她的无私帮助和全力支持,使我能全身心地投入到自己所热爱的工作之中,而由于她的英文专业的背景,令我在翻译过程中如鱼得水,并在短短几个月的时间里完成了此书的翻译工作。

翻译是一件很难做得完美的事。由于时间仓促及水平所限,错误及不妥之处在所难免,欢迎各位读者批评指正,并提出宝贵意见。

郭利文

2013 年 8 月

前　言

　　本书综合了线性和开关电源设计领域的四本书的精华,涵盖了电源设计的方方面面,也包括了这些作者对电源设计的不同观点,使读者对电源领域有更全面的认识。

　　这个领域的设计者成长为电源工程师都有各自的原因,对于我而言,纯属偶然。在当工程师的 5 年里,我仅仅使用 780X 线性稳压器进行过设计。我在航空电子产品设计中负责数字部分的设计。完成这项工作后,我对经理说:"我们需要让这些产品起飞,但不能采用这些测试台上的电源,我们需要进行电源设计。"

　　他回答说:"我一直在等待看谁能够第一个完成这项任务。"经过一年的时间,相继研发出 4 个不同的版本,该产品成功起飞了。

　　这也是我涉足开关电源的开始。1974 年还没有 PWM 控制芯片。要实现 PWM 的功能,只能通过对线性稳压器提供正反馈,或者使用 556 芯片实现所需要的功能。当时,功率半导体器件仅有离散双极晶体管和快恢复二极管。

　　从那以后,该技术取得了长足的发展。半导体供应商提出了虚拟的"即插即用"的方案,例如美国国家半导体公司(National Semiconductors)的 Simple Switcher™方案。在线设计和仿真工具使得设计看上去迅速而轻松。其他的供应商同样如此,例如磁性元件供应商,他们使开关电源设计变得比以往更轻松。他们制造并设计了许多的标准形状和不同感值的电感和变压器系列。

　　然而,一旦你的设计超过了简单的 PCB 层级的开关电路,那些在线工具就会迅速失效。如今大部分刚毕业的工程师都处在数字硬件和软件领域,他们的基础电子课程只涵盖了物理电子学而已。所以,一旦需要设计一个电源,它就变成了一个谁能跑得最快的问题! 当然,这些工作通常就会落在最资浅的工程师身上,然后它又成为他或她的下一个任务。

　　由于"惯性效应",从此,电源设计通常会贯穿于工程师在公司里整个设计生涯。对我来说,这是幸运的。我总是对那些由射频、数字、模拟以及电源所组成

电源与供电

的未知而又深具趣味性的领域感到好奇。而我所获得的回报就是我能直观地理解那些很少有工程师涉足的领域,而我的电源设计能够在当今世界上许多的产品上应用。

本书的撰稿人都是有着不同经验背景的非常受人尊重的工程师。他们从不同角度讲述电源领域方面的设计。

所以,好好学习,好好设计。

Marty Brown

2007 年 9 月

关于作者

Marty Brown(第 1、9 章和 12 章)是 *Power Supply Cookbook* 和 *Practical Switching Power Supply Design* 两本书的作者。在 11 岁时,他就获得了业余无线电执照,而他已经把电子设计作为了他一生中的业余爱好。1974 年,他以优异的成绩毕业于德雷克塞尔大学。他的电子设计生涯包括美国海军部门的水下声学设计、机载气象雷达设计(数字和开关电源(SMPS)部分)、卫星编解码器以及过程控制设备等。他以前是摩托罗拉半导体公司的一位资深应用工程师,在那里他定义了不止 8 款半导体产品并投放在功率转换市场,同时获得了两项专利。接着,他开始组建了他的电子咨询公司,从此开始为许多半导体公司做从卫星电源系统到电源相关集成电路的设计。目前,他在 Microchip 公司从事数字控制电源领域的研发。他有 8 个小孩,其中 5 个是收养的。他的妻子是一个在跨种族收养领域及相关问题方面的国际知名的作家和演讲家。他目前生活在亚利桑那州斯科茨代尔。

关于撰稿人

Nihal Kularatna(第 7 章)是 *Power Electronics Design Handbook* 的作者。他作为一名电子工程师,在专业研究领域有超过 30 年的设计经验。他是 IEE(伦敦)的成员、IEEE(美国)的高级成员以及斯里兰卡佩拉德尼亚大学的荣誉毕业生。目前,他是新西兰怀卡托大学工程系的资深讲师。他曾在斯里兰卡阿瑟·克拉克现代技术研究所(ACCIMT)担任研发工程师,并于 1990 年担任首席研究员工程师。2000 年,他被任命为 ACCIMT 的 CEO。2002—2005 年,他成为了奥克兰大学电气与电子工程系的资深讲师。目前,他活跃在电力电子的瞬态延时、功率调节、电力电子技术的嵌入式处理应用以及智能感应系统方面的研究。他已经出版了 5 本书,而本书将是他的第 6 本。他的业余爱好是打理仙人掌以及肉质植物方面的园艺研究。

Raymond A. Mack, Jr. (第 2、4、5、6 和 11 章)是 *Demystifying Switching Power Supplies* 的作者。

Sanjaya Maniktala(第 3、8 和 10 章)是 *Switching Power Suppliers A to Z* 的作者。他是 Fairchild 公司的资深应用工程师以及系统架构工程师。硕士毕业于印度孟买的印度理工学院的物理系以及位于伊利诺州埃文斯顿的西北大学。他曾在好几个大洲工作过,并且在诸如 Artesyn Technologies 公司(如今是 Emerson Electric 公司的一部分)、Siemens AG 公司、Freescale 半导体公司以及 Power Integrations 公司工作并担任工程主管职位。最近连续 5 年,他是国家半导体公司中最多产的作家,在此期间,他写了许多被人们广泛用来查看和研究的参考文献以及应用笔记。在他的空闲时间里,他也为几个主要的电子出版物如 EDN、Electronic Design、Power Electronics 以及 Planet Analog 等写了几篇文章。在功率转换及控制领域,他也有几项专利,如"悬浮降压稳压器技术"等。

目　　录

电源与供电

2

电
源
与
供
电

第 5 章　非隔离电路

第 6 章　变压器隔离电路

第 7 章　功率半导体

3

电源与供电

4

电源与供电

电源与供电

第 1 章

线性稳压器的介绍

> 线性稳压器是最简单的 DC-DC 转换器,但是不要因此而被它的表象所迷惑。要能够稳定地应用线性稳压器,有几个参数很重要,它们是热设计、输出调节、稳态考虑以及瞬态响应。其中的任何一个都可能引起系统行为异常。
>
> 线性稳压器比开关稳压器的应用要广泛得多。它们应用在作为负载点的产品中。在这些产品中,本地电路调节、对噪声敏感的线路需要采用"安静"的电压总线以及生成便宜的电压总线。
>
> 如果你完全采用线性稳压器来进行设计,那么你只能被称为电源设计者。除非你采用开关电源进行设计,否则你不会很清楚地了解这个领域的复杂性。因为你还只是个菜鸟。
>
> 我试着采用简洁而又直接的方法来讲述线性稳压器有多灵活。对这些设计实例进行扩展和稍作修改就能满足许多其他的应用。其他相关的课题,比如热设计,将会在第 12 章进行详述。
>
> ——Marty Brown

线性稳压器是电源调整器的最初形式。它主要是通过主动电子器件的电导率来把输入电压降压为相应的输出电压。因而线性稳压器以热能的方式浪费大量的功耗。但是尽管如此,它依旧是"安静"的电源供应器。

线性电源在转换效率不是很重要的场合应用很广泛,包括供电墙、采用空气冷却即可的地面设备、还有对电子噪声很敏感、要求很"安静"的电源的仪器设备中,这些可能包括音频和视频放大器、射频接收器等等。线性稳压器在本地和板级设备中也大受欢迎。在板级应用中,因为只有很少的功耗,所以可以由一个简单的散热器来实现。如果需要对 AC 输入电源进行介质隔离,那么就需要采用 AC 变压器或者大容量电源。

通常而言,线性稳压器在小于 10 W 的输出电源应用中非常有用。如果大于 10 W,散热器将会变得很大而且很贵,因此在这种情况下开关电源将更加吸引人。

1.1 基本线性稳压器的操作

不管是线性电源还是开关电源,它们都得遵循相同的基本准则。所有的电源都有一条紧靠核心区域的负反馈回路。这些反馈回路主要是稳定输出电压。图1.1所示的是串通线性稳压器的主要部分。

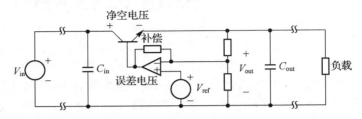

图1.1 基本的线性稳压器

线性稳压器只是降压稳压器,也就是说,它的输入电压必须比输出电压要高。线性稳压器分两类:并联稳压器和串通稳压器。并联稳压器的稳压器与负载并联,未调节的电流源连接到高电压源,并联稳定器在不同的输入电压和负载电流的情况下,通过输出电流来维持负载电压的恒定。典型的实例是齐纳二极管稳压器。串通线性稳压器在输入电源和负载间采用一个有源半导体作为串通单元,比并联稳压器更有效率。

串通单元工作在线性模式,这也就意味着它只会工作在部分导通的模式,而不会工作在全开和全关模式。负反馈回路是用来侦测串通单元的导电率从而保证输出电压的稳定。

负反馈回路的核心是一个所谓的"电压误差放大器"的高增益运算放大器,其目的是持续地比较参考电压和输出电压之间的不同。如果输出电压的误差仅仅是毫伏级别的,那么将会对其进行自动纠正。稳定的电压参考放置在无翻转的输入端,并且通常比输出电压低。输出电压分压到参考电压水平,分压后的输出电压接入到运放的可翻转输入端。这样在额定输出电压下,输出电压分压器的中心节点的电压等于参考电压。

误差放大器的增益会产生一个电压,用来表示参考电压和输出电压之间的放大差异。误差电压直接控制串通单元的电导率从而保持额定输出电压。如果负载增加,输出电压将会下降,这样将会使放大器的输出电压增加,因而提供更多的电流给负载。同样,如果负载减少,输出电压增加,从而可通过误差放大器的响应来减少通往负载的导通单元的电流。

误差放大器对输出电压改变的响应速度以及输出电压的精度保持主要依赖于它的反馈回路补偿。反馈补偿受分压器以及误差放大器负端和输出端的元件控制。这样的设计决定了有多少增益会表现在直流上,而这也就决定了输出电压的精度。它也决定了有多少增益表现在放大器的高频和带宽部分,而这也就决定了需要花多少时间来响应输出负载改变或者叫做瞬态响应时间。

线性稳压器的工作原理很简单。所有的稳压器的核心线路都很相似,甚至包括复杂的开关稳压器。电压反馈回路执行电源的最终功能——维持输出电压的稳定。

1.2　一般线性稳压器的注意事项

目前的线性稳压器主要应用在板级、低功耗的场合,通过三端稳压器芯片的使用轻松实现。尽管偶尔在有些场合会要求更高的输出电流或者更多的功能——而这些功能也许是三端稳压器无法实现的。

以上的两种情况和那些非集成的定制设计的情况在设计方面都有一些共同的设计考虑。这些设计考虑定义了最终设计将会遇到的工作范围,它们之间的关系需要通过计算得出。然而不幸的是,许多工程师忽视了它们,从而导致产品量产后在其工作范围内会出现麻烦。

第一个需要考虑的是净空电压。净空电压是在操作时,输入电压和输出电压之间的实际电压落差。该参数主要要到后续的设计流程中才会涉及,但是在设计中应该首先考虑它——为了确定采用线性电源是否满足这个系统的设计需求。首先,在电压落差中,超过95%的功率损耗在线性稳压器上。净空损耗通过以下公式计算:

$$P_{HR} = (V_{in(max)} - V_{out})I_{load(rated)} \qquad (1-1)$$

如果系统在最高限定的环境温度下不能处理由此损耗而产生的热能量,那么就得采取另外一种方案。净空损耗决定了线性稳压器的串通单元上需要多大的散热器。

快速估算热分析将告诉设计者在最高限定的环境温度下,线性稳压器是否有足够的热裕量来满足产品的需求。在第12章会有相关的热分析实例。

第二个需要考虑的是线性稳压器的特定拓扑的最小压降。该电压是线性稳压器可以接受的最小的净空电压,低于该值时,线性稳压器不会起作用。这个电压值可以通过传输型晶体管是怎样产生它们的驱动偏置电流和电压来推断。通用正线性稳压器采用一个 NPN 双极型功率晶体管(图 1.2(a))。为了产生给传输型晶体管正常工作所需的基极—射极电压,该电压必须由集电极—射极电压产生。对于 NPN 传输单元,这就是实际的最小净空电压。这也表明净空电压不能低于任何 NPN 传输单元的基极—射极电压($\sim 0.65V_{DC}$)以及任何基础驱动元件(晶体管和电阻)的压降之和。对于像 MC78XX 系列这样的三端稳压器,该电压是 $1.8 \sim 1.5V_{DC}$。对于为实现正向输出而采用 NPN 传输型晶体管的定制设计,该压降可能会高一些。对于那些输入电压和输出电压之差接近 $1.8 \sim$

$1.5V_{DC}$的场合,推荐使用低压降的稳压器。对于采用 PNP 传输型晶体管的拓扑来说,它不再采用净空电压或者输入电压(图 1.2(b))而是采用输出电压来产生基极-射极电压。这样就使得稳压器有最小 $0.6V_{DC}$ 的压降。P 沟道的 MOS-FET 也可以采用此功能从而能够让压降接近 0 V。

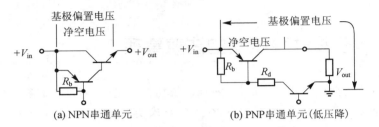

图 1.2 串通单元对下降电压的影响

在正常工作过程中,当线性稳压器的输入和输出接近时,压降会成为一个驱动问题。如果采用交流墙(AC wall)电源变换器工作,就有可能会发生欠压条件(最小 AC 电压)。低压降稳压器(如 LM29XX)可以使得稳压器在一个更低的 AC 输入电压下工作。低压降稳压管在开关电源中也被广泛当成后稳压器来用。在开关稳压器中,效率是最受关注的参数,因此净空压降需要保持最小值。比起串通的基于 NPN 的线性稳压器,低压降稳压器可以节省几瓦的损耗。如果一个应用从来不要求净空损耗低于 1.5 V,那么就可以使用传统的线性稳压器(例如 MC78XX)。

另外一个需要考虑的是需要使用的传输单元的种类。从净空损耗的观点来看,使用双极型功率晶体管和采用功率 MOSFET 管是没有差别的。区别在于驱动电路。如果净空电压高,控制器(通常是地面导向电路)必须把来自输入或者输出电压的电流拉到地。对于一个简单的双极型传输晶体管来说,这个电流是:

$$I_B = \frac{I_{Load}}{h_{FE}} \qquad (1-2)$$

仅消耗在驱动双极型传输晶体管的功耗为

$$P_{drive} = V_{in/max} I_B \ 或者 \ V_{out} I_B \qquad (1-3)$$

驱动损耗可能会很显著。传输晶体管可以增加一个驱动晶体管用来增加传输单元的有效增益,从而减少驱动电流,或者传输单元可以采用幅值比双极型功率晶体管的直流驱动电流小的功率 MOSFET 管。但不幸的是,MOSFET 管需要高达 $10V_{DC}$ 电压来驱动栅极。这样就会极大地增加压降。在线性稳压器的绝大多数的应用中,缓冲性传输单元和 MOSFET 管在效率方面几乎没有区别。双极型晶体管比功率 MOSFET 管要便宜很多,同时较少产生振荡。

线性稳压器是一项成熟的技术,因此半导体制造商通常会采用集成方案来实现。如果单独采用集成线性稳压器不能实现,通常在这些 IC 周围增加更多的元件即可满足。否则,就必须完全采用定制的途径来实现。接下来将通过设计实例来一一介绍这些不同的方案。

1.3　线性电源设计实例

线性稳压器可以根据不同的性能和价格需求进行设计。接下来的设计实例将会说明,采用线性稳压器进行设计可以从很基础到很复杂。对增强型三端稳压器的设计将会简略说明,因为集成芯片的规格书都有详述。由于线性稳压器的相关功耗大,热设计通常是一个大问题。在一些设计实例中会提到热分析和设计。更多更深入的探讨请参考第12章。

1.3.1　基本离散线性稳压器设计

在运放问世之前,该类型的线性稳压器被经常使用,在客户端设计还可以省钱。它们的缺点主要包括温度漂移和负载电流幅值有限等。

1. 齐纳并联稳压器

这类稳压器通常用于负载低于200 mW的本地电压调节。在较高电压及齐纳二极管之间放置一颗串联电阻用来限制流向负载的电流。齐纳二极管用来补偿负载电流的变化。齐纳二极管会有温度漂移。漂移特性在许多齐纳二极管的数据手册中会给出。其负载调节能够满足集成线路的绝大多数的规格。同时,比起串通线性稳压器来,它的损耗更大,因为它的损耗是根据最大的负载电流而设定的,对于任何负载来说,都会低于该值。图1.3所示的是齐纳并联稳压器。

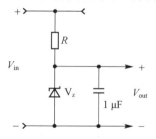

$$V_{in(min)} > V_{out} + 3 \text{ V}$$

$$V_Z = V_{out}$$

$$R \approx \frac{V_{in(min)}}{1.1 I_{out(max)}}$$

$$P_{D(R)} = (V_{in(max)} - V_{out})^2 R$$

$$P_{D(Z)} \approx 1.1 V_Z I_{out(max)}$$

图1.3　齐纳并联稳压管

2. 晶体管串通线性稳压器

在基本的齐纳稳压器上增加一个晶体管,这样就可以利用双极型晶体管的增益优势。晶体管变成了射极跟随器,能够给负载提供更多的电流,这样齐纳电流就可以减少。这里晶体管充当基本的误差放大器(图1.4),当负载电流增加时,基极的电压增加,晶体管的导通率增加,从而使电压恢复到原先的水平。晶体管可以根据负载和净空损耗的要求来选择相应的尺寸。采用TO-92晶体管能够支持高达 0.25 W 的负载,或者给更重的负载采用 TO-220 晶体管(视散热器而定)。

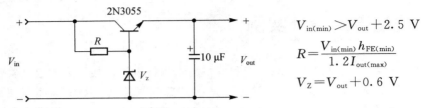

$$V_{in(min)} > V_{out} + 2.5 \text{ V}$$

$$R = \frac{V_{in(min)} h_{FE(min)}}{1.2 I_{out(max)}}$$

$$V_Z = V_{out} + 0.6 \text{ V}$$

图 1.4　分立式双极型串通稳压器

1.3.2　基本的三端稳压器的设计

三端稳压器主要应用在板级稳压器中。在这些应用中,三端稳压器价格便宜并且容易使用。三端稳压器还可以作为基础模块应用在更高性能的线性稳压器中。

在使用三端稳压器时,最容易被忽略的是过流保护的方法。这个方法通常是采用稳压器芯片上的过热截止,通常是 150~165 ℃。如果负载电流在三端稳压器中流过,而且散热器很大,那么稳压器有可能因为过流(封装线、IC 走线等)而失效。如果散热器太小,负载有可能因此而不能从稳压器得到足够的电源。另外一个考虑是如果负载电流通过一个外在的旁路电路进行,过热截止的功能将无效,因而需要另外一种过流保护的方法。

1. 基本三端正稳压器设计

本例将阐述在对每一个三端稳压器进行设计时应执行的设计考量。许多设计者仅仅查看稳压器的电子规格,而往往忽略了散热降额部分。在高净空损耗以及高环境温度下,稳压器只能实现部分的全额定性能。事实上,在三端稳压器的大部分的应用中,散热器决定了其最大的输出电流。制造商的电气额定值可以看做是把它安装在一大块金属上并放置在海洋里。任何采用非正统元件的设计都必须工作在较低的水平。下例为一个典型推荐的设计流程(图 1.5)。

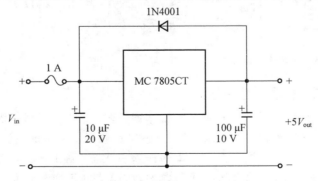

图 1.5　三端稳压器

设计实例　1采用三端稳压器

规格　　输入：$12\ V_{DC}$（最大值）

　　　　　　　　$8.5\ V_{DC}$（最小值）

　　　输出：$5.0\ V_{DC}$

　　　　　$0.1\sim0.25\ A$

　　　温度：$-40\sim+50\ ℃$

注意：当系统关机的时候，需要 1N4001 来为 $100\ \mu F$ 电容放电。

热设计数据手册如下：

$R_{\theta JC}=5\ ℃/W$

$R_{\theta JA}=65\ ℃/W$

$T_{j(max)}=150\ ℃$

$P_{D(max)}=(V_{in(max)}-V_{out})I_{load(max)}=(12-5\ V)(0.25\ A)=1.75\ W$（净空损耗）

在没有散热器的情况下，结点温度将是：

$$T_j=P_D R_{\theta JA}+T_{A(max)}$$
$$=(1.75\ W)(65\ ℃/W)+50$$
$$=163.75\ ℃$$

要把结点温度降到最大额定值以下，需要采用"夹式"风格的散热器。参见用来散热器选择的第 12 章。

选择散热器——耐热合金型号 6073B

给出散热器数据：$R_{\theta SA}=14\ ℃/W$

使用硅绝缘体：$R_{\theta CS}=65\ ℃/W$

那新的最坏情形下的结点温度是：

$$T=P_D(R_{\theta JC}+R_{\theta CS}+R_{\theta SA})+T_A$$
$$=(1.75\ W)(5\ ℃/W+65\ ℃/W+14\ ℃/W)+50\ ℃$$
$$=84.4\ ℃$$

2. 三端稳压器的设计变化

下面的设计实例阐述了怎样让三端稳压器芯片作为基础模块去实现更高电流、更复杂的设计。需要注意的是，因为所有的实例给出三端稳压器的过热保护的特性无用，所以需要在芯片外增加过流保护电路。

(1)电流升压稳压器

图 1.6 中的设计仅仅只需在三端稳压器上增加一个电阻和一个晶体管就可以实现一个能够给负载提供更多电流的线性稳压管。图中显示的是电流驱动正稳压器，但是同样适合于电流驱动负稳压器。对于负稳压器，只需把功率晶体管从 PNP 管改为 NPN 管就行。注意：在这个特殊的设计中没有电流保护或者过热保护特性。

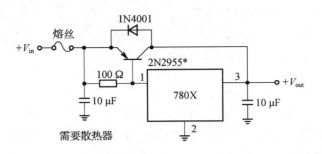

图 1.6　不带过流保护的电流升压三端稳压器

(2)带过流保护的电流升压三端稳压器

该设计是在 IC 外增加过流保护线路。采用晶体管的基极－射极结点（0.6 V）来实现过流阈值和过流时增益的设置。对于负电压的情况，所有外部的晶体管由 NPN 改为 PNP，反之亦然。具体参考图 1.7(a)和图 1.7(b)所示。

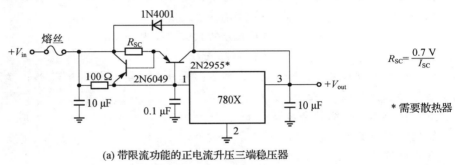

(a) 带限流功能的正电流升压三端稳压器

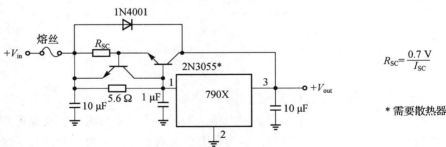

(b) 带限流功能的负电流升压三端稳压器

图 1.7　升压三端稳压器

1.3.3　悬浮式线性稳压器

采用悬浮式线性稳压器是实现高压线性稳压器设计的途径之一。它的基本原理是串通晶体管在该稳压控制器部分的输入电压上"悬浮"。输出电压调整通过感应地（当以输出电压为参考时，地就相当于一个负电压）来实现。输出电压

充当控制器 的"悬浮地",而控制器和串通晶体管的功率由净空电压（输入与输出电压差）获得或者通过隔离辅助电压而提供。

功率晶体管的额定击穿电压需要比输入电压更大,因为在启动时,它必须能够承载整个输入电压。采用其他的方法如使用自举齐纳二极管来分流晶体管周围的电压,但是它只能在输入电压本身的开启和关闭时来激活电源。同时需要注意的是,要确保所有控制器的输入和输出引脚电压相对 IC 的悬浮地不能是负电压。而这通常会采用保护二极管来实现。最后一个需要注意的是鲜为人知的普通电阻的击穿电压。如果输出电压超过 200 V,那么就必须串联多颗感应电阻,从而避免 1/4 W 电阻的 250 V 击穿特性。

常见的低电压正悬空稳压器是 LM317（对应的负稳压器是 LM337）。MC1723 也可以用来进行悬空线性稳压器设计,但是在高压时需要注意对 IC 进行保护。

第一个实例将展示怎样通过对 LM317 改进来设计一个满足输入电压为 100 V 的 70 V 线性稳压器。有几个设计约束必须严格遵守:例如,工作净空电压不得超过自举齐纳二极管的额定电压,否则稳压器将失效。同时必须在误差放大器上使用保护二极管。具体参照图 1.8 所示。

第二个实例实现了一个能从 400～450 V 未调节的电源上提供高达 10 mA 负载电流的 350 V 悬空线性稳压器。TIP50 给控制器提供偏置电压,在启动和电源反馈时 TIP50 必须要能够承受全部的输入电压。控制器把输出电压以"地"为参考,其最小的净空电压是 15 V。为了重新调整输出电压,可以通过改变电压感应支路上的两颗电阻的阻值来实现,设置如下:

$$R_{\text{sense}} = \frac{(V_{\text{out}} + 4.0V)}{I_{\text{sense}}} \tag{1-4}$$

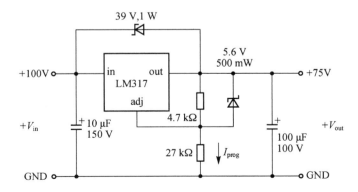

图 1.8　高电压悬浮线性稳压器

悬浮式线性稳压器特别适合用来实现高电压输出稳压器,但是也可以用于实现其他的功能。图 1.9 所示为该稳压器的电路。

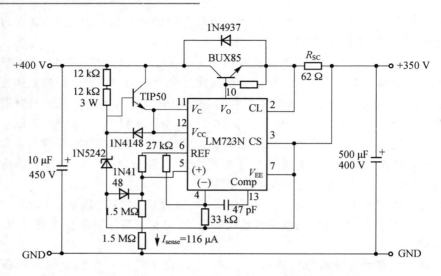

图 1.9   一个 350 V, 10 mA 的悬浮线性稳压器

第 **2** 章

基本开关线路

Raymond Mack

理解开关电源的基本功能就相当于对一个黑暗艺术工程的介绍。按字面上来说，它们不过就是大学电子课程的介绍，但一旦涉及元件的寄生行为时，那么其挑战将会变得更大。于我而言，这将是一件令人兴奋的事情。

记得我第一次设计的开关电源是 30 kHz 的反激电源。我采用 NE556 来设计控制器部分，同时采用 MPP 环形磁芯设计。一上电我就惊讶地发现我设计出了一个完美的 3 MHz AM 调制的射频发射器。那时我说："哦，天哪。我需要加强学习。"

我们需要采用一套新的仪器来对开关电源进行完整的设计和分析，比如：示波器、电压和电流探棒、频谱分析仪以及网络分析仪。欢迎来到这个鲜有工程师涉足的世界！

开关模式的电源在 20 世纪 70 年代首次成为现实，其中的一个方案就是采用简易控制电路、双极型晶体管和慢速二极管来设计，其工作频率低于 50 kHz。第一个功率 MOSFET 管出现在 20 世纪 70 年代晚期，它们比双极型晶体管更容易驱动和切换，这样就使得开关模式的电源的切换频率超过 100 kHz，甚至高达 300～500 kHz。今天，随着二极管性能的不断改善、更好的磁性材料的出现、谐振技术和表面贴片封装的技术改善，开关电源的工作频率很轻松地超过 1 MHz，并且有更小的尺寸和更高的效率。

开关电源总会涉及一定程度上的"定制"。不管输出的数量多少、尺寸大小、高度、效率或者噪声，设计的某些方面总需要根据具体应用而进行调整。我一直说："一旦你把交流通入磁芯，那么你可以做任何事情！"

在这章中，Ray Mack 对开关电源的各个基本组成部分做了一个直观的介绍。我认为你会发现它非常翔实。

——Marty Brown

本章将着眼于对理想电感和电容在时域中的描述以及对各种开关电源的理

想版本的回顾。接下来的章节里,我们将着眼于磁、电、电感和电容的寄生特性及其对各个设计组件的影响。

2.1 储能基础

公式(2-1)包含了电感的定义。如果 1 A/s 的电流流经一个电感时产生了 1 V 的电压,那么这个电感就有 1 H 的电感。

$$V = L di/dt \tag{2-1}$$

这就是楞次定律。公式(2-1)的结果表明流经电感的电流不会瞬间改变,否则就会在电感两端产生一个无穷大的电压。在现实世界中,比如说,整个开关触点的电弧将会把电压限制在一个很高,但不是一个无穷大的值。公式(2-1)的另一个结果是当我们把电感从储存能量(di/dt 是正)的过程切换到释放能量(di/dt 是负)的过程时,电感上的电压会瞬间从正变为负。公式(2-2)是公式(2-1)的变形,用来确定当电感电压已知时,其电流的大小。

$$I = \frac{1}{L}\int V dt + I_{initial} \tag{2-2}$$

公式(2-3)是对电容的定义。如果存储 1 C 电子可以产生 1 V 的电压时,就表明该电容的容值为 1 F。

$$Q = CV \tag{2-3}$$

公式(2-4)和式(2-5)描述了电容器上电压和电流的表述(往电容充电是电流的积分而电流等于 dq/dt)。

$$V = \frac{1}{C}\int i dt + V_{initial} \tag{2-4}$$

$$I = C\frac{dv}{dt} \tag{2-5}$$

开关电源的滤波电容的电流波形一般是锯齿波。电容的作用在于限制电压波动(纹波电压)。公式(2-4)有两个变量可以控制输出电压的波动,既可以通过提高电容的容量也可以通过减小 dt 值来控制纹波电压。开关电源的一个主要优点就是可以让 dt 很小(高频切换的情况下),从而就可以让电容值也很小。

2.2 降压转换器

图 2.1 所示为一个由理想电压源、理想电压控制开关、理想二极管、理想电感、理想电容以及负载电阻组成的降压转换稳压器。之所以叫降压转换器是因为流经电感时电压会降低或者说电感电压会与电源电压的方向相反。降压转换器的输出电压永远比输入电压低。本例中的理想稳压器采用 20 V 的源电压,输出 5 V 电压给 10 Ω 负载。开关每隔 10 μs 开闭一次,从而产生一个脉宽调制波

形给被动元件。当稳压器在稳定状态时,输出电压为

$$V_{out} = V_{in} \cdot DutyCycle(占空比) \qquad (2-6)$$

只要电感电流持续存在,该方程式与电感感值、负载电流以及输出电容容值无关。该公式假设电感电压的波形为矩形波。

二极管用来做电压控制开关。当开关断开时,它给电感电流提供一个闭合回路。因为二极管反向偏置的特性,一旦电感在充电,就不会有电流流经二极管。当控制开关断开时,电感电流将流过二极管。

简单假设在充电时给电感施加的电压是一个完美的矩形波,我们来对一个开关电源进行设计。该实例假设电源有 20 mV 的纹波电压输出。因为在充电时电感电压的变化是 0.02/15,也就是 0.13%,而在放电时,其变化为 0.02/5,也就是 0.14%,所以采用完美的矩形波是一个很好的近似。矩形脉冲的恒压将会导致公式(2-1)的 di/dt 是一个常量。

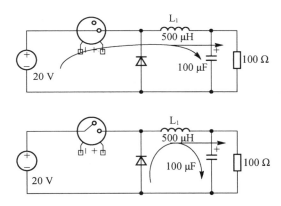

图 2.1　理想化的降压转换稳压器

图 2.2 显示的是当系统处于稳态时,给负载电阻提供 5 V、500 mA 的输出电压(下侧轨迹线)和电感电流(上侧轨迹线)的波形图。

输出电流的改变与电感电流的直流值的关系很小。在这个实例中,纹波电流的峰峰值是 75 mA。另外重要的一点是在系统稳定的时候,纹波电流与负载电流毫不相干。这是因为流经电感的电流由电感两端电压控制。充电时间和斜率完全由电压差($V_{in} - V_{out}$)决定。均值电感电流等于输出电流。

降压转换器也可能工作在离散模式,这也就是意味着在切换周期的某个时候,电感电流会降为 0。

公式(2-6)不会一直保持离散操作。在离散模式下,如果电感电流为 0 时,电容就必须给负载供电,这样降压转换器的输出纹波电压会更高。通常来说,仅仅在当负载电流与目标电流相比很小的情况下,降压转换器才会采用离散模式。

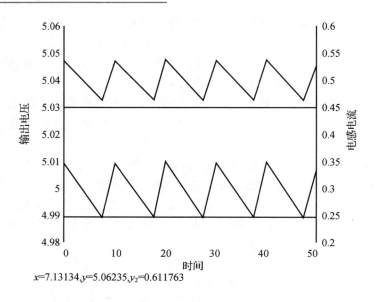

$x=7.13134,y=5.06235,y_2=0.611763$

图 2.2　降压稳压器中的输出电压和电感电流

2.3　升压转换器

　　图 2.3 所示为一个由理想电压源、理想开关、理想二极管、理想电感、理想电容以及负载电阻组成的升压转换稳压器。之所以叫做升压转换器是因为电感两端的电压加上输入电源电压将比输入电压高。升压转换器的输出电压永远大于输入电压。该例中的理想稳压器采用 5 V 的电源电压,输出 20 V 给一个 1000 Ω 负载。当开关断开时,二极管将提供一条电流回路,而一旦开关闭合时,二极管也将关闭。开关每隔 10 μs 开闭一次。

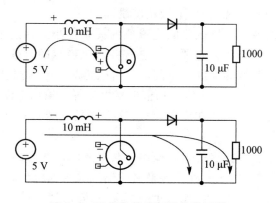

图 2.3　理想化的升压转换稳压器

　　当开关闭合时,开关和电压源将对电感进行充电。由于二极管的反向偏置的特性,在电感充电的过程中,负载电流将由电容来提供。当开关断开时,电感电流将继续流动,但是这时的电感电流将流经二极管和整个负载电路。电感两端的反向电压将增加到输入电压中。当稳压器处于稳态时,输出电压为

$$V_{\text{out}} = \frac{V_{\text{in}}}{(1 - \text{DutyCycle(占空比)})} \qquad (2-7)$$

　　这个公式与电感感值、负载电流以及连续模式下的输出电感没有关系。

　　比起降压转换器来,升压转换器需要的电容更大,因为一旦开关闭合,整个负载电流都由电容供应。

　　图 2.4 显示了当系统处于稳态时,给负载电阻提供 20 V、20 mA 的输出电压(下侧轨迹线)和电感电流(上侧轨迹线)的波形图。正如在降压转换器中连续模式下的电感中纹波电流与输出电流无关。通常来说,电感电流峰值仅仅比均值电感电流高一点点。

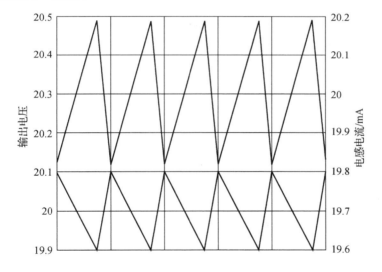

图 2.4　升压稳压器中的输出电压和电感电流

　　升压转换器也可以工作在离散模式。对于升压转换器来说,离散模式会导致更大的纹波电流,这是因为正如在降压转换器中,当电感电流为 0 时,电容必须给负载供电。工作在离散模式的升压转换器带来的另外一个后果是在开关和电感上有很大的峰值电流。

　　对于一个给定的输出电流,你可以同时计算两种模式下的输入电流。在图 2.3 所示的连续模式实例中,输入电流平均值为 80 mA。公式(2-8)给出了两种模式下均值输入电流的计算方法。公式(2-9)则表示离散模式下输入电流峰值的计算方法。

$$I_{\text{in-avg}} = I_{\text{out-avg}} \left(\frac{1}{(1-\text{DutyCycle})} \right) \qquad (2-8)$$

$$I_{\text{in-peak}} = \frac{2I_{\text{out-avg}} \left(1 - \left(\dfrac{V_{\text{out}}}{V_{\text{in}}} \right) \right)}{\text{DutyCycle}} \qquad (2-9)$$

如果实例中的线路的占空比为 0.25（离散模式），而不是 0.75（连续模式），那么电感和开关峰值电流将会是 480 mA，而不是 81.75 mA。

2.4　反向升压转换器

图 2.5 所示为理想的反向升压转换器的线路。当开关闭合时，开关和电压源提供电流给电感充电。一旦电感正在充电，因为二极管的反向偏置特性，负载电流将由电容提供。当开关断开时，电感电流将继续流动，但电流将流向二极管以及整个负载电路所组成的网络。因为电感的一端连接在一个公共点上，当开关断开时，电流的流向将产生一个负的输出电压。

当稳压器处于稳态时，连续工作模式下的输出电压由公式（2-10）决定。正如正激升压转换器一样，输出电压将比输入电压大很多（或者相等）。

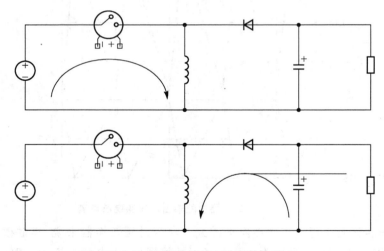

图 2.5　理想化的反向升压转换器

$$V_{\text{out}} = -V_{\text{in}} \cdot \frac{\text{DutyCycle}}{(1-\text{DutyCycle})} \qquad (2-10)$$

2.5　降压-升压转换器

如图 2.6 所示，如果在升压转换器中再增加一个开关和一个二极管，就可以设计一个降压—升压转换器,这样,输出电压既可以高于又可以低于输入电压。在该线路中,两个开关同时开闭。同样地,正如升压转换器一样,当开关闭合时,电感充电;而当开关断开时,电感电流将流向负载。二极管 D_1 和电感一端连接在一起,这样电感两端的电压既可以高于又可以低于输入电压。

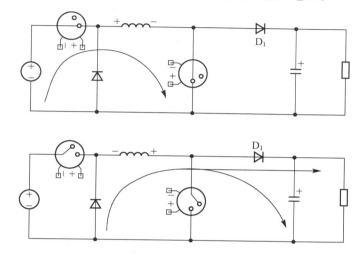

图 2.6　理想化的降压—升压转换器

2.6　变压器隔离转换器

采用 AC 电源线(离线电源)直接运行的电源需要使用变压器来隔离 AC 电源线和负载端。由于其他原因需要隔离电源时,如医疗设备的使用也可以使用变压器。表 2.1 列举了与之对应的各种不同转换器的功率范围和复杂性。它为每种转换器给出一个通用的可接受的范围。每种转换器都可以在相应范围上下使用,但是由于设计问题而带来的效率问题将会变大。

离线电源事实上就是一个给变压器隔离 DC-DC 转换器供电的 DC 电源。接下来段落里,将重点介绍 DC-DC 转换器电路。

图 2.7 所示为一个简单的开关反激转换器。看起来这个电源好像采用了一个变压器,但事实上,该磁性元件就是个两个绕组的电感。正如升压转换器一样,它采用初级线圈来储存能量。需要注意的是线圈的相位与正常的变压器相反。当开关闭合时,能量存储在磁芯中,没有电流流入次级线圈。当开关断开时,根据公式(2-1)的要求,电流会流入次级线圈,从而把能量传送给负载。正如变压器一样,输出端的电压将由匝比决定。反激转换器是唯一采用电感的离线转换器,其余的都采用变压器。它的优点之一是无需额外的平滑线圈。存储在电感中的能量能够直接灌入到电容和负载中。但也有缺点,当电感在充电时,

负载电流完全由电容单独供应,这对于反激转换器来说纹波电压将会变大,除非使用一个较大的输出电容。

表 2.1　功率范围、复杂度与相应的转换器类型

线路	功率范围/W	相关复杂度
反激转换器	1～100	低
正向转换器	1～200	中等
推挽式转换器	200～500	中等
半桥式转换器	200～500	高
全桥式转换器	500～2000	非常高

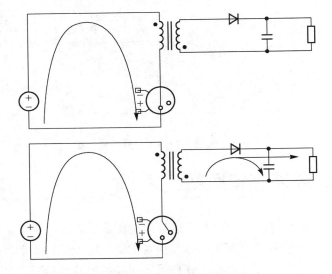

图 2.7　理想化的单开关反激转换器

　　图 2.8 所示为一个单开关正激转换器。在开关闭合的时间内,电流会流入初级和次级线圈。次级电流对滤波线圈充电,就好像降压转换器一样。当开关断开时,就如公式(2-1)所描述的一样,电流必须持续地流入线圈,次级线圈上的整流二极管(D_2)和在降压转换器中的作用一样——允许电感电流继续流动。

　　真实的变压器也有一个寄生电感,就好像在变压器的初级线圈上串入了一个电感。当开关断开时,根据公式(2-1),流入寄生电感的电流需要继续流动,同时电流在初级和次级线圈上停止流动。箝位线圈(左边)的相位与初级和次级线圈相反,因此当电流停止流动时,随着通量的减少,电流开始在箝位线圈流动。箝位线圈的电流把变压器的磁芯复位到它的初始值,从而开启下一个脉冲。箝位线圈就相当于反激转换器中的次级线圈,把寄生电感的能量传递给输入电源。还有其他的复位机制,将在第 6 章中介绍。

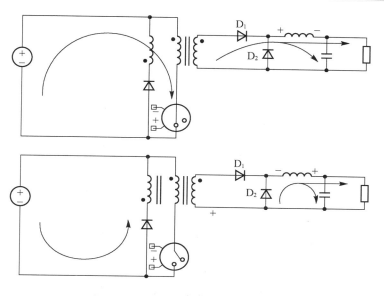

图 2.8　理想化的单开关正向转换器

图 2.9 显示的是半桥式转换器。该线路针对高电压设计,相当于 TTL 图腾柱的输出。开关交替进行,从而在变压器初级线圈两端生成双向电压。它需要有全波整流输出。因为反相相位输出二极管将允许电流流入次级线圈,所以不再需要箝位线圈。我们可以在初级线圈上添加续流二极管,从而在开关断开时,控制次级线圈上的电压存在。电容器提供一个分压器,从而把初级线圈一端的电压设置为输入电压的一半,这些电容绝大多数是输入 DC 电源的一部分,因此它们既有分压器的功能,也有输入充电池的功能。

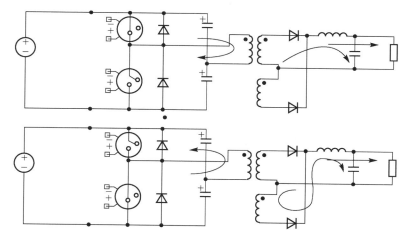

图 2.9　理想化的半桥转换器

图 2.10 所示为是一个全桥式转换器。该设计采用 4 个开关交替切换通过磁芯的电流方向。

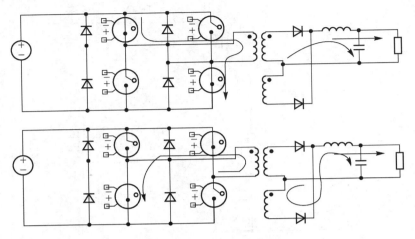

图 2.10　理想化的全桥转换器

图 2.11 显示的是推挽式转换器。开关一开一闭,相位相差 180°,就好像 B 类推挽式音频放大器一样。推挽式转换器很少用在离线电源上——因为离线电源需要高压晶体管,而且很难控制变压器的磁通。现代电流模式 PWM 控制器使得在低压线路中采用推挽式线路成为现实。

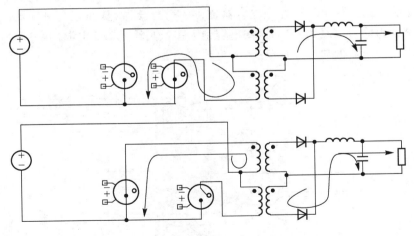

图 2.11　理想化的推挽式转换器

2.7　同步整流

本章所有的线路中都是用二极管作为电压控制开关。当它们反向偏置时,就好像开关断开一样；当正向导通时，就好像开关闭合一样。功率 MOSFET 管也可以作为开关使用。当栅极到源极电压大到足够能够导通 MOSFET 管时，电流就可以直接流过晶体管。用来做开关的功率 MOSFET 管可以有 $0.01\ \Omega$ 或者更小的阻抗。能够传导 5 A 电流的肖特基二极管大约有 $0.4\ \mathrm{V}$ 压降，从而会产生 2 W 功耗，而同样采用传导 5 A 电流的具有 $0.01\ \Omega$ 阻值的功率 MOS-FET 管只会产生 0.25 W 功耗，在效率上有极大地提高。图 2.12 所示为采用同步整流和理想被动元件来实现的降压稳压器。该线路使用理想的降压稳压器控制器来顺序导通 MOSFET 管，同时提供电压反馈控制。当 Q_1 导通时，Q_2 断开；当 Q_1 断开时，Q_2 导通。这个实例表明配以适合的驱动线路的降压稳压器，在任何设计中都有可能采用 MOSFET 管开关来代替二极管。

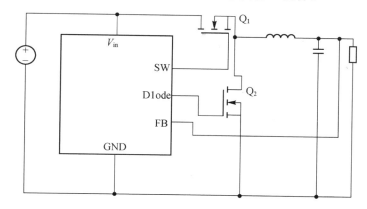

图 2.12 采用功率 MOSFET 管来替代二极管作为开关的降压稳压器

2.8 电荷泵

电荷泵采用电容器来增加或者反转输入电压。理想的电压倍增电荷泵如图 2.13 所示。电荷泵的电容称做飞跨电容(可能是因为改变开关的状态就类似于拍击翅膀吧)。在充电时，飞跨电容由开关充电，然后电容连接到与输入电压串联的负载来提供高出输入的电压。

图 2.14 所示为一个不同的开关排列，它使得电荷泵可以提供一个几乎等于输入电压幅度的负电压。

电荷泵通常用于需要使用低电流的场合，比如 IC 或者 FET 放大器的偏置电压。如果不采用容值大的电容，电荷泵是不能够提供大电流的。实际使用中的输出电流大约限制在 250 mA。

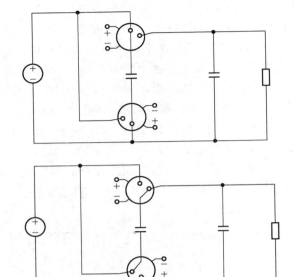

图 2.13　理想化的电压倍增电荷泵

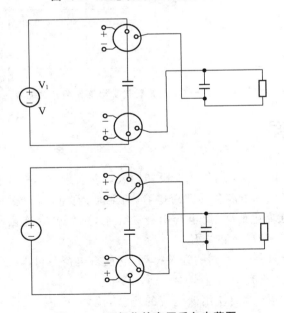

图 2.14　理想化的电压反向电荷泵

　　电压倍增线路也是电荷泵的一种。图 2.15 所示的是一个由图腾柱开关方波发生器驱动的传统电压倍增电路。该线路采用二极管作为开关来引导电流从发生器中流向输出电容。

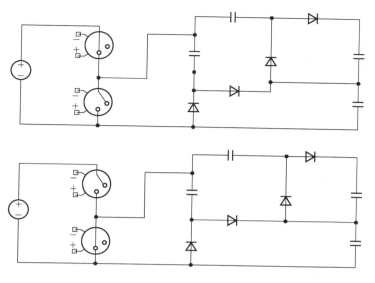

图 2.15　反向驱动电荷泵

图 2.16 所示为降压电荷泵。该线路通过改变占空比从而使得输出电压比输入电压低。图 2.16 和图 2.14 的线路的输出电压幅值都比输入电压小。并不是所有储存在飞跨电容上的能量都能转移到输出电容上。开关的行为表现就好像一个依赖于开关频率和相应的电容容值的等效电阻一样。我们将在第 4 章详述。

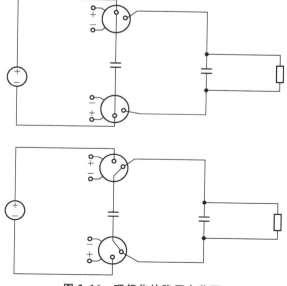

图 2.16　理想化的降压电荷泵

第**3**章

DC – DC 转换器的设计与磁性

Sanjaya Maniktala

"磁"，一个能在普通电子工程师的心中引起恐惧的专业术语，伴随而来的专业术语还有反馈回路补偿和电磁干扰。在你举起那满是紧张的汗水的双手之前，想想吧，我们必须通过并且通过加深理解而存活。

磁也可以与水管中水的流动来做类比。B（磁通密度）可以看成是流过水管横截面的水分子的数量，H（磁场强度）可以看成是由水流引起的压力。磁滞损耗是为重新调整磁芯内的磁畴而做的大量工作。饱和度是指已经没有磁畴可用来调整。涡流损耗是障碍干扰时的局部流通变量，比如磁芯角落，这就好像水遇到石头发生的情况一样。

这些专业术语、单位以及公式也许不经常用。小心不要把 MKS 和 CGS 系统的单位混淆，否则将会得到一个特大错误的结果。

理解开关电源中磁性元件的运作。对于开关转换器来说，磁性元件的设计是根本。电流、电压和功率的关系都受磁性元件控制。

它们的操作有时似乎违反直觉。一个变压器或者电感的设计不仅有电气设计，也有物理设计。一个糟糕的变压器设计——比如过多的环——将会增加辐射噪声，降低开关电源的整体效率。

所有的计算结果都是"估算"，也就是说，该结果是你想运作的区域的中间结果，该结果可以根据特殊的性能比如说尺寸、价格等而进行增减。但是改变其计算结果也会影响到其他的运行参数，比如说散热、效率，这些都是必须考虑的。

Sanjaya Maniktala 很好地介绍了开关电源中采用磁性元件进行设计时的各个不同变量。

——Marty Brown

任何开关电源的磁性元件都是其拓扑中不可切割的一部分。除了转换器自身的整体性能和尺寸外，对磁性元件的选择和设计会影响到其他相关功率元件的选择和价钱。因此,不能无视磁性元件而设计转换器,反之亦然。记住,本章在介绍正式的 DC-DC 转换器设计流程的同时,也会介绍磁性元件的基本概念。

在 DC-DC 转换器中只有一个磁性元件——电感需要考虑。在绝大数应用中,人们在功率转换的特殊区域习惯性使用现有的电感。当然,世界上没有足够"标准"的电感来满足所有的应用场合,但是好消息是在给定一种电感并且知道它在某种条件下的性能的情况下,人们就能很容易计算出它在具体的应用场合下的性能。因而,我们可能会肯定或者否决最初的选择,可能需要不止一次的尝试,但是这样就可以找到一个标准的电感来满足我们的应用需求。

后续将讨论离线电源设计。这种转换器通常工作在采用 $90 \sim 270$ V 的 AC 输入电压时。为了让用户远离高压,绝大多数转换器都会在电感之后采用隔离转换器,或者直接替代。尽管这些拓扑都是从标准 DC-DC 拓扑衍生而来,但是在磁性方面却有很大的不同。例如,面对在变压器内的甚高频(硬性的)的影响——比如趋肤深度和相邻效应——其分析将是一个极大的挑战。

另外,我们会发现肯定没有足够通用(现有的)的元件来满足我们需求的所有可能排列组合——同样的问题也会在离线应用时遇到。所以在这些应用中,通常最终不得不定制设计中的磁性元件。如上所述,这不是普通的任务,但是首先通过试着理解 DC-DC 转换器设计,从而选择现有的电感,将会更好地设计出离线电源。因此,一旦有了急需的磁性概念,就可以建立基本的概念和技能。

离线转换器和 DC-DC 转换器同样也相对不一样,隐含(通常完全不会说明)了一些基本设计策略——像磁性元件的尺寸与转换器电流限制之间的问题,这些我们将很快学到。至于它们的相似之处,它们的输入电压范围宽,而不是一个在相关文献中所假设的一个单值电压。输入电压范围广会引起下列问题:对于给定的应力参数,哪个输入电压点是最坏的情况(或者最大值)? 注意,在选择功率元件时,经常需要考虑在应用中需要承受的最坏情况下的应力。然后,在选型时假设特定的应力参数恰好是相关的和决定性因素,为了系统稳定,通常需要增加额外的安全系数。然而问题是在同样的输入电压点,不同的应力参数不会达到它们的最坏情况值,因此必须意识到宽输入转换器的设计一定会很棘手。设计一个基本的开关转换器可能很容易,但是要把它设计好肯定不是那么容易。

在本章的最后将会介绍具体的 DC-DC 转换器设计流程。但是考虑到宽输入范围的问题,将分两步进行:

①根据具体应用,选择和验证现有电感的通用电感设计过程。我们将看到,这是一定要进行的任务,根据手上的拓扑最终确定电压——从电感的角度来看,这就是我们确定的最坏情况值。

②然后要考虑其他的功率元件。我们将在每种情况中指出哪个特殊的应力参数是重要的,哪个输入电压可以让其达到最大值,怎样最终选择元器件。

注意,尽管设计流程似乎仅仅针对降压拓扑结构,但是如果该流程用于升压或者降压－升压拓扑结构时,所附注释将清楚地表明需要怎样采取一个特定的步骤或公式来进行更改。

3.1　直流传输特性

当开关打开时,根据电感公式 $V_{ON}=L\times\Delta I_{ON}/t_{ON}$,电感电流将随着上升。在导通时间内电流的增加值为 $\Delta I_{ON}=(V_{ON}\times t_{ON})/L$。当开关关闭时,根据电感公式 $V_{OFF}=L\times\Delta I_{OFF}/t_{OFF}$,$\Delta I_{OFF}=(V_{OFF}\times t_{OFF})/L$ 将会降低。

电流增加值 ΔI_{ON} 一定要等于减少值 ΔI_{OFF},这样在一个开关周期结束时的电流才会准确地恢复到周期开始的电流值——否则电路将不在一个可重复(稳定)的状态。根据此结论,可以推断出三种拓扑结构的输入/输出(直流)传输特性,如表 3.1 所列。有意思的是,从三种拓扑结构的不同传输特性中可以追溯到一个事实,即 V_{ON} 和 V_{OFF} 的表达式是不同的。除此之外,所有拓扑结构的推导和基本法则都是相同的。

表 3.1　三种拓扑的直流传输函数的求导

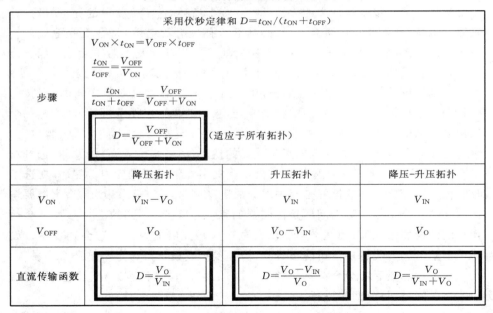

采用伏秒定律和 $D=t_{ON}/(t_{ON}+t_{OFF})$		
步骤	$V_{ON}\times t_{ON}=V_{OFF}\times t_{OFF}$ $\dfrac{t_{ON}}{t_{OFF}}=\dfrac{V_{OFF}}{V_{ON}}$ $\dfrac{t_{ON}}{t_{ON}+t_{OFF}}=\dfrac{V_{OFF}}{V_{OFF}+V_{ON}}$ $D=\dfrac{V_{OFF}}{V_{OFF}+V_{ON}}$　(适应于所有拓扑)		
	降压拓扑	升压拓扑	降压-升压拓扑
V_{ON}	$V_{IN}-V_O$	V_{IN}	V_{IN}
V_{OFF}	V_O	V_O-V_{IN}	V_O
直流传输函数	$D=\dfrac{V_O}{V_{IN}}$	$D=\dfrac{V_O-V_{IN}}{V_O}$	$D=\dfrac{V_O}{V_{IN}+V_O}$

3.2　直流分量和电感电流波形的摆幅

从公式 $V=L\mathrm{d}I/\mathrm{d}t$,可以得出 $\Delta I=V\Delta t/L$,因此电感电流 ΔI 的摆幅分量完全取决于伏秒和电感值。所谓的伏秒,就是把外加电压乘以对应的时间。我们

既可采用 V_{ON} 时间 t_{ON}（$t_{ON}=D/f$），也可以采用 V_{OFF} 时间 t_{OFF}（$t_{OFF}=(1-D)/f$）来对它进行计算，并且可以获得相同的结果（因为这就是之前 D 的定义！）。但是同样需要注意的是，如果 $2\,\mu s$ 内持续在电感两端施加 $10\,V$ 电压，我们将会获得 $1\,\mu s$ 内给电感持续施加 $20\,V$ 电压，$4\,\mu s$ 内施加 $5\,V$ 电压等情形下同样的伏秒值。因此，对于一个给定的电感，伏秒和 ΔI 事实上就是同一回事。

伏秒取决于哪些因素？它取决于输入/输出电压（占空比）和开关频率。因此，只要改变 L、f 或者 D 值就可以影响 ΔI，参看表 3.2 所列。但是改变负载电流 I_O 对 ΔI 毫无影响，因此 I_O 与电感电流波形毫无关系。但是它会特别影响/决定哪部分的电感电流呢？我们将会发现 I_O 与均值电感电流成正比。

表 3.2　变化的电感感值、频率、负载电流以及占空比是如何响应 ΔI 和 I_{DC} 的

		动作:											
		$L\uparrow$（增加）			$I_O\uparrow$（增加）			$D\uparrow$（增加）			$f\uparrow$（增加）		
		降压	升压	降压/升压	降压	升压	降压/升压	降压	升压	降压/升压	降压	升压	降压/升压
响应	$\Delta I=?$	↓	↓	↓	×	×	×	↓	↑↓*	↓	↓	↓	↓
	$I_{DC}=?$	×	×	×	↑(=)	↑	↑	×	×	×	×	×	×

↑ ↓ 表示在该范围内增加和减少

＊最大值在 $D=0.5$ 处

"×"表示没有变化

↑（＝）表示 I_{DC} 正在增加并等于 I_O

除了摆幅 ΔI 以外，电感电流波形还有其他（独立）的分量需要考虑：就是直流（平均）分量 I_{DC}——定义为摆幅 ΔI 对称点的电平——也就是 ΔI 在该电平上下浮动，如图 3.1 所示。从几何角度来说，就是"斜坡的中心点"。有时也被称作电感电流的平台或基座。需要注意的重要一点是 I_{DC} 仅仅基于能量流的需求——也就是保持由输入/输出电压以及目标输出功率一致的能量流的平均速率的需求。因此如果应用条件，也就是输出功率和输入/输出电压，不改变时，那么事实上我们就无法对直流分量进行改变。从这个意义上说，I_{DC} 是相当"顽固"的参数（图 3.1）。特别是：

（1）改变电感感值 L，不会影响 I_{DC}。

（2）改变工作频率 f，不会影响 I_{DC}。

（3）改变占空比 D，不会影响 I_{DC}——对于升压和降压－升压稳压器来说。

为了理解上述最后一条结论，需要使用如下公式，接下来会进行推演：

$$I_{DC}=I_O（降压） \tag{3-1}$$

$$I_{DC}=\frac{I_O}{1-D}（升压和降压\text{-}升压） \tag{3-2}$$

上述的关系之所以不同，最直观的原因在于降压稳压器中，输出是与电感串联（从直流电源的观点来看——输出电容对直流电源没有任何帮助），因此均值电感电流在任何时候都必须等于负载电流。然而在升压和降压-升压稳压器中，类似地，输出串联在二极管上，因此均值二极管电流等于负载电流。

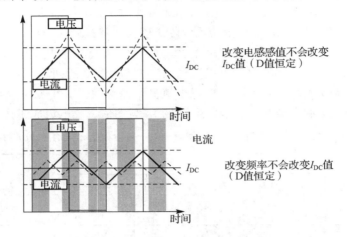

图 3.1　如果固定 D 和 I_O，I_{DC} 不会改变

因此，如果保持负载电流不变，而仅改变输入/输出电压（占空比），除了降压稳压器之外，I_{DC} 也会受到影响。事实上，要改变降压稳压器的直流电感电流的唯一方法就是改变负载电流。

在降压稳压器中，I_{DC} 和 I_O 是相等的，但是在升压和降压－升压稳压器中，I_{DC} 会受到占空比的影响，这样在给这两种拓扑结构选择和设计磁性元件时就会与降压稳压器不一样。例如，如果占空比是 0.5，它们的均值电感电流就是负载电流的两倍。因此，使用一个额定电流为 5 A 的电感来提供 5 A 负载电流的设计可能会导致灾难。

有一件事情可以确定的是，在升压和降压－升压稳压器中，I_{DC} 永远比负载电流大。如果让占空比接近 0（也就是输入和输出电压之间的误差很小），就可以让直流分量下降甚至接近负载电流。但是，随着占空比增加到 1，电感电流的直流分量将急剧攀升。我们必须在很早期就明确地认识到这个的重要性。

另外一点可以推断出的是，在所有的拓扑结构中，电感电流的直流分量与负载电流成正比。因此，例如，（在保持其他参数不变的前提下）把负载电流倍增，电感电流的直流分量也会倍增（无论从何值开始）。因此在一个占空比为 0.5 的升压稳压器中，如果有 5 A 的负载电流，那么 I_{DC} 将是 10 A，如果 I_O 增加到 10 A，那么 I_{DC} 就变为 20 A。

总之，对于升压和降压-升压稳压器来说，改变输入/输出电压（占空比）确实会影响电感电流的直流分量。改变 D 值会影响到所有拓扑结构的摆幅 ΔI，这是因为改变了外加电压的持续时间，从而改变了伏秒。

（1）对于升压和降压－升压稳压器来说，改变占空比会影响 I_{DC}。

（2）对所有的拓扑结构来说，改变占空比会影响 ΔI。

注意：对于以上所述逻辑而言，离线正激转换变压器可能是已知唯一的例外。我们将了解到，例如把它的占空比倍增（也就是 t_{ON} 倍增），然后几乎是不约而同的，V_{ON} 将减半，因此整个伏秒不会改变（ΔI 也不会改变）。事实上，ΔI 与占空比无关。

通过上述讨论和具体的设计公式，我们把这些"变量"总结成表 3.2。希望这个表格能够给读者一个更直观的感觉来进行转换器和磁性元件的分析和设计，在后续阶段将会派上用场。我们将在接下来的部分更详细地讨论这个表格的某些方面。

3.3　交流、直流和峰值电流的定义

图 3.2 所示为电感电流波形的交流、直流、峰－峰值和峰值定义。特别是交流值的定义为

$$I_{AC} = \frac{\Delta I}{2} \tag{3-3}$$

从图 3.2 中可以看到 $I_L \equiv I_{DC}$，因此接下来的讨论中，有时候我们会把电感电流中的直流分量称为 I_{DC}，有时候称为均值电感电流 I_L，但是它们是一回事。

特别需要指出的是，不要被 I_L 中的注脚"L"所混淆，"L"表示电感，不是表示负载。负载电流永远用"I_O"表示。当然，在降压稳压器中 $I_L = I_O$，但只是巧合而已。

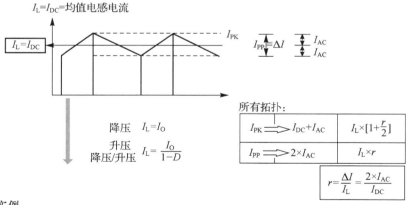

实例：

<u>降压拓扑</u>：如果负载电流是 1 A，I_L 是 1 A。所以如果 $r = 0.4$，那么峰峰值（ΔI）为 0.4 A，峰值电流为 1.2 A。

<u>升压拓扑/降压－升压拓扑</u>：如果负载电流是 1 A，$D = 0.5$，I_L 是 2 A。所以如果 $r = 0.4$，那么峰峰值（ΔI）为 0.8 A，峰值电流为 2.4 A。

图 3.2　交流电流、直流电流、峰值电流、峰峰值电流以及纹波电流比 r 的定义

图 3.2 中也定义了一个关键参数 r，或者叫做纹波电流比，这样就把两个独立的电流参数 I_{DC} 和 ΔI 联系在一起。在后续的章节中将继续详细地讨论该参数。在这里，无论是何种应用条件、多高的开关频率以及自身的拓扑结构，只需要把它的 r 值设成"最佳值"，通常设为 $0.3\sim0.5$。因此这也变成通用设计的经验法则。我们也将了解到 r 值的选择会影响到所有功率元件的电流应力和功耗，因而会影响到元件选型。因此，对一个电源转换器进行设计的第一步就是设置 r 值。

电感电流的直流分量（很大程度上）决定了在铜线圈上的 I^2R 损耗（铜损耗）。然而，电感的最终温度也受另外一个参数——磁芯损耗——发生在电感中的磁性材料（磁芯）的损耗的影响。大致上，磁芯损耗仅仅由电感电流的交流（摆幅）部分决定，因此实质上与直流分量（I_{DC} 或者"直流偏置"）无关。

我们必须非常注意峰值电流。在任何转换器中，峰值电感电流、峰值开关电流和峰值二极管电流完全是一回事。因此，通常来说，就把它们简称为峰值电流 I_{PK}，公式如下：

$$I_{PK} = I_{AC} + I_{DC} \qquad (3-4)$$

事实上峰值电流是所有电流分量中最关键的一个，因为它不仅是长期热量聚集的来源，随之而导致温度上升，而且有可能导致开关立即销毁。接下来可以看到电感电流会和磁芯内的磁场强度瞬间成正比。因此，当电流达到它的峰值的那个瞬间，磁场强度也达到了峰值。现实世界中，如果电感内的磁场超过了一定的"安全"值——该安全值取决于用于磁芯的实际材料（也就是说与几何形状、圈数以及间隙无关），电感就会饱和（开始失去感性）。一旦发生饱和，绝大多数的浪涌电流将有可能流过开关，因为限流能力（这是电感首先用于开关电源的原因之一）取决于电感的行为。因此，失去电感感性肯定没有什么好处！事实上，即使是瞬间内，通常也不能让电感饱和。因此就需要密切监视峰值电流（通常以一个循环周期为基础）。上述表明，峰值就是电感开始饱和时对应的电流波形那一点。

注意： 有时，磁芯稍微饱和可能可以接受，特别是当发生像上电等这样的临时情况时。后续章节将介绍。

3.4　交流、直流和峰值电流的理解

可以看出交流分量（$I_{AC} = \Delta I/2$）是由伏秒法则推演而来的。从基本的电感公式 $V = L\mathrm{d}I/\mathrm{d}t$ 中，可以得出

$$2 \times I_{AC} = \Delta I = \frac{\text{volt seconds（伏秒）}}{\text{inductance（电感单元）}} \qquad (3-5)$$

所以电流摆幅 $I_{PP} \equiv \Delta I$ 可以很直观地看成是"伏秒每电感单位"。如果伏秒倍增，电流摆幅也倍增（交流分量也倍增）。如果电感感值倍增，那么摆幅（交流分量）将减少一半。

现在让我们再次考虑直流分量。在稳定状态下，任何电容都没有直流分量流过，所以所有的电容在计算直流分布时都可以拿掉。因此，对于降压稳压器来说，由于在导通和关闭时，能量经电感流入/输出负载，均值电感电流一定等于负载电流。所以

$$I_L = I_O \quad (\text{降压拓扑}) \tag{3-6}$$

另一方面，对于升压和降压-升压稳压器来说，能量仅仅在关闭时才会通过二极管流入输出负载，因此，均值二极管电流就一定等于负载电流。需要注意的是，当二极管导通时，其均值电流等于 I_L（参见图 3.3 上半部分的经过斜线下坡的中心的虚线）。如果计算整个开关周期的均值二极管电流，则需要采用占空比加权，也就是 $1-D$。因此，所谓的 I_D 均值二极管电流就是

$$I_D = I_L \times (1-D) \equiv I_O \tag{3-7}$$

因此

$$I_L = \frac{I_O}{(1-D)} \tag{3-8}$$

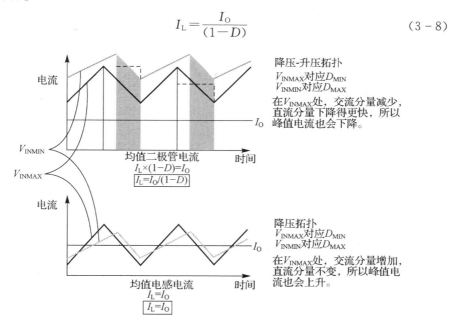

图 3.3　随输入电压的变化而导致的电感电流的交流和直流分量的波形图

同时也要注意，对于任何拓扑结构，高占空比对应的是低输入电压，反之，低占空比对应的是高输入电压。这样，增加 D 值就相当于减少输入电压（幅值）。因此，在升压和降压-升压稳压器中，如果输入和输出电压之差很大，将会得到

最高的直流电感电流。

最后,如果直流分量和交流分量都已知,那么峰值电流就是

$$I_{PK} = I_{AC} + I_{DC} \equiv \frac{\Delta I}{2} + I_L \tag{3-9}$$

3.5　最坏情况输入电压值的定义

到目前为止,所有论述都暗含有输入电压是固定的假设前提。然而在实际设计中,绝大多数的应用的输入电压都有一定的范围,也就是从 $V_{INMIN} \sim V_{INMAX}$。

因此需要知道如果改变输入电压,交流分量、直流分量以及峰值电流会怎样改变。最重要的是,在哪个特定的输入电压下能够得到最大的峰值电流。正如之前提过的,要确保电感不会饱和,峰值电流就至关重要。因此,定义最坏情况时的电压(对于电感设计)为峰值电流达到最高值时的输入电压,从而需要为这个特殊点选择和设计电感。事实上,这就是即将要讲述的通用电感设计流程的基本依据。

现在,将试着去明白每个拓扑结构中的最高峰值电流出现的位置以及原因。在图 3.3 中画了不同的电感电流波形来帮助我们更直观地理解当输入发生变化时会有什么情况发生。在这里选择了降压和降压 - 升压稳压器这两种拓扑。相应地,每个拓扑都采用了两幅波形以对应两个不同的输入电压。最终,在图 3.4 中把交流分量、直流分量和峰值电流打印出来。注意这些波形都是基于实际的设计方程而绘制并显示在相同的图中。在对波形进行解释时,需要记住对于所有的拓扑结构,高占空比对应低输入电压。下面的分析也将解释之前提供的表 3.2 的某些单元,包括 ΔI 和 I_{DC} 变量以及 D 值。

(1)对于降压稳压器来说,分析如下:

① 随着输入电压升高,占空比变小以保持调整功能。但是 $\Delta I/t_{OFF}$ 的下降斜率不会改变,因为它等于 V_{OFF}/L,也就是 V_O/L——假设 V_O 是固定值。但是,t_{OFF} 也在增加,而 $\Delta I/t_{OFF}$ 的下降斜率不变,唯一的可能性就是 ΔI 必须增加(成正比)。所以推断降压电感电流的交流分量实际上会随着输入的增加而增加(尽管在整个过程占空比在减小)。

② 另一方面,I_L 的斜率中心在 I_O 处是固定值,因此直流分量不会改变。

③ 最后,因为峰值电流是交流分量和直流分量之和,因此峰值电流也会随着输入电流的增加而增加(图 3.4)。

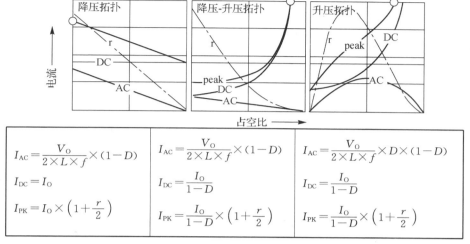

图 3.4　交流、直流以及峰值电流随着占空比的改变而改变的示意图

因此,对于降压稳压器来说,往往从 V_{INMAX}(也就是在 D_{MIN} 时)开始设计。

(2)对于降压-升压稳压器来说,情形如下:

① 随着输入电压增加,占空比减小。但是 $\Delta I/t_{OFF}$ 的下降斜率不会改变,因为它等于 V_{OFF}/L,也就是 V_O/L,同时 V_O 是固定值(和降压稳压器相同)。但是 t_{OFF} 在增加,所以 ΔI 必须增加以保持 $\Delta I/t_{OFF}$ 的下降斜率不变。因此交流分量($\Delta I/2$)会随着输入的增加而增加(占空比减小)。注意:到这一点为止,其分析和降压稳压器一样,究其原因就是两种拓扑的 $V_{OFF}=V_O$。

② 但是直流分量对于这个拓扑来说将会改变(尽管在降压稳压器中保持不变)。注意:图 3.3 中的上半部分波形的阴影部分代表二极管电流。在断开时间内,均值二极管电流值为通过其中心的方形虚线,也就是 I_L。所以均值二极管电流是对整个开关周期进行计算,即 $I_L\times(1-D)$,而它必须等于负载电流 I_O。因此,随着输入电流的增加,占空比减小,$(1-D)$ 增加,这样要是 $I_L\times(1-D)$ 等于 I_O 的唯一方法是 I_L 相应减小。因此,随着输入增加,直流分量将减小(占空比减小)。

③ 进一步说,既然峰值电流等于直流分量和交流分量之和,那么在高输入电压下它也会减少(图 3.4)。

因此,对于降压-升压稳压器的设计总是从 V_{INMIN} 开始(也就是在 D_{MAX} 时)。

(3)对于升压稳压器来说,情况相对有点麻烦。事实上,它和降压-升压稳压器很相似,但是又有明显的不同——这也是为什么不在图 3.3 上介绍的原因。

① 再次,随着输入的增加,占空比将下降,但是不同的是 $\Delta I/t_{OFF}$ 的下降斜

率也会随着下降,这是因为它等于 V_{OFF}/L,也就是 $(V_O-V_{IN})/L$(仅对幅值而言),(V_O-V_{IN}) 会减小。这样,$\Delta I/t_{OFF}$ 的下降斜率可以有两种方式做到——要么增加 t_{OFF}(当占空比减小时就会出现),要么减小 ΔI。但事实上,ΔI 可能会增加而不会减小(因为输入的增加)。例如,如果 t_{OFF} 增长的幅度大于 ΔI——那么 $\Delta I/t_{OFF}$ 将会相应减小。现实中,这是真实发生在升压稳压器中的情况。通过详细的公式,可以得知当 D 为 0.5 时,ΔI 会增加,其他情况会减小(表 3.2 和图 3.4)。

② 因此上面的两种情况清楚地表明,交流分量的消长不是主要的,峰值电流仅会由直流分量来决定。已知升压稳压器的直流分量和降压-升压稳压器(上面已经讨论过)的变化相同,会随着输入的增加而减小(占空比减小)。

③ 所以可以推断出在升压稳压器中,峰值电流会随着输入电压的增加而减小(图 3.4 中相关波形)。

因此,对于升压稳压器的设计总是从 V_{INMIN} 开始(也就是在 D_{MAX} 时)。

3.6　纹波电流比 r

图 3.2 首次介绍了最基本而又影响深远的电源自身设计参数——纹波电流比 r。这是一个用来比较和联系电感电流中交流分量和直流分量的几何比率。因此

$$r=\frac{\Delta I}{I_L}=2\times\frac{I_{AC}}{I_{DC}} \tag{3-10}$$

在图 3.2 之前的定义中,$\Delta I=2\times I_{AC}$。一旦设计者把 r 值设定以后(在最大负载电流和最坏情况下的输入时),绝大部分的其他参数也就预先规定了——像输入和输出电容的电流、开关中的 RMS(均方根)电流等等。因此,r 值的选择会影响各组件的选择和价格,所以必须完全理解,谨慎选择。

注意,r 值仅为 CCM(连续导通模式)定义的,其有效范围是 0~2。当 r 为 0 时,电感方程就意味一个很大(无穷大)的电感。显然,现实中 $r=0$ 不存在!如果 r 为 2,转换器将工作在连续模式和离散导通模式的边界处(边界导通模式或者 BCM)。如图 3.5 所示,在这个所谓的边界(或者"关键")导通模式中,定义 $I_{AC}=I_{DC}$。

r 值的有效范围在 0~2 的一个例外是强迫 CCM 模式,将会在后续段落中讨论。

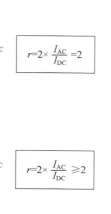

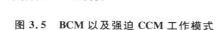

图 3.5　BCM 以及强迫 CCM 工作模式

3.7　关于 r 值与电感感性的关系

我们知道电流摆幅是伏秒每电感单位,所以也可以写成

$$\Delta I = \frac{E_t}{L_{\mu H}}（任意拓扑）\tag{3-11}$$

这里,E_t 定义为通过电感两端(在导通时间和断开时间内都可以——这两个值在稳态时相等)的伏秒(幅值),$L_{\mu H}$ 是指电感值,单位为 μH。之所以定义 E_t 是因为在现代功率转换中这只是一个非常小的时间间隔。所以定义这个参数比伏秒更容易使用。

因此,纹波电流比就是

$$r = \frac{\Delta I}{I_L} = \frac{E_t}{L_{\mu H} I_L}（任意拓扑）\tag{3-12}$$

注意:从今以后,在任何方程中,只要 L 是与 E_t 成对出现时,L 的注脚将被舍弃,也就是 μH。所以很容易理解 L 就是以 μH 为单位的参数。

最后,遵循 r 和 L 之间的关键关系,可得

$$r = \frac{E_t}{L \times I_L} = \frac{V_{ON} \times D}{(L \times I_L) \times f} = \frac{V_{OFF} \times (1-D)}{(L \times I_L) \times f}（任意拓扑）\tag{3-13}$$

顺便提一下,前面的方程有涉及 V_{OFF} 的,同样也是假设工作在 CCM 中,因为它是假设 t_{OFF}(施加 V_{OFF} 的时间)与完全断开时间 $(1-D)/f$ 相等。

反过来,L 为 r 的函数是:

$$L = \frac{V_{ON} \times D}{r \times I_L \times f}（任意拓扑）\tag{3-14}$$

在接下来的章节里将会经常使用上述公式的变形,以便记忆。我们将称之为"$L \times I$"公式(或者法则)

$$L \times I_{\mathrm{L}} = \frac{E_{\mathrm{t}}}{r}(任意拓扑)$$ (3-15)

但是,还是会想知道为什么需要讨论 r 值——而为什么不直接讨论 L 呢?从上面的公式我们知道了 L 和 r 的关系。然而,理想的电感值取决于具体的应用条件、开关频率甚至拓扑结构,所以不可能给出一个通用的选取 L 的设计规则。但是事实上有个通用的设计法则来选择 r 值。前面提到过在所有的情况中,应该是 0.3~0.5。这就是为什么计算 L 之前需要先设 r 值。当然,一旦选定了 r 值,L 值会自动获得,但是这仅仅是针对给定的应用条件和开关频率。

3.8　r 的最佳值

根据变压器的整体应力和尺寸,$r \approx 0.4$ 是最佳选择。现在试着去理解为什么是这样。接着将试着指出例外的情形。

电感的尺寸可以被看做是与它的能量处理能力成正比(气隙的影响将会在后续提到)。因此,比如说,我们可能从直观上已经知道需要一个更大的磁芯来处理更高的能量。选择的磁芯的能量处理能力至少能够匹配在应用中所需要储存的能量——也就是 $1/2 \times L \times I_{\mathrm{PK}}^2$,否则电感将会饱和。

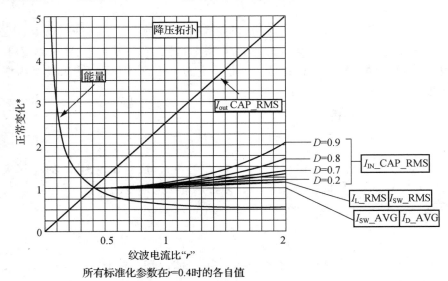

图3.6　纹波电流比 r 的变化会怎样影响所有分量的示意图

如图 3.6 所示,在能量的波形图中,$E = 1/2 \times L \times I_{\mathrm{PK}}^2$ 是 r 的函数,可以看到在 0.4 附近有一个拐点,这就告诉我们如果试着把 r 值减小到低于 0.4,那么将需要一个很大感值的电感。相反,如果增加 r 值,也不会让电感的尺寸能够极大地减小。事实上,在 $r\sim0.4$ 外就进入了一个收益递减的区域。

图 3.6 所示为降压稳压器的电容 RMS 电流的波形。从图中可以看到,如果 r 值增加超过了 0.4,电流将会急剧地增加。这样会导致电容(和其他相关元件)产生的热量增加。最终,我们可能被迫选择具有低 ESR 值和(或)较低的器件表面到空气的热阻阻值的电容(很贵且体积很大)。

注意:流过任一元件的电流的 RMS 值是由产生热量的电流元件生成的。通过公式 $P=I_{\text{RMS}}^2\times R$,这里 P 是热损耗,R 是与特殊元件(如电感的 DCR 或者电容的 ESR)有关的串联阻抗。然而,可以证明的是,开关、二极管和电感的 RMS 电流值并不十分依赖于其形状。因此,热量的产生并不太依赖于 r 值,而主要在于电流的平均值。从另一方面来说,如果 r 值增加,电容电流波形的 RMS 值会急剧增加。因此,电容电流是非常依赖于形状的,从而严重依赖于 r 值。原因很明显——在稳态时,任何电容都没有电流(直流)流过。因此,既然电容有效地减去了电流波形中的直流分量,那么就只留下了有大量的斜坡部分的电容电流波形。结果,一旦改变 r 值,就会改变斜坡电流部分,从而严重影响电容电流。

注意:在图 3.6 中尽管我们采用降压拓扑来举例,但是每种拓扑的能量曲线都相同。尽管电容电流曲线可能和降压拓扑不一样,但是很相似,所以上述结论依旧可以使用。

因此,通常对于任何拓扑、任何应用、任何开关频率来说,纹波电流比为 0.4 是一个好的设计目标。

接下来将讨论一些不遵守这个 $r\sim0.4$ 经验法则的理由和各自的考虑(在特定的条件下)。

3.9 电感还是电感值

在之前的章节里并没有明确地指出电感是什么——只是讨论了电感器的尺寸。理论上,只要把任意数量的线圈绕到一个指定的磁芯上,绝大多数情况下都可以获得电感。所以电感和电感器的尺寸不必联系在一起。然而,在电源转换时它们往往确实会变成如此——尽管不直接。

对照图 3.6 可知,如果需要较高能量处理的能力,就需要一个较小的 r 值和一个较大的电感器。让我们来正式来探讨减小 r 值的所有可能的方法。

既然假设应用条件是固定的,那么负载电流和输入/输出电压也是固定的。因此,I_{DC} 也是固定的。在这种情况下,唯一可以引起 r 值减小的方法是让 ΔI 减小。然而,ΔI 是

$$\Delta I = \frac{V \cdot t}{C} \qquad\qquad (3-16)$$

伏秒也是固定值(输入和输出电压固定),因此降低 r 值(对于给定的应用条件)的唯一方法就是增加电感感值,这样就可以推断出如果选择一个感值高的电感,我们总是会需要一个更大的电感。因此,当一个电源设计者本能地要求"电感感值高"时也就没有什么奇怪的了。他们也可能意味着"大电感"。所以设计者会一再被告诫在他们的设计中要小心纹波。一定量的纹波还是健康的。

然而不能忘记的是,比如说,如果增加负载电流(也就是改变应用条件),很显然需要采用一个更大的电感(有更大的能量处理能力)。但同时,我们需要降低电感感值——这是因为 I_{DC} 会增加,同时为了保持 r 的最佳值,需要根据 I_{DC} 的增长而成比例地增加 ΔI——为了达成这个目标,需要降低,而不是增加 L 值。

所以,通常所说的"电感感值高就意味着电感尺寸大"只适合于特定场合。

3.10　电感感值和尺寸是怎样依赖于频率的

下面的讨论适合于所有的拓扑结构。

如果让所有的参数(包括 D)固定而仅仅让频率倍增,伏秒将减半,因为 t_{ON} 和 t_{OFF} 的时间减半。但因为 ΔI 是"伏秒每电感单位",它也会减半。既然 I_{DC} 不变,那么 $r = \Delta I / I_{DC}$ 也会减半。因此假设开始时设定的 $r = 0.4$,那么现在就是 $r = 0.2$。

如果想要恢复 $r = 0.4$,那么就要让 ΔI 倍增——这个将在最后一步介绍。倍增的方法就是让电感感值减半。

因此,可以通俗地说电感感值与频率成反比。

最后,把 r 恢复到 0.4,峰值电流将依旧高出直流分量 20%,但是直流分量并没有改变。因此峰值电流也没有改变(因为最终 r 值没有改变)。然而,能量处理的要求(电感的尺寸)是 $\frac{1}{2} \times L \times I_{PK}^2$,既然 L 值减半而 I_{PK} 不变,电感器的尺寸就会减半。

因此,可以通俗地说电感的尺寸与频率成反比。

同时需要注意是电感要求的额定电流与频率无关(因为峰值没有变)。

3.11　电感感值和尺寸与负载电流的关系

对于所有的拓扑结构,如果让负载电流倍增(保持输入/输出电压和 D 值不变),因为 ΔI 不变但是 I_{DC} 倍增的关系,r 值会减半。为了恢复 0.4 的 r 值,需要让 ΔI 倍增。ΔI 可以简化为"伏秒每电感单位",在这里,伏秒是不会变化的。所以唯一的方式是让电感感值减半。

因此,通常可以说电感感值与负载电流成反比。

那么电感尺寸与负载电流又是什么关系呢?如果要保持 r 等于 0.4,同时倍增负载电流,那么峰值电流 $I_{DC}(1+r/2)$ 也会倍增。但是电感感值减半,因此,能量处理的要求(电感的尺寸)——$\frac{1}{2} \times L \times I_{PK}^2$——也会倍增。

因此,通常可以说电感尺寸与负载电流成正比。

3.12　厂商是怎样规定现有电感的额定功率以及怎样选型

根据电感的"能量处理能力",$1/2 \times LI^2$ 是选取电感尺寸的一种方法。但是大多数厂商在前期不会提供这个参数,而会提供一个或多个"额定电流"值以供参考。如果能够正确解释这些额定电流,同样能够达到其目的。

额定电流有可能被厂商表示为最大额定 I_{DC},或者最大额定 I_{RMS},或者(和)最大的 I_{SAT}。前两个通常被认为是同义词,因为典型电感电流的 RMS 和直流分量的波形是相同的(之前有提过电感电流的 RMS 是不依赖于形状的)。所以电感的直流/RMS 额定电流通常定义为达到一个特定的温升时(视厂商而定,通常是 40～55 ℃)能够流过的电流。最后一个额定电流,也就是 I_{SAT},是在磁芯开始进入饱和时能够流过的电流。在这一点上,电感被认为是达到了它能量处理能力的极限。

我们也发现即使不是大多数,但也有许多厂商根据任何电感的额定 I_{DC} 和 I_{SAT}(实际上就是用相同的方式)来选择线规。这样,就只有一个额定电流——比如,"电感的额定电流是 5 A"。在确定电感的 I_{SAT} 时,厂商便会自觉地调整(在饱和电流水平的)线规,这样才能得到规定的温升。

设置 $I_{DC} = I_{SAT}$ 的理由如下——假设电感有 3 A 的额定直流和 5 A 的 I_{SAT},5 A 看起来就像是多余的——因为用户可能从不会把这个电感用在大于 3 A 的场合,所以多余的额定 I_{SAT} 就等于是没有必要的过大的磁芯。当然,如果确实带有不同 I_{DC} 的 I_{SAT} 的电感,也可能是厂商尝试(没成功)(通过增加线厚)开发更大尺寸的磁芯,但是问题在于所选的磁芯形状在某种程度上不利于做这样的设计。可能没有足够多的空间留给较厚的线圈来完成。

通常,只有单个额定电流的电感往往也是有最高性价比的。

然而,在某些现有的罕见的电感中,甚至发现 I_{SAT} 值比 I_{DC} 低。这有什么用呢?在任何情况下都不能工作在 I_{SAT} 下!所以这种电感的唯一优点就是在现实应用中其温升会比最大规定温升低。用在自动化应用?

一般来说,在绝大多数实际用途中,我们需要考虑的电感的额定电流是所有公布的额定电流中最低的那个,因而就可以简单地忽视其他的。

对于总是愿意采用 $I_{DC} \approx I_{SAT}$ 电感的观点也有一些细微的考虑和例外。比如在瞬态时,瞬间电流有可能会大大超过正常稳定的工作电流。又例如,假设采用一个内部具有 5 A I_{CLIM} 的固定电流限制特性的开关应用在 3 A 的场合。在启动(或者电压或负载瞬间变化)的过程中,在控制电路尝试对输出电压调整的几个周期内,电流很可能会达到 5 A 的限定值。接下来我们将就这个问题进行详细论述——这是否将是设计开始时需要特别关注的地方! 假设到目前为止,看起来在额定 I_{SAT} 为 5 A(假设这样的电感随处都有,而且便宜)时,使用额定电流为 3 A 的电感也行得通。当然,另外一种方式是选择标准的 5 A 电感(对于 3 A 的应用),从而避免在任何情况下的电感饱和(随之而来的对开关的破坏)。但是我们需要意识到,从覆铜/温升的角度来考虑,如果这样设计,该电感可能会稍微被设计得过了一点——绕线没必要这么厚。然而,需要记住的是磁芯大肯定会影响价钱,但是覆铜厚一点几乎没影响!

3.13　对于指定的应用,需要考虑的电感额定电流是什么

不论何时启动,或者突然让转换器的电压和负载瞬间变化,电流将不会停留在正常工作时的稳态值(也就是在传输要求的最大额定负载电流时的值)。例如,如果突然把输出对地短路,控制电路为了调整输出可能会瞬间把占空比扩展到最大允许值(由控制器设定)。这样,系统将不会在稳态,因而会增加导通时间的伏秒,电流会逐步增大到所设定的电流限定值。

然后电感有可能会饱和! 例如,如果使用 5 A 固定电流限额的降压开关 IC 用在 3 A 的场合,我们可能会选择一个仅有 3 A 左右额定功率的电感。如果对输出短路,电流瞬间会达到它的限定值(对于 5 A 降压开关来说,大约 5.3 A)。

问题在于——应该选择一个基于电流限制阈值(可能会在遇到严重的瞬态下)的额定的电感,还是简单地基于最大持续工作电流(在正常的运行状态下)的电感? 事实上,它没有看起来那么深奥——实质上就是把标准的工业离线设计流程和 DC-DC 转换器的设计流程分开。更有效的回答是,需要考虑大量的因素,但经常会基于个别情况或者具体案例进行阐述。接下来我们来讨论一些关心的问题。

幸运的是,在绝大多数的低电压应用中,一定量的磁芯饱和不会引起任何问题。原因是,以上述例子为例,如果开关的额定电流为 5 A,并且已知 IC 内的限流电路的反应可以足够快地阻止电流超过 5 A,这样尽管当电流达到 5 A 时电感开始饱和,但是不会有任何问题——毕竟,如果开关不出问题,线路就不会有

问题！既然电流不会超过 5 A,开关就不会出问题。所以在这种情况下,提前知晓在各种的非稳定条件下电感可能出现饱和的情况,我们就可能选择经济有效的"3 A 电感"来满足设计应用需求。当然,我们不希望让开关转换器时刻在饱和电感状态下(在额定最大负载条件下)工作——通常只允许它能够在正常和临时条件下能确保开关没有被烧坏。

然而,上述逻辑需要回答另外一个关键的问题——哪个是构成"足够迅速"的因素——也就是说,哪个因素会影响迅速断开开关以便不会被饱和电感所带来的后果所损耗。既然这个考虑最终也许会决定电感的尺寸和价格,那么对该响应时间的理解就很重要。

(1)所有的限流电路都要花费有限的时间来响应。当过流信号经过 IC 内部比较器、运放、电平转换器、驱动等到 IC 引脚驱动开关之间都会有固有(内部)的"传播延时"。

(2)如果采用控制 IC(与集成开关相对应,也就是带有内部开关的控制器),开关必须离它的驱动(通常包含在 IC 内部)有一定的物理距离。在这种情况下,干涉 PCB 走线的寄生电感(大于 20 nH 每英寸走线)将抵抗任何电流突变,从而在 IC 要求断开开关的命令实际到达开关的栅极/基极之前会有一个额外的延时。

(3)理论上来说,即使限流电路能够立即响应过流情况,即使干涉走线的寄生电感可以完全忽略,开关在真正断开之前可能依旧需要花费一点时间。在这个延时过程中,如果电感饱和了,将不能有效地阻止或者限制由外加直流电源而挤过晶体管的尖峰电流——它将远远超过"安全"电流限定阈值。双极型晶体管(BJT)比起更现代的元件如 MOSFET 管来说,内部延时大。但是大 MOSFET管(例如大电流、高电压元件)也会因为内部更高的容抗(在允许切换状态之前,可能要求充电或者放电)而产生延时。如果并联这样一颗类似的 MOSFET 管在一起,情况会更糟糕,比如说在一个非常大的电流的应用场合中。

(4)许多控制器和 IC 在它们故意"忽视"电流波形时包含了一个"消隐时间"。其基本目的就是避免在导通过程中产生的噪声假触发限流电路。但是这个延时时间可能对开关是致命的,特别是电感已经开始饱和,因为如果在这段消隐期间有任何过流情况,限流电路并不知道。更进一步说,在电流模式的控制IC 内,PWM(脉宽调制)比较器阶段的斜坡通常来自(带有噪声的)开关电流,所以消隐时间通常设置得较高,对于低压应用一般是 100 ns,对离线应用则高达300 ns。

(5)集成高频开关(也就是在同一个封装中带有 MOSFET 管或者 BJT 开关来作为控制器和驱动)通常是保护得最好和最可靠的,因为干涉电感最小。同样地,消隐时间能够设置得更加精确、更加优化,因为从不同的开关有很多不同的特性来看,它不会有太大的变化。因此,集成开关通常可以承受瞬间饱和电感,

41

并且绝大多数没有问题——除非输入电压非常高(一般在 60 V 之上),同时电感尺寸又非常小。

(6)如果输入电压高,根据基本公式 $V=LdI/dt$,饱和电感电流的上升斜率会很大(陡)。这里,既然 V 是固定的,如果 $L\to0$,dI/dt 将骤升(图 3.7)。因此,这样就会导致即使一个很小的延时也能致命,因为在这个很小的间隔中可能会生成一个很大的 ΔI,而这电流可以远远超过所设定的电流限定阈值,从而危害开关。这就是为什么在实际中习惯选择足够大的磁芯来避免在电流限定阈值点电感饱和——特别是在离线应用中。同时,通常会让限流电路在电流完全失控之前有足够的时间反应。

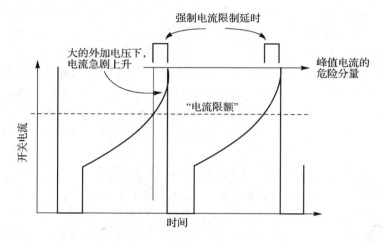

图 3.7　需要多高电压与固有响应时间延时一起才能会导致当电感开始饱和时开关会过压

然而,需要注意的是,铜线圈依旧仅需要按比例地对连续电流进行处理(也就是基于最大工作负载)。

事实上,在离线应用中总是暗含着需要把变压器的 I_{SAT} 值设置高于额定 I_{DC}。很显然在低电压 DC-DC 转换器设计中通常不需要这样做。

一般来说,在大多数低电压应用中(V_{IN} 通常低于 40 V),对电感的选型仅仅取决于最大工作负载电流。因此事实上限流可以忽略!这是 DC-DC 转换器设计的通用行业惯例,尽管大多数时间可能不会清晰地讲出来。但是幸运的是,看起来可以行的。

3.14　电流限制的外延和容限

包括限流——要么通过用户设定,要么直接固定在 IC 内部——在内的任何规格将有一定的遍布在过程和温度变化中的固有的公差带。所有的这些都会体现在元件的电气规格书中,并带有"MIN"和"MAX"的标注。在一个实际的转换器的设计中,一个优秀的设计者会学会留意这些外延。

首先总结一下为开关电源转换器选择电感的通用流程,然后再看一下实际设计中关于外延和容限方面的问题。

正常的过程是先根据纹波电流比大约为 0.4 来确定电感感值,这是因为 0.4 是整个转换器中的最佳值。但是有另外一个可能的局限是当处理开关 IC 时,特别是那些具有内部固有限流电路时,如果正常运行的峰值电流接近芯片所设的电流限制值(也就是让系统工作在接近开关 IC 的最大电流能力的情况下),我们需要确保电感感值足够大,从而避免让运行的峰值电流(在任何周期内)超过电流容限。否则折返电流在电流容限点必然会发生,从而使得最大输出功率得不到保证。

例如,如果有一个"5 A 降压开关 IC"工作在 5 A 的负载中,r 值为 0.4,那么正常工作的峰值电流就是 $5 \times (1 + 0.4/2) \text{A} = 5 \times 1.2 \text{A} = 6 \text{A}$。这样理想的情况是把元件的电流限制设定在 6 A 以上。但是不幸的是,当采用这样的集成开关时,没有太多的设计余地。制造商总喜欢加强这部分的极限,从而接近最大应力限制。如果这个特别部分宣称是"4 A IC",而不是"5 A IC",也许刚好。但是目前制造商往往罔顾元件的最佳额定电流的构成与相关组件和整个设计策略的关系。因此,又比如说,某个商业级的"5 A 开关 IC"的公布(设定)的电流限制仅为 5.3 A,但经过分析后,会发现它仅允许在 0.3 A 上下浮动,平均值为 5 A,这样在 5 A 负载下的最大允许的 ΔI 仅为 0.6 A。最大的 r 值为 $0.6/5 = 0.12$(当负载电流为 5 A 时),这个值比最优 r 值为 0.4 小很多。同样毋庸置疑的是,这个相对低的 r 值将极大地影响了电感(变压器)的尺寸。

现在来看电流限制的外延。I_{CLIM} 实际有两个限制值——I_{CLIM_MIN} 和 I_{CLIM_MAX}(分别是电流限制的最大值和最小值)。问题是当设计一个电感时,其中的哪个值需要被考虑呢?

(1)要确保输出功率,仅需要看电流限制的最小值。在大多数低电压 DC-DC 转换器的应用中,最小值是真正需要的唯一阈值——通常可以完全忽略最大值(当然还有典型值)。确保输出功率的基本标准是——必须保证计算出的正常工作峰值电流总是小于电流限制的最小值。当然,如果不是工作在接近元件的电流限制附近,这个条件可以很轻松的满足,从而只要集中在 r 等于 0.4 的设定上。

(2)但是正如所有的元件一样,电感也有典型的容限——通常是大约 $\pm 10\%$。因此如果工作在很接近元件的电流限制附近,r 值也会根据最小的电流限制(不是最佳值或理想值)而设定,这样采用(正常的)电感感值应该比计算值高出 10%,从而就可以在电流限制和电感感值的所有可能的变化中,无条件地确保输出功率保持正常。

(3)需要注意的是,理想情况下,我们总喜欢在实际应用中的峰值电流和电流限制的最小值之间留至少20％的额外幅度(净空),这对当负载突然增加时要做出迅速响应(纠正)通常是有必要的。所以通常来说,如果我们设法削弱转换器的快速响应的能力(比如,通过在限流和/或最大占空比中不提供足够的净空),电感不能足够迅速提升电流以满足能量的突然增长的需求,从而在最终恢复之前的几个周期里,输出将会严重地下降。

不幸的是,再次重申,当处理具有固定电流限制的(集成的)开关时,我们将会发现"最好有的瞬态净空"可能是不能实现的奢侈品,这是因为在大多数情况下,电流限制的最小值只会比所公布的"额定"值稍许高一点,所以事实上20％的净空可能无法满足! 进一步说,即使满足,这样也可能需要非常大(不切实际的)电感感值。这样也会适得其反——大电感需要花费更多的电流爬升时间,从而会让瞬态(回路)响应放缓——刚好与我们所期待的相反! 因此通常来说,绝大多数时候最终会完全忽略20％的这个阶跃响应净空/幅度,特别是在处理集成开关IC时。

至于电流限制的最大值,当设计需要真正考虑电感饱和(在高电压应用情形)时,就需要根据电流限制的最大值来决定电感的尺寸——在重载、电感能量储存和可能饱和情况下的峰值电流的最差值。

因此,通常来说,在高电压DC-DC(或离线)应用中,当选择电感感值时,电流限制的最小值有时可能需要被考虑(当工作在接近电流限制的情况下),而电流限制的最大值就会用来确定电感的尺寸。

作为一个推论,(低电压)DC-DC转换器IC制造商事实上不必(可能是名正言顺地不需要)很困难地缩小电流限制的外延和容限(当然电流限制的最小值需要设置得足够高从而不会干扰IC的功率处理能力)。同样对于电压DC-DC转换器的应用,电流限制通常被一起忽略掉,最后对电感的额定电流(和尺寸)的选择就是简单地基于正常工作时循环周期的峰值电感电流(也就是在最坏情况下的输入电压端的最大负荷)上进行。

从另一方面来说,离线开关IC的制造商确实需要在电流限制方面保留些许余地。这样,元件的最大功率处理能力事实上就仅仅依赖于电流限制规定的最小值,而变压器的尺寸则完全由电流限制的最大值决定。这样,一个"宽松"的电流限制规格就相当于要求更大的元件(变压器)来处理相同的最大功率处理能力。

注意:有些离线集成开关IC[比如来自电源集成公司(Power Integrations)的"Topswitch"]的制造商经常会兜售其"精准"的电流限制的特性,建议大家采用它们的产品时能够获得最佳的功率尺寸比(也就是转换器功率密度)。然而,我们应该记住,在大多数情况下,它们的产品系列都有一套离散的固定电流限制。这是个问题! 例如,我们可能使用提供2A、3A、4A等的电流限制的器件。的确,在采用特殊的IC并工作在其最大额定输出功率时,我们可能会得到更高的功率密度。但是当工作在电流限制之间的功率水平时,可能就不会得到一个最佳的方案。比如,当峰值电流为 2.2 A 时,需要选择 3 A 电流限制,接着我们必须设计磁性元件来避免在 3 A 时磁芯饱和。所以事实上,电流限制就会非常不准确! 最好的解决方案是根据实际应用,寻找可以在外部精确设定电流限制的元件(集成的开关或控制器加上 MOSFET 管的方案)。

把这些细微的考虑铭记在心,设计者就很有希望给他或她的设计找到一个更合适的额定电感电流。显然,这不是一个硬性规定。我们还是需要像往常一样进行工程判断,有可能还需要进行进一步的基准测试来验证电感的最终选择。

通过接下来的样例,通用的方法和设计流程会变得更明晰。

3.15　样例(1)

设升压转换器的输入电压是 12～15 V,调整后的输出电压为 24 V,最大的负载电流为 2 A,如果开关频率分别为 100 kHz、200 kHz、1 MHz 时,电感的理想感值分别是多少? 每种情况下的峰值电流是多少? 能量处理要求各为多少?

首先需要记住的是,对于一个拓扑(如降压-升压),最坏情况是输入范围的最小值,因为它对应最高的占空比,因而有最高的平均电流 $I_L = I_O/(1-D)$。所以对于所有的现实中的设计,在这里可以完全忽略 V_{INMAX}——事实上,对于实际分析时,这是一个错误的引导。

从表 3.1 中可知占空比为

$$D = \frac{V_O - V_{IN}}{V_O} = \frac{24 - 12}{24} = 0.5$$

因此

$$I_L = \frac{I_O}{1-D} = \frac{2}{1-0.5} = 4 \text{ A}$$

纹波电流比设为 0.4,这样

$$I_{PK} = I_L \left(1 + \frac{r}{2}\right) = 4 \times \left(1 + \frac{0.4}{2}\right) = 4.8 \text{ A}$$

我们应该记得 $r=0.4$ 总是暗含着峰值要高于均值 20% 的要求。事实上,还需要意识到峰值电流与频率无关。电感需要能处理上述的峰值而不会出现饱和。所以在本例中,就可以不管频率而挑选额定电流为 4.8 A(或者更多)的电感。之前在"电感感值和尺寸是怎样依赖于频率的"的章节中就学习到电感要求的额定电流与频率无关(因为峰值不会改变)。然而,随着频率的改变,电感尺寸也会改变,因为尺寸等于 $\frac{1}{2} \times L \times I_{PK}^2$,$L$ 会根据如下而改变。

为计算选定的 r 值所对应的电感感值,需要使用下面的公式(之前有讲过)。从表 3.1 得知,对于升压拓扑来说,$V_{ON} = V_{OFF}$,因此,对于 $f = 100$ kHz 来说,

$$L = \frac{V_{ON} \times D}{r \times I_L \times f} = \frac{12 \times 0.5}{0.4 \times 4 \times 100 \times 10^3} \Rightarrow 37.5 \ \mu H$$

对于 $f=200$ kHz 来说，L 将会是其一半，也就是 $18.75 \ \mu H$。对于 1 MHz 频率来说，则是 $3.75 \ \mu H$。很显然，频率越高，感值越小。

之前有观察过，对于一个给定的应用，电感感值小必然会导致电感尺寸小。因此可以推断出随着开关频率的上升，电感的尺寸将会变得更小。这就是通常要提升开关频率的基本原因。

如果需要计算能量处理能力的话，通过使用公式 $E = \frac{1}{2} \times L \times I_{PK}^2$ 可以对每种情况分开计算。

到目前为止，一般都是采用 $r=0.4$ 作为最佳值。现在需要知道有时候该值可能不是最佳选择。

3.15.1   在 r 值设定上的电流限制的考虑

之前提到过因为电流限制太小而不能把 r 值设成最佳值。现在我们将讨论电流限制外延的影响。

比如说，表 3.3 所示为一个集成了 5 A 电流限制的开关 LM2679 的规格。为了无条件保证指定的功率输出（或者在这个例子中的负载电流），需要确保峰值电流绝不能到达电流限制规格的最小值。事实上，在表 3.3 中，需要忽略其他所有的参数，除了最小值 5.3 A。

如果我们尝试把 r 值设为 0.4 来得到 5 A 的输出，估算的电流将是 $1.2 \times 5 = 6$ A。显然，正如之前提到的，不能采用 LM2679 来实现！除非降低 r 值（增加感值）。最大的 r 值是

$$I_{PK} = I_O \times \left(1 + \frac{r}{2}\right) \leqslant I_{CLIM\_MIN} \tag{3-17}$$

对公式进行求解，代入 $I_O = 5$ A 以及 $I_{CLIM\_MIN} = 5.3$ A，得到

$$r \leqslant 2\left(\frac{I_{CLIM\_MIN}}{I_O} - 1\right) = 2\left(\frac{5.3}{5} - 1\right) = 0.12$$

从图 3.6 中可以看出这就要求电感的能量处理能力（电感尺寸）几乎是最佳值的 3 倍！

事实证明，这部分只是规定的不合适而已。在现实中，这部分会通过一个可调的电流限制来实现。也可以根据电气表格中电流限制的相对好的值来校正电流限制调整电阻，从而获得更好的 r 值（在最大额度的负载时）。但是不幸的是，表中并没有明晰给出。

我们应该铭记在心的是电气表格中的最小和最大电流限制是仅有的能够让任何厂商保证的部分（当然不是典型值！）。所以事实上，数据手册上的其他信息只是相当于一般的设计指导，包括提供任何典型的性能曲线。一个慎重的设计

者绝对不会对厂商做事后批判——不管限流电阻是否的确可以调整，从而获得较低的电感。因此，如果在 5 A 负载电流的设计中采用 LM2679，我们确实需要一个 3 倍于它的最佳值的电感。注意如果电流限制确实可以调整得高一点，厂商应该会根据电气表格列表（和相应规定的限制），给限流调整电阻选择一个合适阻值。

表 3.3　LM2679 的公布的电流限制规格表

条件		典型值	最小值	最大值	单位
电流限制 I_{CLIM}	$R_{CLIM}=5.6$ kΩ	室温	6.3	5.5	7.6	A
		全工作温度范围		5.3	8.1	

注意当讲到"5 A 降压 IC"时，就隐含着它可以输出 5 A 负载电流。如上讨论，电流限制当然需要根据额定负载正确设置（说明）。然而，需要非常清楚的是，当我们谈论升压或者降压－升压开关 IC 时，比如说，一个"5 A"的 IC 不会输出 5 A 的负载电流。这是因为对于所有拓扑来说，电感电流的直流分量不等于 I_O，而是等于 $I_O/(1-D)$。所以，在这种情况下，"5 A"对于该元件来说，仅是电流限制。从一个非降压 IC 中能够输出多大的负载电流在于具体应用场合——特别是在于 D_{MAX}（在 V_{INMIN} 时的占空比）。例如，如果所需负载电流为 5 A，（最大的）占空比为 0.5，那么均值电感电流实际上是 $I_O/(1-D)=10$ A。进一步说，如果 r 是 0.4，峰值可能高于 20%，也就是 $1.2\times10=12$ A。这样为了实现最佳情况，我们需要寻找一颗最小电流限制为 12 A 或者更高的元件。至少，我们也需要电流限制高于 10 A 的元件来确保输出电流。

3.15.2　在固定 r 值下连续导通模式的考虑

正如之前所谈论的，在不同的条件下，系统有可能会进入离散导通模式（DCM）。从图 3.5 中可以看到，在 DCM 开始发生时，纹波电流比是 2。然而我们会问——如果把纹波电流比设为某个值 r'（也就是在最大负载电流 I_{O_MAX} 时的纹波电流比）将会怎样？接着我们缓慢地把负载电流降低——在负载电流的哪个具体值时，转换器会进入 DCM？

通过简化的几何图形可以看出在最大负载电流的 $r'/2$ 倍时转换器将进入 DCM。比如，假设在 3 A 负载电流时 r' 为 0.4，转换器将在 $(0.4/2)\times3=0.6$ A 时进入 DCM。

但是，设计者知道，当进入 DCM 时，转换器内的许多参数将发生突变！比如占空比随着负载电流进一步降低并将开始朝零值夹断。另外转换器的回路响应（能迅速纠正线路和负载扰动）在 DCM 中通常也会降低。噪声和 EMI 特性也会突然改变，等等。当然在 DCM 中工作也有一些优势，但是现在假设，由于

47

种种原因,设计者希望能够尽可能地避免 DCM。

保持转换器工作在 CCM,采用最小的负载设计,并设 r 为某个最大值。例如,如果最小负载电流是 $I_{O\_MIN}=0.5$ A,然后要保持在 0.5 A 时,转换器工作在 CCM,需要把所设的纹波电流比(在 3 A 时的 r' 值)降低。通过计算,需要如下的条件:

$$I_O \times \frac{r'}{2} = I_{O\_MIN} \qquad (3-18)$$

这样

$$r' = \frac{2 \times I_{O\_MIN}}{I_{O\_MAX}} \qquad (3-19)$$

本例中

$$r' = \frac{2 \times 0.5}{3} = 0.333$$

因此需要在最大负载时,纹波电流比的设置须低于 0.333 以确保在 I_{O_MIN} 下工作在 CCM。

通常来说,我们可以通过三种方式让转换器工作在边界导通模式(BCM):在完全的 CCM 下降低负载电流;选择感值小的电感;增加输入电压。

减少负载电流将成比例地减少 I_{DC} 至任何值,因而 $r \geqslant 2$(BCM 或者 DCM)的条件肯定迟早会发生——低于某个负载电流。类似地,降低 L 值将必要地增加 ΔI 值,从而在某点我们可以期待 $\Delta I / I_{DC}$(也就是 r)比值会比 2 大(执行 DCM)。

然而,至于上述进入 DCM 的第三种方式,我们应该意识到单独增加输入电压可能不会达到目的!只要负载电流同时低于某个值开始(该值取决于 L 值),DCM 或者 BCM 就仅能在输入变化时发生。

关于这部分,分别对三种拓扑进行研究是有益的。注意对 r 值进行计算的通用公式如下:

$$r = \frac{V_{ON} \times D}{I_L \times L \times f} \text{(任何拓扑,任何模式)} \qquad (3-20)$$

在 CCM(或 BCM)中应用伏秒法则,将得到

$$r = \frac{V_{OFF} \times (1-D)}{I_L \times L \times f} \text{(任何拓扑,CCM 或者 BCM)} \qquad (3-21)$$

(1)从图 3.4 的波形可以看出,当 D 接近 0 值——也就是在最大输入电压时,降压和降压－升压拓扑都有最高的 r 值。对于这些拓扑,r 值(上面刚给的 r 值方程中推演而来)方程为

$$r = \frac{V_O}{I_O \times L \times f}(1-D) \text{(降压)} \qquad (3-22)$$

$$r = \frac{V_O}{I_O \times L \times f}(1-D)^2 \text{(降压－升压)} \qquad (3-23)$$

把 $r=2$ 和 $D=0$（也就是最高输入电压加 BCM）代入公式，可以得到极限条件：

$$I_O = \frac{1}{2} \times \frac{V_O}{L \times f} \text{（降压和降压-升压）} \qquad (3-24)$$

因此对于这两种拓扑，如果 I_O 比上面的极限值大，那么不管把输入电压增加到多高，系统将继续保持在 CCM 中。

（2）至于升压拓扑，情况就没有这么明显。从图 3.4 中可以看出，r 的峰值是在 $D=0.33$（对应的输入刚好是输出的 2/3）。因此升压拓扑很可能在 $D=0.33$ 时进入 DCM——不是在 $D=0$ 或者 $D=1$。可以从如下公式推算出 r 值。

$$r = \frac{V_O}{I_O \times L \times f} D \times (1-D)^2 \text{（升压）} \qquad (3-25)$$

把 $D=0.33$ 和 $r=2$ 代入公式，可以得出下面的极限条件：

$$I_O = \frac{2}{27} \times \frac{V_O}{Lf} \text{（升压）} \qquad (3-26)$$

因此，对于升压拓扑，如果 I_O 比该值大，不管输入电压增加多高，系统将永远保持在 CCM 中。

注意，如果确实需要进入 DCM，最可能发生的输入点是输入为输出的 0.67 倍。换句话说，如果在特殊点的输入电压时没有工作在 DCM，那么可以确定系统在整个输入范围内（不论是何值）都工作在 CCM 中。

3.15.3　当采用低 ESR 电容时 r 值设定高于 0.4

今天，随着电容技术的改善，新一代超低 ESR 电容面世——像单片多层陶瓷电容（MLC 或者 MLCC）、聚合物电容等等。由于它们的超低 ESR，这些电容通常有非常高的纹波电流额定值（RMS），因此在任何场合中这些电容的尺寸不再由他们的纹波电流处理能力决定。另外，这些电容几乎没有需要在设计之前进行交代（像采用电解电容进行设计，过时的电容会干掉）的老化特性（寿命周期问题）。进一步说，因为超高的介电常数，这些新电容的尺寸也变得非常小。事实上，现在增加 r 值可能不会引起电容所占空间（或者转换器的尺寸）显著增加。从另外一方面来说，增加 r 值可能依旧会导致电感尺寸的相对显著减小。

总结一下，随着现代电容的到来，从传统的最佳值为 0.4 上增加 r 值，可能会更有意义，在有些场合是 0.6～1（假设其他考虑不那么严格）。如果这样做，如图 3.6 所示，可以减小电感 30%～50% 的尺寸——假设在讨价还价中使用大颗电容还是不能抵消其优势的话，这肯定很重要！

3.15.4　设置 r 值以避免元件"怪癖"

令人惊讶的是，设备怪癖有可能会影响对 r 值的极限定义。例如图 3.8 介绍了一个叫做 Topswitch® 的集成高电压反激开关 IC 的电流限制波形，我们叠加了一条典型的开关电流波形在上面来让事情更加清晰。

我们很惊讶地发现，这个元件的电流限制在导通转变后大约 $1.5\ \mu s$ 内——有时候我们不能直观看到——是与时间相关的。元件的"初始电流限制"正如其内部限流比较器需要在它（有效）的前沿消隐时间后开始工作一样发生。正如之前所提到的，在消隐时间内，IC 根本不会去监视电流以避免假触发导通转变时的噪声沿。但问题是，如果一旦限流电路再次开始侦测开关电流，它需要花一定的时间来设置电流限制阈值，在这段时间内，在电流限制的 75% 时就能被触发！

观察开关（或者电感）电流波形，可以得知在开关导通的那一瞬间的电流总是比均值电流低 $\Delta I/2$。换句话说，根据公式，这个凹槽（波谷）电流 I_{TR} 与 r 值有关。

$$I_{TR} = I_L \times \left(1 - \frac{r}{2}\right) \tag{3-27}$$

要避开该初始电流限制，需要凹槽电流小于 $0.75 \times I_{CLIM}$，所以

$$I_{TR} = I_L \times \left(1 - \frac{r}{2}\right) \leqslant 0.75 \times I_{CLIM} \tag{3-28}$$

假设在本分析过程中，电源在最大负载工作，因此，峰值电流和电流限制 I_{CLIM} 相等。

$$I_{PK} = I_L \times \left(1 + \frac{r}{2}\right) = I_{CLIM} \tag{3-29}$$

从而，代入上述两个公式，可得到对 r 值的限制条件如下。

$$\left(1 - \frac{r}{2}\right) \leqslant 0.75 \times \left(1 + \frac{r}{2}\right) \tag{3-30}$$

也就是

$$r \geqslant 0.286 \tag{3-31}$$

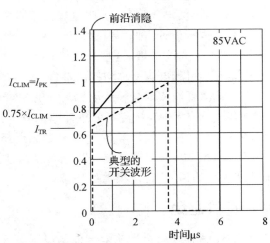

图 3.8　Topswitch® 器件的初始电流限制

既然在任何情况下 r 值通常设置在 0.4 左右，对于该初始电流限制来说正常情况下应该没有什么问题。然而，对数据手册的电气表格仔细检查后发现，该 0.75× 因子的情况仅在 25 ℃ 有定义。不幸的是，很少有功率器件会在 25 ℃ 停留很久！所以作为设计者的我们，真的不知道当器件加热时其电流限制会是多少。是的，我们可以凭经验做一些猜测，当固定 r 值时可能留额外的安全的设计余地，也可能会发现从来没有问题发生。但是真实的情况是我们还是没有得到确认——厂商没有提供必要的数据（在电气表中没有以保证范围的形式）。

3.15.5 设置 r 值以避免次谐波振荡

如图 3.9 所示，在任何转换器中，输出电压首先要与内部参考电压比较，然后对比较后的结果进行滤波，经误差放大器反转后，（控制电压）输出反馈到 PWM 比较器的两输入中的一个。另外的一个输入接斜坡电压，从而生成开关脉冲。比如，如果在输出端的误差增加，控制电压就会减小，占空比也会相应减小以减小输出电压。这就是稳压器的通用工作原理。

在电压模式控制中，PWM 比较器的斜坡电压是由内部（固定）的时钟产生。而在电流模式控制中，则产生于电感电流（或开关电流）。后者会导致一个奇怪的情况，就是即使是在电感电流波形中的一个细小的波动，也将在下一个周期上使得信号变得很糟糕（图 3.10 上半部分）。

最终，转换器可能产生"一个脉宽宽，一个脉宽窄"的奇怪开关波形，这说明其工作模式肯定不合理或者其可能的原因是——输出的纹波电压特别高，同时回路响应非常缓慢。

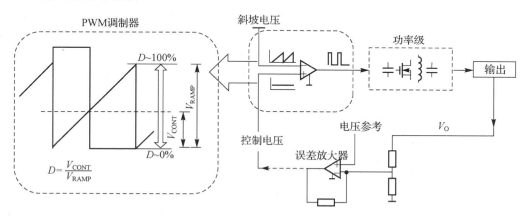

图 3.9 电源转换器中的脉冲调制器部分

电源与供电

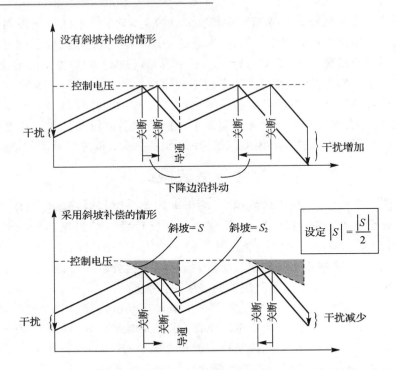

图 3.10　电流模式控制的次谐波不稳定以及采用斜坡补偿来避免的示意图

为了让干扰在每个周期内降低直至消失，需要做如下两点之一。事实上，两种方式都能有效地把电压控制模式和电流控制模式相混合。

（1）在感应斜坡电压（由电压/开关生成）上增加一个小的固定的（时钟生成的）斜坡电压。

（2）从控制电压（误差放大器的输出）上减去一个相同的固定斜坡电压。

从图 3.11 中可以看出，这两种方法等效。事实上，如果考虑到斜坡电压和控制电压都会接入比较器的两端输入时，就一点都不用惊讶了。因为如果把 $A+B$ 的信号和 C 信号做比较，其实就等于把 A 信号和 $C-B$ 信号做比较。在这两种情况中，当 $A+B=C$ 时，输出相等。

这项技术叫做斜坡补偿，也是调整电流模式中脉宽宽窄交替出现的现象中最被认可的方案（图 3.10（b））。

这表明为了避免谐波振荡，就需要确保斜坡补偿量（表示为 A/s）等于电感电流下降斜坡的一半或者更多。原则上，注意次谐波不稳定的情况只会出现在 D（接近或者）大于 50% 时，因此斜坡补偿可以应用于任意占空比的情形，或者仅是 $D \geqslant 0.5$，如图 3.10 所示。次谐波不稳定的情况也可能仅出现在连续导通模式（CCM）的情况下，所以避免它的方法之一是让其工作在 DCM。

如果斜坡补偿值被控制器固定了，那么作为设计者，需要确保电感电流的下降斜坡等于两倍斜坡补偿——或者更少（注意，我们仅讨论斜坡幅值），这实际上就决定了一个电感的最小感值。同时根据 r 值，这将要求我们可能需要把 r 值设置到比最佳值 0.4 更低——比如，在控制 IC 的内置斜坡补偿不够的情形下。

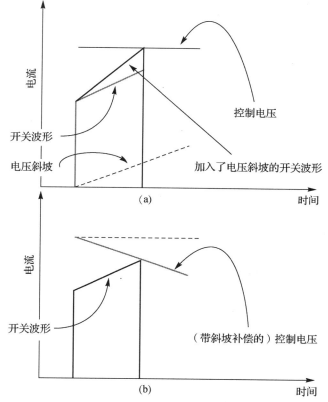

图 3.11　对感应信号采用固定斜坡或者调整控制电压是
电流模式控制中等效的斜坡补偿方法

电流模式控制的更详细的模型结果表明，（为避免次谐波不稳定，）所需的最小电感感值的最佳关系是

$$L \geqslant \frac{D - 0.34}{斜坡补偿} \times V_{\text{IN}} \mu \text{H}（降压拓扑） \tag{3-32}$$

$$L \geqslant \frac{D - 0.34}{斜坡补偿} \times V_{\text{O}} \mu \text{H}（升压拓扑） \tag{3-33}$$

$$L \geqslant \frac{D - 0.34}{斜坡补偿} \times (V_{\text{IN}} + V_{\text{O}}) \mu \text{H}（降压 - 升压拓扑） \tag{3-34}$$

这里，斜坡补偿单位是 $\text{A}/\mu \text{s}$。

对于所有拓扑结构来说，不得不在占空比大于 50% 时的最大输入电压点做上面的计算。同时系统需要工作在 CCM。

3.15.6 "$L×I$"和"负载调节"法则下的电感快速选型

最终,到目前为止,从基于所有情形下所考虑的 r 值可以看出,对于任何一个设计,首先要有一个快速选择电感的方法。然后将谈论更加详细的分析和样例。

正如之前所提到的,从公式 $V=LdI/dt$ 中,可以产生另外一个很有用的关系式——我们称它为"$L × I$"公式:

$$(L×I_L)=\frac{E_t}{r}(任何拓扑结构)\qquad(3-35)$$

采用符号表示

$$L×I=\frac{伏秒}{纹波电流比}(任何拓扑结构)\qquad(3-36)$$

所以,如果(从设计条件中)知道伏秒和目标 r 值,就可以计算出"$L × I$"。然后一旦知道 I 值,就可以计算出 L 值。

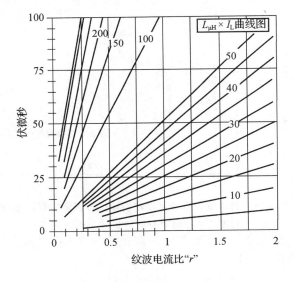

图 3.12　用于快速选择电感的 $L×I$ 曲线图

$L×I$ 可看做是电感"每"安培的一种——除了它们之间的关系是逆向的。也就是说,如果增加电流值,就需要减小电感值(基于乘积不变)。比如,如果在 2 A 的应用中需要采用 100 μH 的电感,那么在 1 A 的应用中,电感一定是 200 μH,而 4 A 的应用中,电感则为 50 μH,等等。

注意,因为 $L×I$ 公式取决于具体的拓扑、开关频率、或者特别的输入/输出电压,所以可以采用通用图形来表示,如图 3.12 所示,这样可以帮助我们迅速选定合适的电感。现在举例说明每个拓扑结构的 $L×I$ 图形选择方法的应用。

3.16　样例(2、3 和 4)

降压拓扑:假设输入为 15～20 V,输出 5 V,最大负载电流 5 A,如果开关频率是 200 kHz,则推荐的电感感值是多少?

(1)对于降压拓扑来说,需要从 V_{INMAX}(20 V)开始进行电感设计。

(2)从表 3.1 中得知,占空比 $V_O/V_{IN}=5/20=0.25$。

(3)周期是 $1/f=1/200$ kHz$=5$ μs。

(4)断开时间 t_{OFF} 是 $(1-D)\times T=(1-0.25)\times 5=3.75$ μs。

(5)伏秒(采用断开时间计算)是 $V_{ON}\times t_{OFF}=5\times 3.75=18.75$ μs。

(6)从图 3.12 中可知,当 $r=0.4$,$Et=18.75$ μs 时,$L\times I=45$ μHA。

(7)对于 5 A 负载,$I_L=I_O=5$ A。

(8)因此,需要 $L=45/5=9$ μH。

(9)电感的额定电流最小必须为 $(1+r/2)\times I_L=1.2\times 5=6$ A。

所以,需要 9 μH/6 A 电感(或者最接近该值的)。

升压拓扑:假设输入为 5～10 V,输出 25 V,最大输出负载电流 2 A。如果开关频率是 200 kHz,则推荐的电感感值是多少?

(1)对于升压拓扑来说,需要从 V_{INMIN}(5 V)开始进行电感设计。

(2)从表 3.1 中得知,占空比 $(V_O-V_{IN})/V_O=(25-5)/25=0.8$。

(3)周期是 $1/f=1/200$ kHz$=5$ μs。

(4)导通时间 t_{ON} 是 $D\times T=0.8\times 5=4$ μs。

(5)伏秒(采用导通时间计算)是 $V_{IN}\times t_{ON}=5\times 4=20$ μs。

(6)从图 3.12 中可知,当 $r=0.4$,$Et=20$ μs 时,$L\times I=47$ μHA。

(7)对于 2 A 负载,$I_L=I_O/(1-D)=2/(1-0.8)=10$ A。

(8)因此,需要 $L=47/10=4.7$ μH。

(9)电感的额定电流最小必须为 $(1+r/2)\times I_L=1.2\times 10=12$ A。

所以,需要 4.7 μH/12 A 电感(或者最接近该值的)。

降压-升压拓扑:假设输入为 5～10 V,输出 -25 V,最大输出负载电流2 A。如果开关频率是 200 kHz,则推荐的电感感值是多少?

(1)对于降压-升压拓扑来说,需要从 V_{INMIN}(5 V)开始进行电感设计。

(2)从表 3.1 中得知,占空比 $V_O/(V_O+V_{IN})=25/(25+5)=0.833$。

(3)周期是 $1/f=1/200$ kHz$=5$ μs。

(4)导通时间 t_{ON} 是 $D\times T=0.833\times 5=4.17$ μs。

(5)伏秒(采用导通时间计算)是 $V_{IN}\times t_{ON}=5\times 4.17=20.83$ μs。

(6)从图 3.12 中可知,当 $r=0.4$,$Et=20.83$ μs 时,$L\times I=52$ μHA。

(7)对于 2 A 负载,$I_L=I_O/(1-D)=2/(1-0.833)=12$ A。

（8）因此，需要 $L = 52/12 = 4.3\ \mu\text{H}$。

（9）电感的最小额定电流必须为 $(1 + r/2) \times I_L = 1.2 \times 12 = 14.4\ \text{A}$。

所以，需要 $4.3\ \mu\text{H}/14.4\ \text{A}$ 电感（或者最接近该值的）。

3.16.1　强制连续导通模式（FCCM）中的纹波电流比 r

最后，在讨论磁场之前，我们就强制连续导通模式（FCCM）的设计进行探讨。

之前有说过，r 值仅是为 CCM 定义的，因此不能超过 2（因此这是 CCM 和 DCM 的边界）。然而，事实上，同步稳压器（在两端使用二极管替代或者用低压降的 MOSFET 管）从不会进入 DCM（除非 IC 是根据需求故意模仿）。因此现在，随着负载电流的降低，还是可以保持在 CCM 中，这是因为如果 DCM 要发生，电感电流在一些开关周期内就必须被强制为 0。如果要使其发生，需要使用一颗反向偏置二极管来阻止电感电流流向其他方向。但是在同步稳压器中，即使二极管反向偏置，二极管两端的 MOSFET 管也可以反向导通，所以也就进不了 DCM。

在同步稳压器中，代替 DCM 模式的 CCM 模式需要和传统的 CCM 模式区分开，所以叫做强制连续导通模式（FCCM）。主要开关通常被称为上侧（高处）MOSFET 管，反之，二极管两端的 MOSFET 就称做下侧（低处）MOSFET 管。进一步说，在 FCCM 中，r 值超过 2 是合法的（图 3.5）。

可以把 FCCM 看成是当负载电流下降到足够引起电感电流波形部分低于地平面——有负值的那部分（从负载中暂时流出的电感电流）时——才会发生。注意，只要依旧从转换器的输出端输出负载电流，波形的均值和 I_{DC}（斜坡的中心点）依旧是正的——也就是平均来说，电流是流向负载的。进一步来说，因为 I_{DC} 和负载电流总是成正比的，在保持 CCM 的情况下，它可以持续降低到 0 值。因为电流的摆幅 ΔI 仅仅依赖于输入和输出电压，而它们可以被假设为没有改变过。$r = \Delta I / I_L$ 不仅可以超过 2，而且事实上它能变得很大。

所有在传统 CCM 下的基本公式，如 RMS、直流分量、交流分量或者输入/输出电容和开关的峰值电流等，都可以应用到 FCCM 的转换器上（尽管可能会有些额外的损耗，比如当电流流过上侧 MOSFET 管中的体二极管时）——尽管 r 现在能大于 2。换句话说，CCM 公式在 FCCM 中同样有效。然而，在有些情况下会产生特殊的计算问题，因为如果 r 值无限的（负载电流为 0），会得到一个奇异数——分母为 0。咋一看，CCM 公式似乎（根据我一直使用的方法）变得不可用，但是还有一招，通过假设最小负载的几毫安电流（不管有多小）来避免该奇异数。还可以把 $r = \Delta I / I_{\text{DC}}$ 代入公式，然后把 I_{DC} 消去（不再在分母中出现）。通过这两种方法，CCM 的公式就可以应用到 FCCM 中。

3.16.2 磁的基本定义

理解了诸如伏秒、电流元件、最坏情况下的电压和怎样对现有电感的快速选型等基本概念后，现在试着走进磁性元件的世界，以了解磁芯上的磁场。然后将根据所学知识来对选好的现有电感做更完整的验证，找到转换器的残余（最坏情况）应力。

首先需要注意的是，在磁性方面有几个不同的单位系统会用到。这会让人感到困惑，因为公式的应用会依赖于具体使用的系统。因此从头到尾采用同一个单位系统会是一个明智的选择——如果必要的话，就在最后转换到不同的系统，也就是说，仅在数值模拟结果的层级（而不是在公式层级）来实现。

更进一步说，除非有别的说明，读者可以假设我们正使用米千克秒制单位——也就是 MKS，同样也就是所谓的 SI 制（系统的国际化）。

磁性方面的基本定义如下：

H 场：也称做场强、磁场强度、磁化力、应用场等等。单位是 A/m。

B 场：也称磁通密度或者磁感应。B 的单位是特斯拉（T）或者韦伯每平方米（Wb/m^2）。

磁通：这是在给定的表面积上 B 的积分，也就是

$$\Phi = \int_S B\,\mathrm{d}S \tag{3-37}$$

如果 B 在表面上是个常数，可以得到更通用的形式——$\Phi = BA$，这里 A 表示表面面积。

注意：在一个闭合的表面上 B 的积分是 0，因为磁通线在任意一点不会开始或结束，而是会持续。

在任意一点，B 与 H 的关系是 $B = \mu H$，这里，μ 是材料的磁导能力。注意：接下来我们采用 μ 来表示相关的磁导能力——也就是说，材料与空气的磁导能力之比。所以在 MKS 单位中，实际上应该写成 $B = \mu_C H$，这里 μ_C 是磁芯（磁性材料）的磁导能力。根据定义，$\mu_C = \mu \mu_0$。

（1）空气的磁导能力，记为 μ_0，根据 MKS 单位，它等于 $4\pi \times 10^{-7}\,H/m$，而根据 CGS 单位中，它等于 1。这就是为什么在 CGS 单位中，$\mu_C = \mu$，这里 μ 也是材料的相关磁导力（尽管单位不一样）。

（2）电感的法拉第定律（也称楞次定律）是线圈两端的感应电压 V 和通过它的（随时间变化的）B 场之间的关系。所以

$$V = N\frac{\mathrm{d}\varphi}{\mathrm{d}t} = NA\frac{\mathrm{d}B}{\mathrm{d}t} \tag{3-38}$$

（3）由于通过线圈的随时间变化的电流，在经过磁通时而引起的线圈的惯性就是它的电感感值，因此定义为

$$L = \frac{N\varphi}{I} \tag{3 – 39}$$

（4）既然磁通会和匝数 N 成正比，那么电感感值 L 就与匝数的平方成正比。该比例系数叫做电感指数，用 A_L 表示，通常表示为 $nH/$ 匝数^2（尽管有时采用 $mH/1000$ 匝^2，两者在数值上相等）。所以

$$L = A_L \times N^2 \times 10^{-9} \tag{3 – 40}$$

（5）当 H 是闭合环路的积分时，可以得到闭合回路电流。

$$\oint H \mathrm{d}l = I \tag{3 – 41}$$

这里，上述的积分符号表示是闭合回路上的积分。这也叫做安培环路定律。

（6）结合楞次定律和电感方程 $V = L\mathrm{d}I/\mathrm{d}t$，得出

$$V = N\frac{\mathrm{d}\varphi}{\mathrm{d}t} = NA\frac{\mathrm{d}B}{\mathrm{d}t} = L\frac{\mathrm{d}I}{\mathrm{d}t} \tag{3 – 42}$$

（7）从上述方程可以得出用于功率转换过程中的两个关键方程：

$$\Delta B = \frac{L\Delta I}{NA}\text{（电压独立方程）} \tag{3 – 43}$$

$$\Delta B = \frac{V\Delta t}{NA}\text{（电压依赖性方程）} \tag{3 – 44}$$

第一个方程可以用符号表示为

$$B = \frac{LI}{NA}\text{（电压独立方程）} \tag{3 – 45}$$

后者可以用更"友好的功率转换形式"写成如下公式

$$B_{AC} = \frac{V_{ON}D}{2 \times NAf}\text{（电压依赖性方程）} \tag{3 – 46}$$

对于用于功率转换的大多数电感来说，如果把电流降低到 0，磁芯中的磁场也会变成 0。因此隐含的假设是完全线性的——也就是说，B 和 I 被认为是互成比例，如图 3.13 所示（当然，除非磁芯开始饱和，那这种情况下，所有的假设都无效）。电压独立方程可以以图中的任意一个方程来表示——换句话说，这个比例函数可以应用到电流和磁场的峰值、平均值、交流值、直流值等等。比例系数为

$$\frac{L}{NA}\text{（B 和 I 之间的比例系数）} \tag{3 – 47}$$

3.17　样例（5）——什么时候不要增加匝数

比如说，如果想要快速检查磁芯是否饱和时，电压独立方程很有用。假设要定制电感，在面积为 $A = 2\ \mathrm{cm}^2$ 的磁芯上绕 40 匝线圈，测出的电感感值为 $200\ \mu H$，峰值电流为 $10\ A$。那么峰值磁通密度可以以如下公式进行计算：

$$B_{PK} = \frac{L}{NA} I_{PK} = \frac{200 \times 10^{-6}}{40 \times \frac{2}{10^4}} \ T = 0.25 \ T$$

注意：上述的公式中面积单位要换算成 m^2，因为采用 MKS 版本的方程。

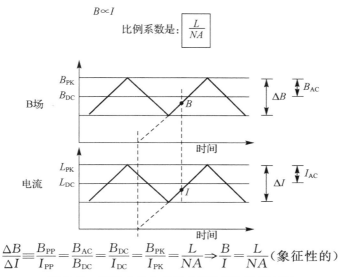

$$\frac{\Delta B}{\Delta I} = \frac{B_{PP}}{I_{PP}} = \frac{B_{AC}}{B_{DC}} = \frac{B_{DC}}{I_{DC}} = \frac{B_{PK}}{I_{PK}} = \frac{L}{NA} \rightarrow \frac{B}{I} = \frac{L}{NA} \text{（象征性的）}$$

图 3.13　通常会认为 B 和 I 互为正比的示意图

对于大多数铁氧体来说，0.25 T 的磁通密度是可接受的，因为饱和磁通密度一般在 0.3 T 左右。

基于 B 和 I 之间的线性关系，我们也可以线性地推断，从而得出在我们的设计中，峰值电流在任何情况下都不能超过 $(0.3/0.25) \times 10 \ A = 12 \ A$——因为在 12 A 时，磁场的磁通密度将会是 0.3 T，磁芯将开始饱和。

但是注意：匝数也不应该增加（在 12 A 时）。观察在上述的 B_{PK} 方程里，第一眼看上去增加匝数会降低 B 场。然而，电感感值随着 N^2（从之前给出的 A_L 方程）增加而增加，因此，分子增加的速度会快于分母。因此，现实世界里，如果增加匝数，B 场将会增加，而不会减小，而且不能超过 0.3 T。

换句话说，我们往往本能地依赖电感的限流特性。同时，通常来说，增加电感感值一定能帮助增加电感从而帮助限流。然而，如果已经接近磁芯材料的储存能力的极限时，我们就得非常小心——增加一点匝数就可能"越界"（饱和），然后实际上，电感将开始崩溃，而不是增加。

对于一个给定的应用来说，我们不能忘了电感在功率转换中的基本前提，大感值的电感通常意味着电感器的尺寸也会大！因此，增加匝数而不增加尺寸可能最终被证明是一场灾难。

3.17.1　场纹波比

既然 I 和 B 互成比例，而 r 值恰是比值，我们就必须意识到 r 值必须像应用在电流元件中一样应用在磁场元件中。因此从这个意义上讲，r 值也可以被看成是场纹波比。因此，可以把 r 值的定义延展如下：

$$r = 2\,\frac{I_{AC}}{I_{DC}} = 2\,\frac{B_{AC}}{B_{DC}} \qquad (3-48)$$

因此，根据如下公式，r 值也可以用来表示电流和磁场的峰值、交流值和直流值的关系。

$$B_{DC} = \frac{2 \times B_{PK}}{r+2} \quad \text{或者} \quad I_{DC} = \frac{2 \times I_{PK}}{r+2} \qquad (3-49)$$

$$B_{AC} = \frac{r \times B_{PK}}{r+2} \quad \text{或者} \quad I_{AC} = \frac{r \times I_{PK}}{r+2} \qquad (3-50)$$

可以把峰值和摆幅联系如下：

$$B_{PK} = \frac{r+2}{r \times 2} \times \Delta B \quad \text{或者} \quad I_{PK} = \frac{r+2}{r \times 2} \times \Delta I \qquad (3-51)$$

事实上，在接下来的实例中将会用到上述方程中的后者。

3.17.2　伏秒形式的电压依赖性方程（MKS 单位）

在谈论电流摆幅 ΔI 时，把它与伏秒联系在一起。现在对 B 场做同样的动作。

$$\Delta B = \frac{L \times \Delta I}{N \times A} = \frac{Et}{N \times A} \qquad (3-52)$$

正如电流一样，应用中的伏秒也决定了磁场的摆幅——尽管不是直流分量。

3.17.3　CGS 单位

我们可能更喜欢被广泛接受的 MKS 单位，但是我们也不得不处理眼下的现实的情况——有些厂商（特别是在北美）依旧使用 CGS(cm - g - s)单位。因为需要学习和查看它们的数据手册，所以将需要使用表 3.4 中的转换。

特别是，我们应该还记得饱和磁通密度 B_{SAT}，对于大多数的铁氧体来说，大约是 0.3 T(300 mT)，而采用 CGS 单位时，它是 3000 高斯(G)。同时也要注意以 MKS 为单位的材料磁导能力需要除以 $4\pi \times 10^{-7}$ 才能转换为以 CGS 为单位的磁导。这就是为什么采用 CGS 单位时，空气的磁导能力为 1，而采用 MKS 单位时，它等于 $4\pi \times 10^{-7}$。

3.17.4　伏秒形式的电压依赖性方程（CGS 单位）

因此了解怎样以 CGS 单位来书写电压依赖性方程（用 Et 来表示）也会很有用。

这样，把以 m^2 为单位的 A 转成 cm^2，从以前的方程得出

$$\Delta B = \frac{100 \times Et}{N \times A} (A \text{ 单位}：cm^2) \tag{3-53}$$

表 3.4　磁系统的单位以及它们之间的转化关系

	CGS 单位	MKS 单位	转换关系
磁通	线（或麦克斯韦）	W	1 W = 10^6 线
磁通密度（B）	G	T(Wb/m_2)	1 T = 10^4 G
磁动势	Gi	A·匝	1 Gi = 0.796 A·匝
磁化力场（H）	奥斯特	A·匝/m	1 奥斯特 = 1000/4π = 79.577 A·匝/m
磁导率（μ）	G/奥斯特	Wb·m/A·匝	$\mu_{MKS} = \mu_{CGS} \times (4\pi \times 10^{-7})$

3.17.5　磁芯损耗

磁芯损耗取决于几个不同的因素：磁通摆幅 ΔB、（开关）频率 f 和温度（尽管通常在大多数的估算中会忽略对后者的依赖）。然而，不管怎样，当磁性材料的厂商明示在某个 B 值上的磁芯损耗的依赖时，他们真正想要说的是 $\Delta B/2$，也就是 B_{AC}。这通常是行业惯例，但是会经常让电源设计者很困惑。而更令人混淆的是厂商给出的 B 值要么是以高斯为单位，要么以特斯拉为单位。事实上，（由于磁芯损耗而引起的）功耗可能要么标记为 mW，要么标记为 W。

首先观察磁芯损耗的一般形式：

磁芯损耗 =（磁芯损耗每单位体积）×"磁芯损耗每单位体积"的体积，通常表示为

$$\text{常量 } t_1 \times B^{\text{常量}t_2} \times f^{\text{常量}t_3} \tag{3-54}$$

表 3.5 中表明在描述磁芯损耗每单位体积时主要有三种单位可以使用，同时也提供了它们之间的相关的转换法则。注意：在这里使用 V_e（有效容积）——通常可以看成是磁芯实际物理体积的简化，或者通常可以在磁芯的数据手册中查看。

表 3.6 提供了磁芯损耗公式在这些系统中的带单位的常量值，然而建议读者从各自的厂商中确认这些数值。

表 3.5　不同的系统对磁芯损耗(以及之间的转换关系)对照表

	常量	B 的指数	f 的指数	B	F	V_e	单位
系统 A	C_c	C_b	C_f	T	Hz	cm^3	W/cm^3
	$=\dfrac{C \times 10^{4 \times p}}{10^3}$	$= p$	$= d$				
系统 B	C	p	d	G	Hz	cm^3	mW/cm^3
	$=\dfrac{C_c \times 10^3}{10^{4 \times C_b}}$	$= C_b$	$= C_f$				
系统 C	K_p	n	m	G	Hz	cm^3	W/cm^3
	$=\dfrac{C}{10^3}$	$= p$	$= d$				

表 3.6　普通材料的典型磁芯损耗系数

材料 (厂商)	等级	C	$p^{(Bp)}$	$d^{(fd)}$	μ	$\approx B_{SAT}/G$	$\approx f_{MAX}/MHz$
铁粉 (Micrometals)	8	4.3E-10	2.41	1.13	35	12500	100
	18	6.4E-10	2.27	1.18	55	10300	10
	26	7E-10	2.03	1.36	75	13800	0.5
	52	9.1E-10	2.11	1.26	75	14000	1
铁氧体 (Magnetics Inc)	F	1.8E-14	2.57	1.62	3000	3000	1.3
	K	2.2E-18	3.1	2	1500	3000	2
	P	2.9E-17	2.7	2.06	2500	3000	1.2
	R	1.1E-16	2.63	1.98	2300	3000	1.5
铁氧体 (Ferrocube)	3C81	6.8E-14	2.5	1.6	2700	3600	0.2
	3F3	1.3E-16	2.5	2	2000	3700	0.5
	3F4	1.4E-14	2.7	1.5	900	3500	2
铁氧体(TDK) 铁氧体 (Fair-Rite)	PC40	4.5E-14	2.5	1.55	2300	3900	1
	PC50	1.2E-17	3.1	1.9	1400	3800	2
	77	1.7E-12	2.3	1.5	2000	3700	1

注:E—b 就是(a)×10$^{-(b)}$

3.18　样例(6)——在具体应用中选择现有的电感

　　现在来描述曾经涉及过的通用的电感设计流程。这里将考虑宽输入电压范围的情形。该流程将针对最坏情况下的输入电压端的峰值电流来展开。基本目的就是要确保正常工作下电感不会饱和。所以对于降压拓扑来说,将工作在

V_{INMAX} 处, 因为那点的峰值电流最大。对于升压或者降压－升压拓扑, 将集中在 V_{INMIN} 处, 因为这是最坏情况下的输入电压端的峰值电流。

通过按步骤地对样例进行设计的方式来阐述其设计流程。尽管在整个计算过程中只对降压拓扑进行展开, 但是之前有提到过怎样对相关流程和公式进行改变以满足升压和降压－升压拓扑的设计。这样, 比如说, 为了使以下的任何公式都是正确的, 我们将用括号来表明其具体针对哪个拓扑有效。

设一个降压转换器的输入为 $18\sim24$ V, 输出为 12 V, 最大负载电流为 1 A, 同时假设 $V_{\text{sw}}=1.5$ V, $V_{\text{D}}=0.5$ V, $f=150,000$ Hz, 我们期待在最大负载电流时, 纹波电流比为 0.3, 需要为该应用挑选一个现有电感。

正如之前提到的, 在以下的"一般电感设计流程"中的所有步骤都是在某个 V_{IN} 值——对于降压拓扑来说, 是最大输入电压, 而对于升压或降压－升压拓扑来说, 则是最小输入电压下——进行。

3.18.1　估计需求

对于降压稳压器来说, 占空比是(现在包括开关和二极管正向压降):

$$D=\frac{V_{\text{O}}+V_{\text{D}}}{V_{\text{IN}}-V_{\text{sw}}+V_{\text{D}}}\text{（降压拓扑）} \qquad (3-55)$$

所以

$$D=\frac{12+0.5}{24-1.5+0.5}=0.543$$

(对于升压稳压器来说, 采用 $D=\dfrac{V_{\text{O}}-V_{\text{IN}}+V_{\text{D}}}{V_{\text{IN}}-V_{\text{sw}}+V_{\text{D}}}$; 对于降压－升压稳压器来说, 则采用 $D=\dfrac{V_{\text{O}}+V_{\text{D}}}{V_{\text{IN}}+V_{\text{O}}-V_{\text{sw}}+V_{\text{D}}}$。)

因此开关导通时间为

$$t_{\text{ON}}=\frac{D}{f}\Rightarrow\frac{0.543}{150000}\ \mu s\Rightarrow 3.62\ \mu s\text{（任意拓扑）}$$

当开关导通时, 电感两端的电压为

$$V_{\text{ON}}=V_{\text{IN}}-V_{\text{sw}}-V_{\text{O}}=(24-1.5-12)\text{V}=10.5\text{ V（降压拓扑）}$$

(对于升压和降压－升压拓扑来说, $V_{\text{ON}}=V_{\text{IN}}-V_{\text{sw}}$)。

所以, 伏微秒为

$$Et=V_{\text{ON}}\times t_{\text{ON}}=10.5\times3.62\text{ V}\cdot\mu s=38.0\text{ V}\mu s\text{（任意拓扑）}$$

采用"$L\times I$"公式:

$$(L\times I_{\text{L}})=\frac{Et}{r}\text{（任意拓扑）}$$

可得

$$(L\times I_{\text{L}})=\frac{38}{0.3}\ \mu\text{HA}=127\ \mu\text{HA}$$

而均值电感电流为

$$I_\mathrm{L} = I_\mathrm{O}（降压拓扑）$$

（对升压和降压－升压拓扑来说，采用 $I_\mathrm{L} = \dfrac{I_\mathrm{O}}{1-D}$）

因此，

$$L = \frac{(L \times I_\mathrm{L})}{I_\mathrm{O}} = \frac{127}{1} = 127\ \mu\mathrm{H}（任意拓扑）$$

在 $r = 0.3$ 点，峰值电流将比 I_L 高出 15%，这是从如下公式得出：

$$I_\mathrm{PK} = \left(1 + \frac{r}{2}\right) \times I_\mathrm{L} = 1.15 \times 1 = 1.15\ \mathrm{A}（任意拓扑）$$

现在我们挑选一颗符合要求的现有电感——来自 Pulse Engineering 公司的 PO150。它的电感感值为 137 μH，最接近 127 μH 的要求，而它的额定的直流电流是 0.99 A，也是与我们的 1 A 的要求最接近。表 3.7 是其数据手册。注意厂商提到的其他信息与我们的应用不相符（但是这是在预想之内的——试想有可能选择一个现有电感完全满足我们设计需求吗?）不管怎样，我们能够进行全面的分析来确定所选择的元件是否有效。

表 3.7　一个所选电感（PO150）的规格表

I_DC/A	$L_\mathrm{DC}/\mu\mathrm{H}$	$Et/V\mu\mathrm{s}$	$DCR/\mathrm{m}\Omega$	$Et_{100}/V\mu\mathrm{s}$
0.99	137	59.4	387	10.12
如果该电感有 380 mW 的功耗，就会有 50 ℃ 的温升				
磁芯的磁芯损耗为 $6.11 \times 10^{-18} \times B^{2.7} \times f^{2.04}$ mW，这里 f 的单位是 Hz，B 的单位是 G				
Et_{100} 是指 B 为 100 G 时 $V\mu$s 的值				
B 是指 B_AC，也就是 $\Delta B/2$				
额定工作频率为 250 Hz				

3.18.2　纹波电流比

采用"$L \times I$"法则：

$$(L \times I_\mathrm{L}) = \frac{Et}{r}（任意拓扑） \tag{3-56}$$

可以得知

$$r = \frac{Et}{(L \times I_\mathrm{L})}（任意拓扑） \tag{3-57}$$

电感由厂商设计，对于 r 值来说

$$r = \frac{59.4}{(137 \times 0.99)} = 0.438$$

在我们应用中，将得出

$$r = \frac{38}{137 \times 1} = 0.277$$

该数值非常接近(且低于)$r = 0.3$ 的目标,因此可以接受。

3.18.3　峰值电流

电感的峰值电流为

$$I_{PK} = \left(1 + \frac{r}{2}\right) \times I_L = \left(1 + \frac{0.438}{2}\right) \times 0.99 = 1.21 \text{ A(任意拓扑)}$$

在我们的设计中,因此可得到峰值电流为

$$I_{PK} = \left(1 + \frac{r}{2}\right) \times I_L = \left(1 + \frac{0.277}{2}\right) \times 1 = 1.14 \text{ A(任意拓扑)}$$

设计中的峰值电流比电感原先设计的峰值电流要低,所以是安全的。因此,我们可以假设该设计的峰值 B 场也在电感设计的范围之内。然而,直接确认会比较好,这也是我们接下来需要做的。

注意图中至今没有给出频率,因为伏微秒对电感来说才是最重要的。从电感方面考虑,相同的电流直流分量和伏秒在不同的应用中本质上是相同的。比如说,不管拓扑结构如何,占空比如何,可以对它"漠不关心",甚至可以不直接关心其频率(尽管磁芯损耗是个例外,因为它不仅取决于伏秒,也就是电流摆幅,而且也取决于频率)。然而也可以看到磁芯损耗比起铜损耗来说会小很多。所以对于所有的实际应用,如果一个给定电感(电流摆幅)的额定伏秒,它的直流电流对应设计中的伏秒和直流分量,那么我们几乎可以马上肯定这个是很好的。然而,尽管额定伏秒和直流分量完全不同,但是只要峰值磁通密度和额定值接近或者比它低,从饱和度的角度来看,这是可以的。这是一个好的开始,我们可以根据具体的应用条件来展开全面的温升等的分析。

3.18.4　磁通密度

厂商提供的信息如下(表 3.7):

$$E_{t_{100}} = 10.12 V\mu s$$

这就意味着产生一个 100 G 的 B_{AC} 的伏秒是 10.12。既然 $B_{AC} = \Delta B / 2$,那么相应的 ΔB 就是 200 G(每 10.12 V·μs)。

公式(3 - 53)为 ΔB 和 E_t 的关系式:

$$\Delta B = \frac{100 \times E_t}{N \times A} \text{(任意拓扑)}$$

既然(对于给定的电感)ΔB 和 E_t 互成比例,那么就可以推断出电感的磁通密度摆幅为

$$\Delta B = \frac{E_t}{E_{t_{100}}} \times 200 = \frac{59.4}{10.12} \times 200 \text{ G} = 1174 \text{ G(任意拓扑)}$$

那么峰值磁通密度为

$$B = \frac{r+2}{2 \times r} \times \Delta B = \frac{0.438+2}{2 \times 0.438} \times 1174 \text{ G} = 3267 \text{ G（任意拓扑）}$$

在应用中，其磁通密度摆幅为

$$\Delta B = \frac{E_t}{E_{t_{100}}} \times 200 = \frac{38}{10.12} \times 200 \text{ G} = 751 \text{ G（任意拓扑）}$$

峰值磁通密度为

$$B = \frac{r+2}{2 \times r} \times \Delta B = \frac{0.277+2}{2 \times 0.277} \times 751 \text{ G} = 3087 \text{ G（任意拓扑）}$$

正如所预料的一样，可以看到设计中的峰值磁场在电感的设计范围之内，因而就不用担心磁芯会饱和。这是在开展其余分析之前的电感必须具备的基本条件。

$$\frac{L}{NA} = \frac{B_{PK}}{I_{PK}} = \frac{3087}{1.14} = 2078 \text{ G/A（任意拓扑）}$$

注意：如果打开电感来测试电感匝数，同样也可以预估/测量磁芯中心部位的截面积，我们可以验证该匝数。

3.18.5　铜损耗

从图 3.14 中的公式中可以计算电感电流波形中的 RMS 值。设计中所使用到的电感中的 RMS 电流的平方是：

$$I_{RMS}^2 = \frac{\Delta I^2}{12} + I_{DC}^2 = I_{DC}^2 \left(1 + \frac{r^2}{12}\right) = 0.99^2 \left(1 + \frac{0.438^2}{12}\right) \text{ A}^2 = 0.996 \text{ A}^2（任意拓扑）$$

这样铜损耗就是：

$$P_{CU} = I_{RMS}^2 \times \text{DCR} = 0.996 \times 387 \text{ mW} = 385 \text{ mW（任意拓扑）}$$

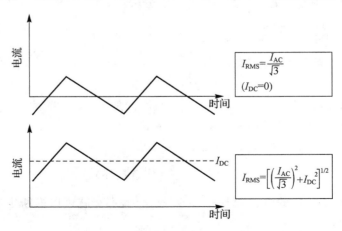

图 3.14　一个电感电流波形的 RMS 值示意图

同样,对于设计可得

$$I_{\text{RMS}}^2 = I_{\text{L}}^2\left(1+\frac{r^2}{12}\right) = 1^2\left(1+\frac{0.277^2}{12}\right)\ \text{A}^2 = 1.006\ \text{A}^2(任意拓扑)$$

而铜损耗为

$$P_{\text{CU}} = I_{\text{RMS}}^2 \times \text{DCR} = (1.006 \times 387)\text{mW} = 389\ \text{mW}(任意拓扑)$$

3.18.6   磁芯损耗

注意,厂商有考虑磁芯体积的因素并提出了如下关于电感磁芯损耗的整体公式。

$$P_{\text{CORE}} = 6.11 \times 10^{-18} \times B^{2.7} \times f^{2.04}(任意拓扑)$$

这里,f 的单位为 Hz,B 的单位为高斯。注意,按照惯例,B 等于 $\Delta B/2$. 所以电感的磁芯损耗为

$$P_{\text{CORE}} = 6.11 \times 10^{-18} \times \left(\frac{1174}{2}\right)^{2.7} \times (250 \times 10^3)^{2.04}\ \text{mW} = 18.8\ \text{mW}$$

而本应用中磁芯损耗为

$$P_{\text{CORE}} = 6.11 \times 10^{-18} \times \left(\frac{751}{2}\right)^{2.7} \times (150 \times 10^3)^{2.04}\ \text{mW} = 2\ \text{mW}$$

通常,在基于铁氧磁芯的现有电感中会发现设计的磁芯损耗仅为总体电感损耗(铜损耗加磁芯损耗)的 5%～10%。然而,如果电感采用铁粉铁芯,该数值可能会增加到 20%～30%。

注意:铁粉铁芯比铁氧体磁芯会更"轻柔"地趋向饱和,这样可以加强承受严重反常的电流的能力而不会立即导致开关毁坏。从另一方面来说,铁粉铁芯可能会因为由用来粘结铁粒子在一起的有机粘结剂的缓慢降解而产生"寿命"问题。厂商必须考虑这种可能性,同时采取必要的措施来避免转换器寿命的过早终结!

3.18.7   温升

厂商有指出在 50 ℃温升的时候,电感会有 380 mW 的功耗。事实上,这就告诉我们磁芯 I 的热阻是:

$$R_{\text{th}} = \frac{\Delta T}{W} = \frac{50}{0.38} = 131.6\ ℃/\text{W}(任意拓扑)$$

用于在本设计的电感的总体损耗是:

$$P = P_{\text{CORE}} + P_{\text{CU}} = (385 + 18.8)\text{mW} = 403.8\ \text{mW}(任意拓扑)$$

这样将会产生一个温升:

$$\Delta T = R_{\text{th}} \times P = (131.6 \times 0.404)℃ = 53\ ℃(任何拓扑)$$

在本应用中:

$$P = P_{\text{CORE}} + P_{\text{CU}} = (389 + 2)\text{mW} = 391\ \text{mW}$$

从而会产生温升：

$$\Delta T = R_{\text{th}} \times P = 131.6 \times 0.391 \ ℃ = 51 \ ℃$$

假设在本设计中可以接受该温升（取决于最大的环境工作温度），那么就能确认所选的电感有效——因为已经确认了在本设计中电感不会饱和，同时，纹波电流比也可以接受。

这就实现了通用的电感设计流程。

3.19　其余最坏情况下的应力计算

验证了所选的电感，花一点时间来观察设计中宽输入范围会怎样影响其他参数和应力，这也可以帮助正确选择其他功率元件。

3.19.1　最坏情况下的磁芯损耗

在上述所谓的通用电感设计流程中，事实上，降压拓扑工作在 V_{INMAX}，而升压和降压－升压拓扑则工作在 V_{INMIN}——原因是在该电压值处，电感会有最高峰值电流，这样就必须保证该点的磁性设计。但是，现在需要清楚认识到，该点不一定是电源的其他应力参数的最坏情形。首先让我们关注电感本身。在这一点上来设计电感通常也会产生最坏情形的温升。但那是因为电感电流的 I_{DC} 元件占主导地位。如果由于什么原因，对了解整体损耗中的最大磁芯损耗感兴趣的话，观察图 3.4，应该意识到尽管 DC 分量会增加，但是 AC 分量（在磁芯损耗的要求下）会下降（甚至会有奇怪的波形，如降压拓扑）。

从图 3.4 中可以看到对于降压和降压－升压拓扑来说，I_{AC} 会在高输入电压时增加。对于降压拓扑，通用电感设计的计算是在 V_{INMAX} 上进行，同时刚好也是磁芯损耗最大的那一点。因此，在之前的例子中计算出来的磁芯损耗正巧是最坏情形下的磁芯损耗。

然而，如果对降压－升压拓扑进行计算，一般会选择在 V_{INMIN} 时进行通用电感设计。但是磁通损耗是在 V_{INMAX} 时的最大值。同样，对于升压拓扑，也是在 V_{INMIN} 处进行通用电感设计，但是这个拓扑的最坏情形下的磁芯损耗会发生在 $D = 0.5$（参看图 3.4 升压的 I_{AC} 升压曲线）时。从升压拓扑的占空比方程来看，$D = 0.5$ 对应的输入电压等于输出的一半。

注意：对于升压拓扑，如果给定应用的输入范围不包括 $D = 0.5$ 的点，那么就需要确定哪个电压点的占空比最接近 $D = 0.5$。然后就在那一点计算最坏情形的磁芯损耗（如果这样设计的话）。

一般来说，作为整体损耗中的很小的一部分，磁芯损耗于我们而言不用太多的关注，所以我们甚至懒得去计算。但是随着学习以下其他最坏情况的损耗，处理这种情形的一般程序将会变得明显。

现在先对一些衍生词汇进行注释(或者标注),以便在接下来的讨论中更清晰。因此,应该很清楚地知道:

对于降压拓扑来说:通用电感设计流程都是在 V_{INMAX} 处展开,也就是 D_{MIN} 处。所以比如,我们说 $0.3 \sim 0.4$ 的 r 值(可能用选定的电感重新计算过了的),事实上确切地说应该是 r_{DMIN}。同样,伏秒 Et 事实上是 Et_{DMIN}。

对于升压和降压-升压拓扑来说:如果类似的通用电感设计流程要被展开,就应该是在 V_{INMIN} 处,也就是 D_{MAX} 处。所以,比如说,我们说 $0.3 \sim 0.4$ 的 r 值(可能用选定的电感重新计算过了的),事实上是 r_{DMAX}。同样,伏秒 Et 事实上是 Et_{DMAX}。

我们需要把这些区别铭记在心,否则下述讨论将会让人混淆而没完没了!

3.19.2　最坏情形下的二极管功耗

均值二极管电流通用方程如下:

$$I_{\text{D}} = I_{\text{L}} \times (1-D) \text{（任意拓扑）}$$

或等效为

$$I_{\text{D}} = I_{\text{O}} \times (1-D) \text{（降压拓扑）} \tag{3-58}$$

$$I_{\text{D}} = I_{\text{O}} \text{（升压和降压-升压拓扑）} \tag{3-59}$$

这样就导致二极管功耗为

$$P_{\text{D}} = V_{\text{D}} \times I_{\text{D}} = V_{\text{D}} \times I_{\text{O}} \times (1-D) \text{（降压拓扑）} \tag{3-60}$$

$$P_{\text{D}} = V_{\text{D}} \times I_{\text{D}} = V_{\text{D}} \times I_{\text{O}} \text{（升压和降压-升压拓扑）} \tag{3-61}$$

对于降压拓扑来说,随着输入电压的升高,占空比下降,但是因为均值电感电流 I_{L} 固定在 I_{O} 处,因而均值二极管电流增加。这意味着对于降压拓扑来说,将会在 V_{INMAX} 处得到最坏情形下的二极管电流(功耗)。因此在通用电感设计流程中使用的正是该值(在 V_{INMAX} 处)。

对于升压和降压-升压拓扑来说,随着输入电压的上升,D 值减小,但是均值电感电流也会下降,从而使得 I_{D} 总是固定在 I_{O} 处。(我们应该还记得升压和降压-升压拓扑在导通时,所有输出电流必须完全流过二极管,从这个意义上讲,这是独特的,所以 I_{D} 必须一直和 I_{O} 相等)。这也意味着二极管功耗与输入电压无关。所以如果我们想要考虑二极管功耗问题,我们只要使用通用电感设计流程中(在 V_{INMIN} 处)计算出来的值就可以了。

最后,对于正在进行的降压转换器设计实例,计算公式如下:

$$P_{\text{D}} = V_{\text{D}} \times I_{\text{O}} \times (1-D_{\text{MIN}}) = 0.5 \times 1 \times (1-0.543) \text{W} = 0.23 \text{W（降压拓扑）}$$

注意:一般二极管选型流程如下:

基本经验是选择这样的二极管——其额定电流至少等于,最好是两倍于如下给定的最坏情况下的均值二极管电流(对于低损耗的情况,如果额定电流增加,二极管正向压降会大幅增加):

（1）降压拓扑——最大二极管电流为 $I_O \times (1 - D_{MIN})$。

（2）升压拓扑——最大二极管电流为 I_O。

（3）降压-升压拓扑——最大二极管电流为 I_O。

（4）其额定电压通常要比最坏情形下的二极管电压高 20％（也就是安全幅度为大约"80％的降额"）。

（5）降压拓扑——最大二极管电压为 V_{INMAX}。

（6）升压拓扑——最大二极管电压为 V_O。

（7）降压-升压拓扑——最大二极管电压为 $V_O + V_{INMAX}$。

3.19.3　最坏情形下的开关功耗

所有拓扑的平均输入电流（也是开关电流）必须随着输入电压的减少而增加，从而不断满足基本的功率 $P_{IN} = I_{IN} \times V_{IN} = P_O / \eta$（这里，$\eta$ 是效率系数，假设是固定值）的要求。因此，对于任何拓扑来说，开关 RMS 电流在 V_{INMIN}（如 D_{MAX}）处最大。

对于升压和降压-升压拓扑来说，在任何情况下，通用电感设计流程都是在 D_{MAX} 处展开。所以可以直接采用该值代入公式（3-62）来计算开关 RMS 电流：

$$I_{RMS\_SW} = I_{L\_DMAX} \times \sqrt{D_{MAX} \times \left(1 + \frac{r_{DMAX}^2}{12}\right)} \text{（任意拓扑）} \tag{3-62}$$

这里，I_{L_DMAX} 和 r_{DMAX} 分别表示在 D_{MAX}（也就是在 V_{INMIN} 处）点上均值电感电流和纹波电流比。D_{MAX} 可以采用如下公式计算：

$$D_{MAX} = \left(\frac{V_O - V_{INMIN} + V_D}{V_O - V_{SW} + V_D}\right) \text{（升压拓扑）} \tag{3-63}$$

$$D_{MAX} = \frac{V_O + V_D}{V_{INMIN} + V_O - V_{SW} + V_D} \text{（降压-升压拓扑）} \tag{3-64}$$

另外，应该还记得如下公式，从而可以计算出其电流值。

$$I_{L\_DMAX} = \frac{I_O}{1 - D_{MAX}} \text{（升压和降压-升压拓扑）} \tag{3-65}$$

对于降压拓扑来说，通用电感设计流程在 D_{MIN} 处展开。所以不能直接使用其值来计算开关 RMS 电流（通过之前的公式）。我们需要计算 r_{DMAX}，但是目前我们仅仅知道 r_{DMIN}。因此，继续按照所需的步骤进行。

$$r_{DMAX} = \frac{Et_{DMAX}}{L \times I_L} \text{（任意拓扑）} \tag{3-66}$$

换句话说，如果已知在 V_{INMIN} 处的伏秒，也就将相应地知道选定电感的纹波电流比 r_{DMAX}。但是首先需要计算 D_{MAX} 值。

$$D_{MAX} = \frac{V_O + V_D}{V_{INMIN} + V_O - V_{SW} + V_D} = \frac{12 + 0.5}{18 - 1.5 + 0.5} = 0.735 \text{（降压拓扑）}$$

因此开关导通时间为

$$t_{ON\_MAX} = \frac{D_{MAX}}{f} \Rightarrow \frac{0.735 \times 10^6}{150,000} \ \mu s = 4.9 \ \mu s (任意拓扑)$$

当开关导通时,电感两端的电压是

$$V_{ON\_MAX} = V_{INMIN} - V_{SW} - V_O = (18 - 1.6 - 12)V = 4.5 \ V(降压拓扑)$$

这样伏微秒就是

$$Et_{DMAX} = V_{ON\_MAX} \times t_{ON\_MAX} = (4.5 \times 4.9)V \cdot \mu s = 22V \cdot \mu s(任意拓扑)$$

因此

$$r_{DMAX} = \frac{Et_{DMAX}}{L \times I_O} = \frac{22}{137 \times 1} = 0.16(降压拓扑)$$

最后,计算开关功耗

$$I_{RMS\_SW} = I_O \times \sqrt{D_{MAX} \times \left(1 + \frac{r_{DMAX}^2}{12}\right)} = 1 \times \sqrt{0.735 \times \left(1 + \frac{0.16^2}{12}\right)} \ A$$

$$= 0.86 \ A(降压拓扑)$$

例如,如果 MOSFET 管的漏-源电阻为 0.5 Ω,则其功耗为

$$P_{SW} = I_{RMS\_SW}^2 \times R_{DS} = 0.86^2 \times 0.5 \ W = 0.37 \ W(任意拓扑)$$

注意,一般开关选型流程如下:

基本经验是选择一个额定电流至少等于,最好是两倍于最坏情况下通过以上公式计算得出的 RMS 开关电流的开关(至于低损耗情况,如果额定电流增加,开关正向压降将大幅减少)。

其额定电压通常要比最坏情形下的开关电压高 20%(也就是安全幅度为大约"80% 的降额")。

(1)降压拓扑——最大开关电压为 V_{INMAX}。

(2)升压拓扑——最大开关电压为 V_O。

(3)降压-升压拓扑——最大开关电压为 $V_O + V_{INMAX}$。

3.19.4 最坏情形下的输出电容功耗

巧合的是,所有拓扑的最坏情形的输出电容 RMS 电流都是在通用电感设计流程展开的那一点产生。换句话说,对于降压拓扑来说是 V_{INMAX},对于升压和降压-升压拓扑来说是 V_{INMIN}。所以应该没有什么麻烦,可以直接使用通用电感设计流程中推算出来的值,采用如下公式来计算最坏情形下输出电容的 RMS 电流。

对于降压拓扑来说,可得

$$I_{RMS\_OUT} = I_O \times \frac{r_{DMIN}}{\sqrt{12}} = 1 \times \frac{0.277}{\sqrt{12}} = 0.08(降压拓扑)$$

这样,如果输出电容的 ESR 值为 10 Ω,那么其功耗就为

$$P_{SW} = I_{RMS\_OUT}^2 \times ESR = 0.08^2 \times 10 \ W = 0.064 \ W(任意拓扑)$$

对于升压和降压-升压拓扑来说,需要使用如下公式

$$I_{\text{RMS\_OUT}} = I_O \times \sqrt{\frac{D_{\text{MAX}} + \frac{r_{\text{DMAX}}^2}{12}}{1 - D_{\text{MAX}}}}\,(\text{升压和降压}-\text{升压拓扑}) \qquad (3-67)$$

注意:一般输出电容选型流程如下:

经验法则是选取一个额定纹波电流等于或者大于上述计算出来的最坏情形下 RMS 电容电流的输出电容。其额定电压通常要比在实际应用中(也就是所有拓扑中的 V_O)所用的电压压值至少大 20%～50%。转换器的输出纹波电压通常也是比较关注的参数。输出电容的整体输出纹波电压的峰峰值等于它的 ESR 值乘以如下给出的最坏情形下输出电流的峰峰值(忽略电容中的 ESL)。

(1)降压拓扑——电容电流峰峰值为 $I_O \times r_{\text{DMIN}}$。这是在通用电感设计流程展开的同一点,所以 r_{DMIN} 是已知量。

(2)升压拓扑——电容电流峰峰值为 $I_O \times (1 + r_{\text{DMAX}}/2)/(1 - D_{\text{MAX}})$。这是在通用电感设计流程展开的同一点,所以 r_{DMAX} 和 D_{MAX} 是已知量。

(3)降压-升压拓扑——电容电流峰峰值为 $I_O \times (1 + r_{\text{DMAX}}/2)/(1 - D_{\text{MAX}})$。这是在通用电感设计流程展开的同一点,所以 r_{DMAX} 和 D_{MAX} 是已知量。

3.19.5　最坏情形下的输入电容功耗

对于降压-升压拓扑来说,事情会简单很多,因为最坏情形下的输入电容 RMS 电流发生在 D_{MAX} 时,这也是通用电感设计流程展开的那一点。所以从那得出的所有的数据都可以直接用于公式(3-68)。

$$I_{\text{RMS\_IN}} = I_{\text{L\_DMAX}} \times \sqrt{D_{\text{MAX}} \times \left(1 - D_{\text{MAX}} + \frac{r_{\text{DMAX}}^2}{12}\right)}\,(\text{降压}-\text{升压拓扑})$$

$$(3-68)$$

对于降压和升压拓扑来说,最坏情形下的输入 RMS 电容电流发生在 $D = 0.5$ 处,所以必须计算出 r_{50} 值,也就是在 $D = 50\%$(或者是本应用中规定的输入电压范围内最接近该点的电压)时的纹波电流比。

让我们对降压拓扑来进行计算,这样会让流程更加清晰。对于降压拓扑来说,在 $D = 50\%$ 时的输入电压是:

$$V_{\text{IN\_50}} = 2 \times V_O + V_{\text{SW}} + V_D = (2 \times 12 + 1.5 + 0.5)\text{V} = 26\text{ V}\,(\text{降压拓扑})$$

$$\left(\text{对于升压拓扑采用 } V_{\text{IN\_50}} = \frac{V_O + V_{\text{SW}} + V_D}{2} \approx \frac{V_O}{2}\right)$$

可以看到该值没有在输入电压范围之内,但是最接近它的是 V_{INMAX} 和 D_{MAX}。然而,巧合的是,这正是通用电感设计流程展开的那个点。所以我们能够使用这些值来计算输入电压 RMS 电流如下:

$$I_{\text{RMS\_IN}} = I_O \times \sqrt{D \times \left(1 - D + \frac{r^2}{12}\right)} = 1 \times \sqrt{0.543 \times \left(1 - 0.543 + \frac{0.277^2}{12}\right)}\,(\text{降压拓扑})$$

$$（对于升压拓扑采用 I_{\text{RMS\_IN}} = \frac{I_O}{1-D} \times \frac{r}{\sqrt{12}}）$$

所以最终

$$I_{\text{RMS\_IN}} = 0.502 \text{ A}$$

注意：如果对于降压拓扑的样例，输入电压范围不是 18～24 V，而是 30～45 V，那么通用电感设计流程肯定会在 45 V 处展开，但是输入电容电流会在 30 V 处为最大值。所以可以使用上述公式来计算 RMS 电流，但是现在需要使用 r_{DMIN} 和 D_{MAX} 值。因此，目前仅仅知道 r_{DMAX} 值，我们需要通过之前描述的相同的步骤计算 r_{DMAX} 值——也就是通过重新计算伏秒等来实现。

注意：一般输入电容选型流程如下：

基本经验就是选择一个纹波电流等于或者大于经过上述公式计算出来的最坏情形下的 RMS 电容电流的输入电容。额定电压通常比实际应用中所需要的压值（也就是对所有的拓扑来说，V_{INMAX}）达 20%～50%。转换器的输入纹波电压也需要关注，因为它的细小的改变将会传输到输出端。同时也有 EMI 的考量。另外，每一个控制 IC 都有一定量的（通常没有规定）输入噪声和纹波抑制，如果纹波太大将会导致误动作。通常是，输入纹波需要保持在输入电压 5%～10% 以下。整体来自输入电容的纹波电压峰峰值等于它的 ESR 乘以如下给出的最坏情形下的输入电流的峰峰值（忽略电容的 ESL 值）：

（1）降压拓扑——电容电流峰峰值为 $I_O \times D_{\text{MAX}} \times (1 + r_{\text{DMIN}}/2)$。这是在通用电感设计流程展开的同一点，所以 r_{DMIN} 是已知量。

（2）降压 - 升压拓扑——电容电流峰峰值为 $I_O \times (1 + r_{\text{DMAX}}/2)/(1 - D_{\text{MAX}})$。这是在通用电感设计流程展开的同一点，所以 r_{DMAX} 和 D_{MAX} 是已知量。

（3）升压拓扑——在最坏情形下（如 $D = 0.5$）的电容电流峰峰值为 $2 \times I_O \times r_{50}$，这里

$$r_{50} = \frac{V_{\text{IN\_50}}}{4 \times f \times L \times I_O} \text{ 或者 } V_{\text{IN\_50}} = \frac{V_O + V_{\text{SW}} + V_D}{2} \approx \frac{V_O}{2} \tag{3-69}$$

注意：如果输入范围内不包括 $D = 0.5$ 该点，我们需要采用最靠近 $D = 0.5$ 的输入电压。然后通过输入电容电流峰峰值的一般公式来计算

$$I_{\text{PK\_PK}} = \frac{I_O \times r}{1-D} \tag{3-70}$$

这里，r 和 D 分别对应的是最坏情形下输入电压端的参数。为了计算出 r 值，可以利用如下公式：

$$r = \frac{V_O - V_{\text{SW}} + V_D}{I_O \times L \times f} \times D \times (1-D)^2 \tag{3-71}$$

这里，L 单位是 H，f 的单位是 Hz。

这就实现了整个转换器和磁性元件设计的流程。

第 4 章

控制线路

Raymond Mack

　　控制线路部分对于开关电源的行为很重要。它直接影响到输出调整、瞬态响应、效率和恶劣的工作条件下的反应。有几种控制开关电源的方法，每种方法都会对开关电源的某些方面进行加强，但也有可能在其他方面增加了困难。要对具体的应用选择最佳方案，就应该建立在对各种需求操作的深入理解的基础上。

　　反馈回路补偿（第 9 章）是控制部分的最后一个方面。该类型的补偿的使用将决定了电源的稳定性、精确度以及输出的瞬态响应。

　　即使已经设计了一个完美的控制线路部分，其他看不见的因素也会影响它的正常工作。曾经我修改过我之前使用过的电源，我把线路送给 PCB 设计者，然后打板，结果甚至连电源都不能被稳定输出，振荡很严重。然后我检查 PCB 布局布线，它的电气特性很正确，但是它的控制回路被放置在带噪声地的节点一侧，而电压感应线路则在另外一边。因而大量的噪声被注入了误差放大器的感应输入端。然后，我不得不在 PCB 实践的技术方面对 PCB 布线工程师进行指导，这样第二个原型板就能完美运行了。简而言之，无知的 PCB 设计者和自动布线是你的敌人！

　　Ray Mack 对各种控制方法、它们的长处和不足做了一个非常好的概述。每种电源都会有优化的控制方法，Ray Mack 把它们结合在一起。

——Marty Brown

　　我们将探讨各种形式的来自半导体厂商的现有的控制器。市面上有大量各种不同的控制器，但是每一种的应用面都比较窄。我将参考不同厂商的应用笔记——这些都可以从各自厂商的网址或者直接联系厂商得到。

4.1 基本的控制线路

最简单的控制线路是变频/恒定导通时间线路或者脉冲频率调制线路（PFM）。在图 4.1 中的振荡器有一个恒定导通时间（基本上是一款类似于 555 定时器的多谐振荡器）。只要控制电压低于参考电压，通过比较器进行比较，振荡器就会被触发而打开。在轻载下，频率和占空比都低。随着负载的增加，频率也会跟着增加。最高频率发生在占空比为 50% 时。较广的纹波频率范围会引起电磁兼容（EMC）和输出纹波控制的问题。德州仪器公司的 TL-497 是一款流行的商用的该类线路的代表。

如果采用相同的频率和不同的脉宽，EMC 和纹波控制将会容易控制和预测得多。脉宽调制（PWM）采用相同的频率和不同的开关导通时间。图 4.2 表示电压模式的 PWM 控制器的基本原理。

分压器采用误差放大器和参考电压来生成误差缩放信号。其振荡器类似于 555 振荡器，会产生一个固定频率的锯齿波形。通常来说，定时电阻为定时电容设置了充电电流值。一旦定时电容的电压达到了触发点，振荡器的触发器会立即导通，并且迅速对定时电容放电并直至低于触发点的电压值为止。输出开关通过误差电压和振荡器电压之间的比较结果来驱动。图 4.3 显示了开关信号是怎样产生的。

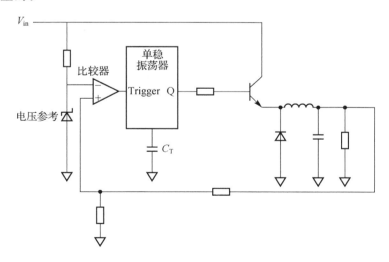

图 4.1 PFM 电路图

当振荡器电压比误差放大器输出电压低时，开关导通；反之如果振荡器电压比误差放大器输出电压高，那么开关将断开。如果误差电压比最低三角波电压还要低时，占空比将会是 100%；如果误差电压比最高三角波电压还要高时，占空比将会是 0%。

　　反激和升压转化器有最小断开时间的要求,从而使得电感中的能量能够传输到输出线路上去。有些正激转换器设计也要求要有一个给定的断开时间。现代电压模式 PWM 控制器有一套确保占空比低于 100% 的机制。该死区时间可以通过外置电阻来调节。

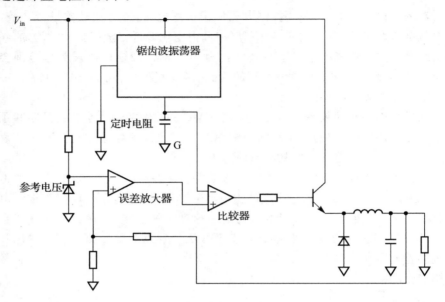

图 4.2　电压模式 PWM 控制器

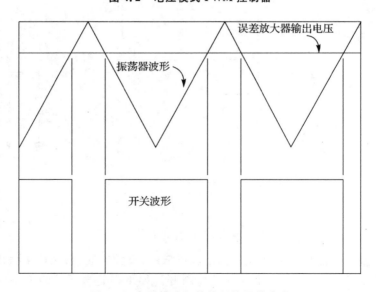

图 4.3　电压模式开关控制信号的产生

电流模式 PWM 控制比电压模式控制有先天的优势,这些优势包括瞬态响应和更简单的控制回路。图 4.4 所示为电流模式 PWM 控制器的基本原理。在这个线路上,振荡器工作在固定的频率上,来自振荡器的脉冲对触发器进行置位,用来启动电流在晶体管开关中的流动。当由 R_{sense} 测得的电流并相应产生的电流感应电压等于由误差放大器设置的触发点的电压时,开关中的电流将停止流动。比较器对触发器复位,从而断开开关。误差放大器调整开关电流的触发点以便使电感电流处于一个合适的水平,从而维持输出电压。一旦输出电压达到所设定的值时,误差信号把电流触发点降低以维持均值电感电流恒定。

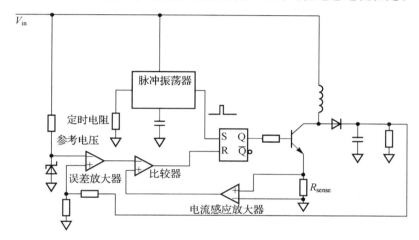

图 4.4　典型的电流模式 PWM 控制器

4.2　误差放大器

对正输出电源和负输出电源来说,图 4.5 显示了一种典型的对误差放大器进行设置以控制输出的方法。负输出线路把分压器连接到参考电压上,从而使得放大器的输入端的电压高于地。PWM 线路一般倾向于采用单个正电源来运行。这意味着所有的引脚,特别是误差放大器和电流感应引脚,其电压不得低于大地超过 1 个二极管压降。

可以注意到与反馈引脚对应的引脚上有一个电阻(R_3)。所有双极型晶体管差分放大器(包括运放和比较器)都采用晶体管的基极作为输入。输入晶体管需要一个用来放大的较小的偏置电流。除了正常的分压器电流外,偏置电流将流过 R_1 和 R_2,这将会稍微改变反馈端的电压。由偏置电流而引起的额外增加的少量直流电压将会使得输出电压有稍许偏移,而输出电压本是取决于放大器的闭环增益以及 R_1 和 R_2 的阻值的大小。R_3 的阻值等于 R_1 和 R_2 并联后的阻值。这样由于输入偏置电流的作用而确保了放大器的两个输入端的电压都在地面参考上提升相同的压值来达到平衡。

误差放大器的输出类似于电阻耦合直流电路。不同的是,输出晶体管的负载不是电阻,而是电流源。电流将在输出晶体管和负载之间分开。这就等效于一个集电极开路数字电路——除了晶体管要工作在线性区域之外。几个"集电极开路"线路可以把它们的输出连接到一起,就好像集电极开路数字电路中的线与功能一样。同时,把输出上拉至最低电压的线路也就是控制 PWM 比较器输入端的电压的电路。用于输出晶体管的电流源负载使得其变成了跨导放大器,而不是电压放大器。电压增益就等于负载阻抗值乘以跨导后的结果。

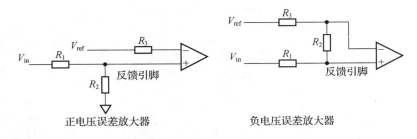

正电压误差放大器　　　　　　　　负电压误差放大器

图 4.5　正的和负的电压误差放大器

4.3　误差放大器的补偿

经典反馈控制电路覆盖的电子系统的范围很广。闭环运放线路、机电伺服系统、锁相环、线性电源以及开关电源全部都可以用控制理论来分析。本书不会详细探讨反馈理论。Thomas Frederiken 在他的书籍 *Intuitive IC Op Amps*(国家半导体技术系列,1984)的第 4 章中很好地描述了传输函数的影响。他讲述了如何将多个极点和零点组合来确保闭环系统的稳定或者说什么样的闭环电路的极点和零点组合会导致振荡。在 Linear Technology 公司的应用笔记 18 的结尾也简明扼要地对放大器/功率放大器组合的频率补偿进行了说明。为了完整深入地理解补偿,建议查询控制理论方面的书籍。

PWM 控制器内的误差放大器与 741 或者 1458 运放不是等效的。通过在运放某处放置一个低于 100 Hz(通常低于 5 Hz)的低频极点来实现运放的内部补偿,这个极点通过随着频率的升高而对增益进行衰减来决定整个闭环放大器的性能。PWM 控制器内的误差放大器内通常没有内部补偿。而是把误差放大器的输出送往输出端,这样就可以在闭环系统增加极点和零点来对系统进行频率补偿。

开关电源的许多因素往往会影响并增加环路的相位延时。两个主要的影响因素是电感和滤波电容,包括它的等效串联电阻(ESR)。在输出电路中的电感和电容组合等效于一个串联谐振电路,会在响应时引起两个复杂的极点。传输函数会随着负载电流和电源线电压的改变而改变。输出电容及其 ESR 形成一个零点,而负载和输出电容则生成一个极点。图 4.6 所示为输出电容、ESR 和负载阻抗的等效线路。ESR 对极点和零点都有影响。补偿的目的就是确保最终的电源对负载和输入的瞬态变化有一个迅速响应,而不会振荡。严重衰减的补偿将确保输出电压不会

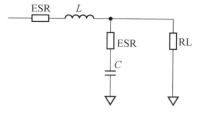

图 4.6　滤波电感和电容中的 ESR 分量

振荡,但是输出可能会产生一个能迅速改变输入或者输出的大且持续时间长的瞬态响应。同样它也可能导致从短路电路中恢复时产生大的过冲信号。太快的响应将导致控制回路上的振荡。

　　图 4.7 所示为典型的针对降压或者正激转换器的补偿网络。电阻和电容给传输函数增加了一个极点。该补偿网络需要针对增益和频率进行优化。电阻和电容相当于阻尼器用来降低线路上的 Q 值。

　　图 4.8 所示为典型的针对连续模式升压或者反激转换器的补偿线路。所有的连续电感电流升压和反激转换器在其右半平面都有个零点。这样就要求在反馈响应中增加第二个极点。该极点需要把增益衰减到右半平面零点对应的频率以下。右半平面的极点和零点与时域中的稳定增加的响应有关。如果在没有第二个极点的情形下在升压转换器的起动时做仿真,该零点的影响还是很明显的。输出电压将会有一个很大的过冲。

79

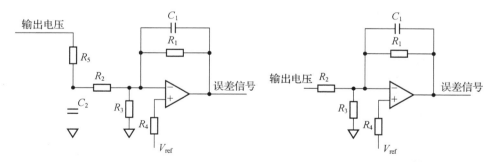

图 4.7　降压或者正激转换器的典型补偿电路　　　**图 4.8　连续模式升压或者反激补偿的典型补偿电路**

　　没有一个 IC 制造商的应用笔记会给出一个严格的采用数学途径来评估开关电源响应的方法。德州仪器的应用笔记 U－95 对线性电源补偿给出了一些数学方面的指导,也可以用于开关电源方面的分析。然而,如果能够理解所用的数学公式,读者可能不需要该书的指导。

　　作者比较喜欢 Linear Technology 公司的应用笔记 19 和 25 所描述的用来确保能够优化设计的补偿线路的经验方法。该方法采用时域分析,而不是频域

分析。这些笔记的描述具体讲述的是 LT1070 系列的电流模式控制器,但是该技术可以应用到所有有跨导误差放大器的开关电源。

图 4.9 所示为 Linear Technology 公司的应用笔记的测试建立模型。有三大测试仪器的要求。第一是可变负载。这可以是可调的主动负载或者就是简单的一套高功率电阻。第二是用来观察电源瞬态响应的示波器。最后一个就是用来给负载生成阶跃电平的函数发生器。我们仅仅对阶跃响应感兴趣,所以在电源输出和示波器的输入通道之间放置了低通滤波器。这样,就可以只看到直流分量,而不会有任何开关能量。我们通过函数发生器的输出来触发示波器。

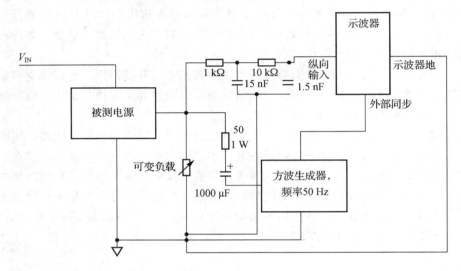

图 4.9　调整开关电源补偿的测试建立图

测试步骤如下:

(1)首先采用 1 kΩ 电阻和 2 μF 电容做补偿。由于电容和 PWM 线路的负载的关系,这样会为高频加载误差放大器的同时生成一个极点。由于电阻的关系,在响应中会有一个零点,但是几乎没有影响。

(2)通过连接示波器通道 1 的探棒到地来验证有没有对地回路。如果通道 1 有任何响应显示,就必须通过断开安全对地连接来隔离示波器或者信号发生器。为了保证安全,应该在测试仪器和电源线之间使用隔离的变压器。

(3)根据 5 V 峰峰值方波调整信号发生器。这会给控制回路产生一个 100 mA 的阶跃输入。如果轻负载时正负阶跃响应不相等,那就降低信号发生器的电压。

(4)验证响应是单极点"过阻尼"响应。如果响应不是过阻尼响应,那么就增加阻值。应该首先增加电阻阻值,然后调整电容容值,从而确保过阻尼响应的条件。

(5)按 2∶1 每阶来降低电容容值,直到响应稍微欠阻尼。这样将会让极点频率变高,同时增加增益带宽。

(6)按 2∶1 的增量开始增加电阻阻值来降低响应时间,同时增加阻尼。当响应再次变成过阻尼时就停止调整。增加该阻值将使得零点频率更低,从而使得中频增益响应变得平缓。

(7)继续重复上述动作,降低电容容值和电阻阻值来产生一个快速的阻尼响应。目的是获得最大的阻值和最小的容值,从而使得一旦快速调整到正确的输出电压时不会产生振荡。

(8)现在我们必须验证在满足所有的条件下有足够的增益和相位裕量。最严重的问题之一是由输出电容及其 ESR 值而引起的零点的值。ESR 是很依赖于温度的。如果电源工作在非常低的温度下,ESR 将会呈现数量级的增长。裕量测试将会测试响应以确保在温度、负载和输入电压的所有组合下都没有振荡产生。一个好的经验法则是在温度极点对过阻尼稍微进行调整以确保能够在整个温度范围内稳定工作。

记住断开电子安全地就是破坏了安全方面关于地的使用原则。我们必须非常谨慎地使用测试仪器。

4.4 典型的电压模式 PWM 控制器

1526A 家族是第二代、功能全面的电压模式 PWM 控制器的代表。在频率高达 100 kHz 时,它既适合 DC-DC 转换器,也适合离线控制器。它尤其适合推挽式、半桥式和全桥式线路——因为它有两个输出。图 4.10 所示为该控制器的内部模块。

1526A 的内部线路需要有稳定的、可调整的电压来进行合适的操作。参考稳压器是一个带有精确温度补偿的线性稳压器,能够为外部线路提供 20 mA 电流,同时有 2 V 的压降,所以其最小的电源电压是 7 V。在 1526 A 里面,带隙参考将会被调整,从而使得最终的参考电压精度为 ±1%。

欠压锁定电路对参考电压和内部带隙参考进行比较。该线路把复位引脚拉低,将禁止输出驱动,同时通过二极管对误差放大器进行箝位直到有足够的电压来进行操作为止,这样就没有寄生输出脉冲的可能。锁定功能持续并直到参考电压达到 4.4 V 为止。锁定比较器有 200 mV 的滞后,所以一旦参考电压达到 4.4 V 时,线路不会被立即锁住,而是要等到参考电压下降到低于 4.2 V 时。这样就阻止了由于参考电压较慢的上升速度而产生的寄生复位所引起的噪声。

一旦复位引脚由欠压锁定电路所释放,正常的软启动时序就开始了。软启动电容通过一个箝位晶体管连接到误差放大器的输出端,该箝位晶体管用来限制误差放大器在软启动期间的输出电压最终能够达到的幅值。对误差电压进行箝位限制了最大的脉冲宽度。结果是,在系统启动时,电感电流和输出电压上升率的增加都会受到限制。一旦软启动电容充电到 5 V 时,箝位晶体管将不再起作用。软启动电容通过 $100\ \mu A$(典型值)的恒流对其进行充电,所以可以通过电容的定义和电流的定义来算出软启动时间。

$$Q=CV \text{ 和 } I=\Delta Q/\Delta t \qquad (4-1)$$

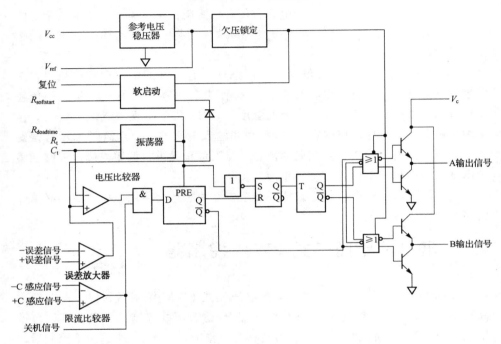

图 4.10 1526 电压模式 PWM 控制器的内部模块图

如果从电容公式两端进行区分,将得到:

$$I=C\Delta V/\Delta t \qquad (4-2)$$

I 是恒定的 $100\ \mu A$,而 ΔV 是 5 V(从复位到完全充满电),所以可以通过公式(4-2)计算出电容容值和时间之间的关系。

$$C/\Delta t=100\ \mu A/5\ V=20\ \mu F/s \qquad (4-3)$$

因为充电电流可以在 $50\sim150\ \mu A$ 之间变化,所以该值是个估算值。同样,正常控制回路在电容被完全充满电之前将开始掌控系统的运行。

因为当所有的输入电压经过电感时,电感中的电流会很大,所以软启动是必要的。很有可能的是输出电容和线圈电感的组合将允许电流迅速增加,以至输出电压会在期望的电压上过压几百毫伏或者甚至几伏。软启动线路的目的就是保护二极管和开关晶体管在启动时不会过流,同时在启动时对非常大的瞬态提供阻尼响应。

1526 A 的振荡器在正常的定时电阻和定时电容引脚外还提供了一个死区时间控制引脚。如果 R_D 引脚被接地了,那么死区时间就由振荡器内的放电电路来控制。在 R_D 引脚和地之间增加一个电阻会增大死区时间。数据手册中有指出当工作在 40 kHz 时,会有 400 ns/Ω 的增加,但是没有给出其他频率下工作的信息,所以需要通过实验来决定 R_D 值。从数据手册中可以明显地看出,1526 A 是在 20 kHz 电源处于先进水平时设计出来的。我们可能会想为采用慢速双极型晶体管作为开关的推挽式或者桥式线路增加死区时间。双极型开关把电荷存储在晶体管将要截止前必须重组的基极—集电极结中。增加死区时间可以确保在一个晶体管开始导通之前另外一个晶体管完全关闭。

振荡器同样也有一个同步引脚用来允许振荡器与外部晶振或者另外一个控制器进行同步。有些系统有多个 PWM 控制器线路。该同步引脚允许所有控制器保持精确的频率和相位以便线路能够并行运行。主 1526 A 通过 R_T、R_D 和 C_T 进行编程以确定合适的频率,所有从 1526 通过把各自的 C_T 引脚连接在一起共享锯齿波。所有同步引脚也必须连接在一起。所有从设备的 R_T 引脚必须断开。

如果系统需要,同步引脚也可以用来对控制器与外部逻辑时钟信号进行同步。为了与外部逻辑信号同步,必须把振荡器的时钟频率大约设置为比目标频率低 10% 左右。逻辑线路应该给同步引脚提供一个短脉冲(大约 500 ns)。该短脉冲终止振荡器的充电阶段以及重新启动周期。

同步引脚、复位引脚以及关闭引脚都是双向、低有效的逻辑引脚。图 4.11 所示为内部线路怎样驱动引脚成为一个具有内部上拉的集电极开路输出以及作为内部逻辑的输入。关闭引脚可以用于发生故障时需要立即断开控制器的情况。它同时还可以作为输出表明限流比较器已经启动。把关闭引脚拉低就会使输出驱动无效。复位引脚在对软启动电容放电的同时,对误差放大器的输出进行箝位。释放复位引脚将启动一个软启动周期。这些引脚都与 TTL 或 CMOS 逻辑兼容。

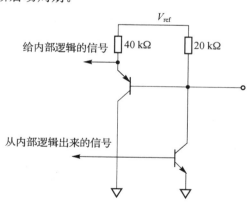

图 4.11　1526 A 双向引脚的内部线路图

1526 A 还有数字限流的功能。电流检测比较器提供终止输出脉冲的逻辑输出。这就允许系统过流时,终止每个输出脉冲。不要把该功能与电流模式 PWM 控制中的误差控制电流触发点的操作相混淆。该部分有个固定阈值用来设定限流操作。电流感应放大器在其反相引脚上有一个内部 100 mV 参考电压,这样反相引脚可以接地作为单极电流感应输入。从而可使用一个非常低的电流感应电阻来最大限度地减小电流感应功率损耗。

其余的线路，如 SG2524，采用差分放大器来减去误差放大器的输出电压，同时降低脉宽输出。SG2524 的内部线路如图 4.12 所示。

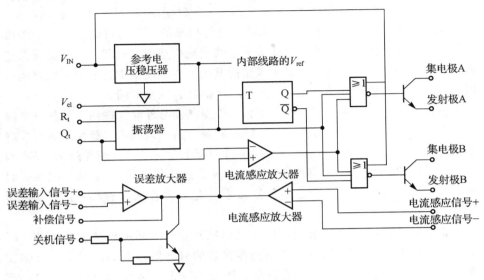

图 4.12　SG2524 内部线路图

1526 A PWM 脉冲发生器使用数字逻辑来确保比较器不会因为噪声而产生多重脉冲。PWM 比较器把振荡器的斜坡电压和误差放大器电压进行比较，一旦两电压相等时就发送一个脉冲来设置触发器。PWM 锁存器的高电平信号将会送往输出控制逻辑。当振荡器放电脉冲复位 PWM 锁存器时，输出脉冲终止。

输出控制逻辑有三方面功能。首先是通过一个掌管交替输出电压的切换触发器来给交替切换输出驱动，这样就使得 1526 A 将工作在对称型驱动线路如推挽式或者桥式线路中。第二个功能是输出消隐。每个由振荡器复位脉冲长度控制的输出都有一个最小的死区时间。输出消隐与来自 PWM 锁存器的脉冲命令相与，从而覆盖 PWM 锁存信号。第三个功能是当故障条件有效时，如过温和任意时刻复位引脚有效时，禁用输出驱动。

1526 A 有两个可以连接到不同于控制线路电源的图腾柱输出，这使得驱动需要根据外部开关进行相应调整。每个输出都在一半的振荡频率下工作。两输出的脉冲不会叠加。当输出为低时，下侧晶体管将饱和。由于下侧晶体管饱和而引起的断开延时将会使得系统有一个较小的时间（交叉传导时间）会让两个晶体管同时导通。由于交叉传导电流的存在，该元件需要一个小电阻与 V_c 引脚串联用来限流。1526 A 是 1526 的改进版，它把交叉传导时间限制在 50 ns。这个时长依旧需要限流电阻。

图 4.13 所示是典型的作为 FET 开关的
驱动电路。1526 A 输出晶体管可以拉或者
灌 100 mA 电流。FET 的电容能在充放电
过程中提取大量的电流。FET 栅极和输出
引脚之间的串联电阻通过对峰值电流的限制
来保护输出晶体管。另外，漏端到栅极电容
通常非常大，可以耦合大量的从漏端到栅极
线路中的瞬态感应电压。肖特基二极管确保
输出引脚的电压不会比 IC 的接地引脚低
0.3 V 以上。

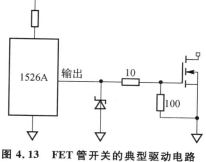

图 4.13　FET 管开关的典型驱动电路

4.5　电流模式控制

图 4.14 所示为在升压转换器中的电流模式 PWM 控制器基本线路。该线
路有两个控制回路。外回路检测输出电压，同时提供误差信号给内回路。内回
路比较误差信号和电感电流的模拟量来确定什么时候关闭开关。其影响就是会
改变脉冲宽度。脉宽是电感电流的函数，而不是误差信号的函数。

振荡器通过对输出锁存器进行设置来打开开关以开启每个周期。误差放大
器产生用于与电感电流进行比较的误差信号。一旦峰值电感电流与误差信号相
等，比较器复位锁存器，同时关闭开关。如果输出电压降低，误差信号将会增加，
从而允许下个周期的峰值电流跟着增加。

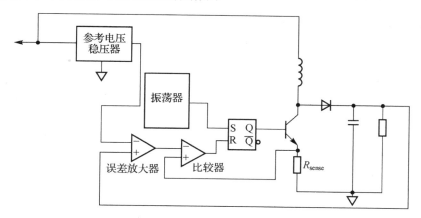

图 4.14　电流模式 PWM 控制器的基本电路图

电流模式控制器的操作相比于电压模式来说有几大优势。首先，电感电流
是误差电压的直接函数，所以对于小信号分析来说，电感电流可以被压控电流源
直接替代。这样就可以从传输函数中移除一阶，电流模式的控制回路比电压模

式线路更容易补偿。另外一个优点是输入线性电压的改变已经没有补偿方面的问题了。通过电感的峰值电流是电感两端电压的函数。如果输入电压下降,仅仅只是要花更长的时间来让电感电流爬升到所设定的值以及花更多的时间让比较器来断开开关。

电流模式控制器不是没有问题。只要占空比超过 50%,同时电感电流为连续模式,电流模式控制就会存在一个称做谐波振荡的响应。只要占空比低于50%,内电流环就会无条件的稳定。当占空比大于 50% 时,一旦内环路被噪声或者瞬态干扰,输出将会偏离稳定状态。电感的均值电流依旧可控并通过误差放大器进行设置,但是它会在开关频率的次谐波下变动。对于一个 40 kHz 的开关频率,电感电流将会在 20 kHz、10 kHz 等频率下有频率分量。这些次谐波频率能够在电感和其他元件上产生听觉上的响应。电流模式控制器可以通过增加斜坡补偿来稳定地维持控制。斜坡补偿通常通过从振荡器电容中反馈电压给电流感应放大器或者误差放大器来完成。在开关频率下,斜坡补偿把电流触发点从恒压变为锯齿波。触发电流随着占空比的增加而减少。少量的补偿斜坡将确保系统无条件的稳定。如下的不等式描述了这种关系:

$$S_{补偿} \geqslant S_{充电}(2DC-1)/(1-DC) \qquad (4-4)$$

$S_{补偿}$ 是补偿电压的斜率,$S_{充电}$ 是指电感充电波形的斜率。幸运的是,大多数现代电流模式 IC 会根据需要直接使用或者修改来提供内部斜率补偿。对于老产品,例如 1846 A,要么是制造商的应用笔记,要么是数据手册,将会给出必要的信息来计算合适的斜率补偿量。德州仪器(TI)公司的应用笔记 U-97 和 Linear Technology 公司的应用笔记 19 有对斜率补偿作详细分析。

4.6 典型的电流模式 PWM 控制器

1846 A 是第三代控制器的典型代表。图 4.15 描述了它的内部线路。振荡器和参考电压与 1526 A 中使用的基本相同。1846 A 跟 1526 A 一样,其振荡器可以与另一个 1846 A 或者外部振荡器同步,欠压锁定线路与 1526 A 不同,它使用输入电压,而不是参考电压来进行锁定。只要输入电压低于 8.0 V,欠压锁定电路就使得元件保持在复位状态。锁定线路有 0.75 V 的滞后,从而确保噪声或者上升斜率慢的输入电压不会在系统开启时引起不稳定。

误差放大器是一个带有集电极开路输出的跨导放大器,类似于 1526 A。

电流感应放大器是具有 3 个增益的电压差分放大器。二极管和电压源与 PWM 比较器的反相输入端串联来把电压限制到 3.5 V 左右(4.6 V 最大误差信号减去 0.5 V 再减去一个二极管压降)。这就意味着电流感应放大器的输入大于 3.5 V 将不会关闭输出脉冲。由于电流感应放大器中的三个增益,这就限制了电流感应电压必须小于 1.1 V。

　　反向输入和同向输入之间有一个从地到 $V_{IN}-3$ V 的共模范围。这就使得
电流感应放大器可以用于升压、降压、正激和反激设计中。图 4.16 所示为电流
感应的三种不同的使用方法。图 4.16(a)中的电阻和电容通常用来减小开关中
的导通瞬态大小。在双极型和 FET 开关中,在开关的高电压端(集电极/漏极)
和电流感应电阻之间存在耦合。与电流感应电阻耦合的瞬态可能引起对输出脉
冲的误终止。电阻和电容限制了上升时间,同时减小了瞬态,所以会有正确的操
作。如果采用电流感应电阻,降压拓扑设计要求输入电压至少比输出电压高
3 V。如果没有足够的共模范围或者要求整体隔离(就像在桥式线路中一样)的
线路,限流放大器可以通过电流隔离变压器来驱动。电流变压器在电流非常大
的场合也有优势——因为它可以降低电压,因而可以降低在电流感应线路中的
功耗。图 4.16(c)中的二极管是必须的,从而使得放大器的同向输入端的电压
不会超过一个以地为基准的二极管负压降。

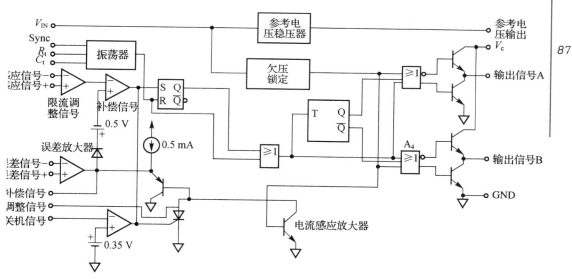

图 4.15　1846A PWM 控制器的内部线路图

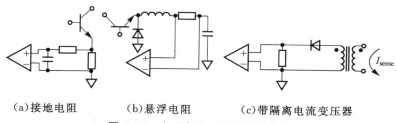

(a)接地电阻　　(b)悬浮电阻　　(c)带隔离电流变压器

图 4.16　实现电感感应的三种方法

关闭线路、欠压锁定线路和限流电路对误差放大器的输出进行箝位。限流引脚通过把误差放大器箝位在其最大的 4.6 V 输出以下来限制最大的电感电流。误差放大器的输出电压被箝位为等于限流设置晶体管的二极管压降（基极-射极电压）的电压。图 4.17 所示为一个限流引脚的典型连接。限流不会通过限流引脚上的电压直接设定，而是通过设置用来终止脉冲的电流感应输出电压来设定。基于比较器的反向输入端串联的二极管压降大约等于基极—射极电压，触发点的电压就等于限流电压减去 0.5 V 偏移量。以下的公式可以用来设置电流限制：

$$V_{电流限制} = R_1/(R_1 + R_2)V_{参考} \qquad (4-5)$$

$$V_{电流感应} = (V_{电流限制} - 0.5)/3 \qquad (4-6)$$

$$I_{电流限制} = V_{电流感应}/R_{感应} \qquad (4-7)$$

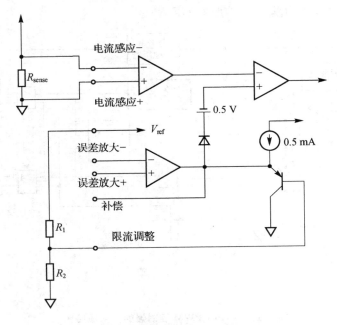

图 4.17 1846 限流引脚的实现

R_2 的第二个作用就是为关闭锁存器保持电流。如果所设计的关闭线路需要锁存，那么 R_2 必须低于 2.5 kΩ 以便能够提供至少 1.5 mA 的电流用来保持锁存器的状态。当关闭信号低于 350 mV 时，关闭线路将关闭 PWM 锁存器，同时保持 IC 处于复位状态，直到下一个上电周期开始。选取大于 5 kΩ 的 R_2 将允许关闭线路对 PWM 锁存器进行复位，同时对限流设定引脚上的电容放电，但是一旦移除关闭信号，一个新的启动周期将开始。

该 IC 没有软启动线路。软启动通过在限流引脚上增加对地电容来实现。限流引脚设置峰值电流触发点，这样通过让限流引脚上的电压缓慢上升就可以实现软启动的功能。

我们将注意到,如果电感电流非常小,同时误差信号要求的电感电流很大时,在一个新的振荡器周期开始之前,比较器可能不会成功地设置触发器。从而可能会导致占空比大于100%。输出逻辑是振荡器脉冲与触发器输出相或的结果。振荡器的短脉冲将确保输出上的短的死区时间等于定时电容的放电时间。死区时间的长度可以通过改变相关的定时电阻和电容的值来调整。数据手册中给出了图解法来设置死区时间。

1846 A 的输出逻辑和图腾柱输出和 1526 A 相似,在输出晶体管的临界处,必须采取相同的预防措施来限制电流进入集电极电源。当通过串联电阻来驱动 FET 时,必须采取类似措施来限制输出电流。

4.7　电荷泵电路

IC制造商一直在改进电荷泵转换器的输出能力。开关频率以及切换电阻是影响功耗和间隔影响效率和最大输出电流的两大因素。电荷泵线路有一个等效串联阻抗,通过如下公式给出:

$$R_{\mathrm{EQ}} = 1/F_{\mathrm{SWITCH}} C_{\mathrm{FLYING}} \qquad (4-8)$$

该等效阻抗是开关电容电路的特性,而不是实际的物理电阻。可以通过提高频率或者增加飞电容来改善性能(降低 R_{EQ})。在开关内部物理电阻逼近开关线路中等效阻抗之前,系统性能会得到持续改善。通常,为了获得更高的输出电流,电荷泵 IC 可以并联使用。

图 4.18 所示为 LTC3200 的内部线路,它是提供稳压输出的倍压电荷泵的典型代表。该线路有一个 2 MHz 固定频率的振荡器,用来驱动两相位不叠加时钟的开关线路。误差放大器比较反馈引脚的电压和内部 1.268 V 齐纳电压参考。误差放大器的输出控制在时钟的第一阶段流入飞电容的电流量。时钟的第二阶段把飞电容和输入电压串联以提供电流给负载和输出电容。

该电荷泵控制器有一个软启动和开关控制电路来限制来自输入电源的电流。如果 IC 的温度超过 160 ℃,同时重启电路温度大约在 150 ℃ 时,开关控制电路就会断开系统。为了防止短路,该线路把输出电流限制在 225 mA。

LTC3200 提供在 1.268～5.5 V 的稳压输出以及高达 100 mA 的输出电流。输入电压范围为 2.7～4.5 V。这相当于单颗锂电池、三个碱性电池、一个镍镉电池或者 3 个镍氢电池。电流控制线路允许 IC 调节并使得输出电压稳定在输入电压的上下,然而输出效率会比输入低。输出电压通过介乎输出引脚和反馈引脚之间的分压器来设定。输出电压的方程如下:

$$V_{\mathrm{OUT}} = 1.268(1 + (R_1/R_2)) \qquad (4-9)$$

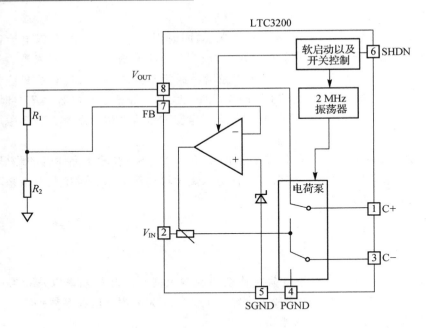

图 4.18　LT3200 的内部电路图

　　电阻阻值可以从几千欧姆到 1 MΩ。如果输出电压低于输入电压，就需要在输出端放置 1 mA 负载以确保电压在极轻负载时不会爬上去。

　　输入电容、输出电容以及飞电容都必须有较低的 ESR 值。这些电容必须大于 0.5 μF，但只有容值为 1 μF 时才会有足够好的输出电流和较低的纹波。电解电容和钽电容的 ESR 值不够低，因而不适合。陶瓷电容是比较好的选择。陶瓷电容有一个严重依赖于电介质类型的温度系数。温度的改变对 X5R 和 X7R 的影响最小。另外一个考虑是电容与外加电压的变化。输出电容的 ESR 必须低于 0.3 Ω 以确保误差放大器保持稳定。如果 ESR 过高，放大器的响应不再是单极点滚降，从而可能使系统变得不稳定。

　　LTC3200 使用可变电阻来调制充电电流，所以 IC 中的部分功耗是为了保持稳压输出。LT1516 是采用升压模式来保持 5 V 稳压输出的电荷泵的实例之一。该线路权衡了更高的纹波电压（全负载时 100 mV）和针对上升的效率而增加的第二阶滤波器问题。

　　图 4.19 所示为 LT1516 的内部线路。比较器 2 把分压后的输出电压和内部电压参考进行比较。如果电压低于阈值，电荷泵开关使能，从输入到输出进行充电直到输出上升到比较器 2 的触发点电平以上。这个升压模式会使得在输出上的低频纹波等于比较器 2 的迟滞电压。由于在对输出电容充电时的电荷泵的切换，因而在输出上也有高频纹波。

　　LT1516 采用两颗飞电容来实现三倍电压或者双倍电压的配置。不管何时

V_{IN}低于 2.55 V,比较器 1 就会强迫控制逻辑让元件处于三倍电压模式。在充电阶段,开关把两颗电容放置在输入和地之间。在放电阶段,飞电容 C_1 与 C_2 串联,同时与输入串联。一旦 V_{IN} 大于 2.55 V,IC 切换到双倍电压模式,同时只用 C_2 作为飞电容。比较器 3 有来自比较器 2 的反馈电压的 50 mV 偏移量。如果电压下降 50 mV 或者更多,比较器 3 会让 IC 重新回到 3 倍电压模式,直到电压上升并超过比较器 3 的较高的触发点电平才会恢复。

输入和输出电容可以是钽电容或者电解电容——因为采用(继电型)比较器控制,而不是误差放大器(线性控制),所以控制电路不会出现振荡。ESR 不再是控制稳定度的考虑之一。ESR 的唯一影响就是在纹波电压上。一个较好的方案就是把低 ESR 值(大约 1 μF)的陶瓷电容与高容值(大约 10 μF)的电解电容并联。陶瓷电容可以在充电的突变时降低 600 kHz 纹波,而电解电容可以在控制频率处降低纹波。

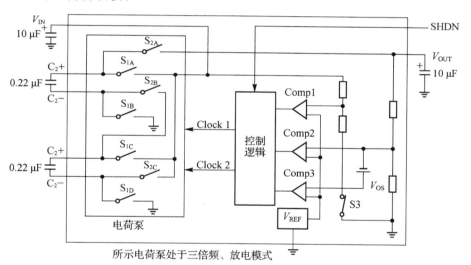

所示电荷泵处于三倍频、放电模式

图 4.19 LT1516 的内部电路图

4.8 多相位 PWM 控制器

奔腾级别的 CPU 对电源盒低功率的要求和传统 CPU 的需求有显著不同。奔腾、速龙或者皓龙 CPU 要求在数十安培的电流下有非常低的电压。典型的奔腾 4 电源要求在 65 A 的情况下的电压必须为 1.4 V。

目前提到的所有控制器都是单相控制器。基于电流模式 PWM 控制器的稳压器能够并行工作以增加电流能力。许多 IC 厂商生产无重叠相位的多重电源并行工作的控制 IC。LT3730 就是为英特尔便携式计算机的应用而设计的降压控制器 IC 的典型代表。它可以在高达 600 kHz 每相位下运行。既然相位不会交叠,这样就会有 1.8 MHz 的纹波频率。每个相位的电感可以是单相设计所要求的 1/3 大。输出电容的尺寸也可以是单相设计的 1/3 大。输入和输出电容纹波电流会随着相位的增加而减小。通过减小由于电容中纹波电流而产生的损耗,相位数的增加就会提升电源效率。多相位操作对于升压转换器也是可行的。

电荷泵控制器的多相位操作也可以在效率方面通过提升运行频率来实现类似的改善。

4.9　谐振模式控制器

对开关元件提升效率和减少应力的一种途径是设计一种控制滤波电路,以便其能在零电流和电压处进行开关切换。

谐振模式开关电路采用恒定的导通时间和可变的断开时间(正如 TL497 一样)来对输出线路中的电流进行频率调制。在这种情形下,输出滤波器的电感和电容被选中以便使得其响应是在开关频率处谐振。频率是可调的,从而使得开关能在输出波形的零电压点或者零电流点进行导通和断开。UC1860 是谐振模式开关稳压 IC 的典型代表。

谐振控制器的应用非常有限——因为与普通的方波控制相比,其设计很困难。而随着 MOSFET 的技术的发展,谐振模式的优点已经最小化了。

第 **5** 章

非隔离电路

Raymond Mack

　　非隔离开关电源就是输入和输出共享公共地和其他信号的电源。如果设计有瑕疵的话,有时也可能把故障传播到其他部分。

　　它们仅能用在对于用户来说,输入电压源被认为是安全的场合。也就是输入电压低于 $42V_{DC}$。任何大于 $42V_{DC}$ 的输入电压都被认为会危害用户,因而需要把输入和输出进行隔离(第 6 章)。

　　这种开关电源用于便携式设备和低压 PCB 中。目前市场上许多半导体厂商都有现成的设计辅助工具供用户进行设计。

　　Ray Mack 采用非常直观的设计流程来阐述几种基于 Linear Technology 公司的 IC 的非隔离开关转换器的设计。

——Marty Brown

　　在本章中将关注非隔离转换器的具体设计。其应用包括对线性供电系统的远程监控或者电池供电系统的电源管理。每周都可以在行业杂志中至少发现一个新应用或者新设备适合非隔离电路。过去的五年里,这些应用不断被开发出来并且没有放缓的迹象。其趋势是朝着更小、更有效率以及更专业的控制器发展。我们在这里关注的设计将会提供一般的设计方法来作为具体设计的一部分。

　　工程师似乎迷恋创造新的术语和缩略语或首字母。关于远程调控的新术语是负载点(POL)。负载点稳压器绝大多数是非隔离电路。

　　所有的设计表明非隔离电路需要采用电流模式 PWM 控制器——因为其在回路的稳定性和电流控制方面的固有的优势。电流模式控制的一个问题在于当占空比大约 50％时会存在谐波振荡。比较老的 IC 需要采用外部手段来提供斜坡补偿以消除谐波振荡。本章所介绍的现代 IC 都内置有斜坡补偿功能,因而可以省掉了一项工作。

5.1　一般的设计方法

不同的电源会有不同的设计，因此每一个设计都会和另外一个不同。如下的步骤可以帮助初学者建立初始的概念。一个完整的设计通常需要对其中的几步反复试验。

(1)根据输入电压范围和输出电压来选择转换器类型。输入总是比输出电压高就表示需要采用降压转换器。如果输出总是比输入电压高则需要采用升压设计。

(2)基于输出功率和物理尺寸等参数来选择 IC。对于初学者来说，这也许是个艰巨的任务，因为有如此多的厂家提供如此多的芯片。线路的复杂度通常取决于输出功率。功率越高，线路就越庞大、越复杂。通常需要在这一步强制对开关频率进行选择。同时，决定选择二极管还是同步整流管进行设计。

(3)基于输出纹波电压的需求选择电感的纹波电流。因为电容 ESR 和纹波电流的相互影响，该决定会影响到输入和输出电容的选择。

(4)基于纹波电流和均值电流计算电感感值。

(5)基于 IC 数据手册计算所设计的电感感应电阻阻值。

(6)基于电感电流选择开关晶体管和二极管。

(7)基于纹波电流和纹波电压的需求计算输入和输出电容容值。

(8)选择在环路补偿电路中进行第一次尝试。

(9)如果需要的话，选择软启动器件。

5.2　降压转换器的设计

LT1765 是带有集成 NPN 晶体管开关、电流感应电阻以及斜坡补偿的全功能的电流模式 PWM IC。开关频率固定在 1.25 MHz。图 5.1 所示为采用 LT1765 所设计的降压转换器的典型代表。它有 SO8 和 16 引脚的 TSSOP 两种封装类型。SO8 封装采用对地的引线框架来散热，而 TSSOP 封装则在封装下采用集成散热焊盘来把热量传导给地面。LT1765 是为小尺寸和低 BOM 成本而设计的。

任何采用 NPN 晶体管或者 NMOS 开关的降压转换器需要一个高于输入电压的电压以便能够完全导通开关。双极型开关仅需要它的控制电压高于输入电压大约 0.7 V，而 NMOS 开关则需要更高的控制电压。如果使用 NMOS，对于降压转换器来说，最好的选择是选择仅需要高于输入电压 2 V 的逻辑电平开关。

图 5.1 所示为提供所需开关控制电压的电荷泵的应用。该原理对于双极型

和 NMOS 型的设计都适应。当开关关闭时,升压电容的电压将加入到开关电压从而使得开关能够饱和。当开关打开时,升压电容将连接到输出并且被充电,其电压值等于输出电压减去两个二极管 D_1 和 D_2 压降(大约比输出电压少 1 V)的值。二极管压降和内部供应电路压降需要根据全效率的需要而把输出电压限制在 3.3 V 左右。如果需要一个较低的输出电压,开关将不再饱和,而功率将大幅增加。LT1756 数据手册推荐在大多数的应用中采用 0.18 μF 的升压电容——它是基于 700 ns 的导通时间(87% 的占空比)、90 mA 的升压电流以及 0.7 V 的纹波电压而计算出来的。在最短断开时间内需要使用 ESR 低于 1 Ω 的陶瓷电容来对电容充满电。

该电路在上电时会引导升压。当电路启动时,输出电压和开关引脚上的电压都是零。控制电路将打开开关,同时由于 V_{BE} 的关系,开关引脚上的电压将比输入电压低 0.6 V。晶体管不会饱和,但是它会开始提供电感电流和对输出电容充电。一旦输出电压上升到 1.0 V 以上,当开关断开时升压二极管将会导通,同时开始对升压电容充电。开关内的功耗将随着升压电压的增加而迅速减小。

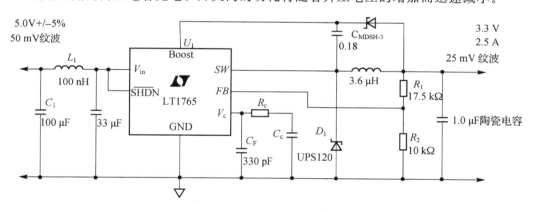

图 5.1　典型的采用 LT1765 的降压转换器

在降压转换器中,电流模式 PWM 控制器提供固有的输出电流限制。输出电流将会限制在峰值电感电流以内。对于带有关闭引脚的 PWM IC,可以使用外部线路来侦测故障,同时关断电源。

电感尺寸决定了纹波电流量。电感方程和占空比方程决定了电感和纹波电流之间的关系。

第 2 章中的公式(2-6)根据电压给出占空比的方程,如下:

$$V_O = V_{IN} D \quad 或者 \quad D = V_O / V_{IN}$$

式中,D 为 DatyCyde(占空比)。

第 2 章的公式(2-1)根据电感感值和电流的变化给出电感电压方程,如下:

$$V = L(\Delta I / \Delta t)$$

电流从最小值上升到最大值所需时间为

$$\Delta t = T \times D \quad \text{或者} \quad \Delta t = \left(\frac{1}{f}\right)D \quad \text{或者} \quad \Delta t = \left(\frac{1}{f}\right)\left(\frac{V_O}{V_{IN}}\right)$$

这里，T 是开关频率 f 的周期。

把电感方程变形可得：

$$L = V\left(\frac{\Delta t}{\Delta I}\right) \quad \text{或者} \quad L = (V_{IN} - V_O)\left(\frac{\Delta t}{\Delta I}\right) \quad \text{或者}$$

$$L = (V_{IN} - V_O)\left(\frac{V_O}{(\Delta I \times f \times V_{IN})}\right) \tag{5-1}$$

影响设计的参数之一是输入电压的范围。在输入电压最高点，纹波电流最大。一个较好的经验法则是在输入电压最大时，把纹波电流设置为最大输出电流的 10%。我们不能控制最大的开关电流——因为它是通过 IC 线路所设定的 3 A。输出最大电流将是 3 A－$\Delta I/2$－70 mA（升压电流）。

采用该经验法则，把纹波电流设为 250 mA，并代入公式（5-1）：

$$L = (5.0 - 3.3)\left(\frac{3.3}{(0.25 \times 1.25 \times 10^6 \times 5.0)}\right) \mu H = 3.6 \ \mu H$$

瞬态响应和纹波电流相关。大的纹波电流可以对负载的改变快速响应。然而，大的纹波电流与输出电容的 ESR 结合将会导致输出纹波电压的增加。图 5.2(a) 所示为当输出电容为无穷大时的输出等效交流电路。如果（10×ESR）比 R_L 小，那么简单地假设所有的纹波电流都流经了电容中的 ESR。如果把电容引脚看成是 ESR，它与电容容抗串联，如图 5.2(b) 所示，那么就可以采用该阻抗来设置输出纹波电压值。

纹波电压通常当成一个设计参数来设置，所以可以使用它来选择电容的尺寸及其 ESR 值。

纹波电压的峰峰值计算如下：

$$\Delta V = \Delta I (\text{ESR} + X_C)$$

迭代重组后，可得

$$\text{ESR} + X_C = \Delta V \frac{(L \times f \times V_{IN})}{(V_O(V_{IN} - V_O))}$$

一个很好的经验法则是把总阻抗的 2/3 分给电容的 ESR 值，其余 1/3 给电容。我们可以采用容抗公式来决定电容容值：

$$C = \frac{1}{(2\pi f \times X_C)}$$

这个值会比所需值要稍大一点——因为其波形是三角波而不是正弦波，同时高次谐波将在更大程度上减小。结果是把总阻抗的 1/3 分给电容，从而使得随着 ESR 的减小，我们可以使用更小容值的电容。满足所需容值的电容可以有比目标 ESR 值更高的 ESR，特别是对于铝电解电容。如果真是这样的话，那么需要增加电容容值或者分配更多的纹波预算给电容的 ESR。要获得理想的瞬态响应、纹波电压和环路稳定,可能要求反复地修改设计来满足所有标准。

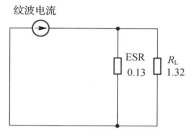

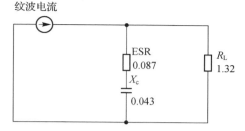

(a) 当输出电容无限大时的输出等效AC电路　　　(b) ESR与容抗串联的等效AC电路

图 5.2

图 5.1 的标准要求 25 mV 的纹波电压,采用上面的公式,可得

$$ESR + X_C = 0.025 \text{ V} \frac{(3.6 \ \mu H \times 1.25 \text{ MHz} \times 5.0 \text{ V})}{(3.3 \times (5.0 - 3.3))} = 0.100 \ \Omega$$

我们需要找到 ESR 为 0.07 Ω 且容抗为 0.03 Ω 的电容。其算出的电容容值为 4.7 μF。多层陶瓷电容是理想的选择——因为陶瓷电容几乎没有 ESR,容值在 1.4~4.3 μF 之间可能满足输出纹波要求。

降压稳压器对输入电源提出了两个问题。首先,输入电流是峰值等于输出电流的方波。当开关断开时其拉电流为 0。这个非常大的方波被反射回到输入电源。图 5.1 中的 L_1、C_1 和 33 μF 用来滤波以平均从输入来的电流。另外,任何杂散电感与 33 μF 电感的组合都可以作为高频谐振电路,通过电流的快速上升和下降时间来激发其工作。开关频率的谐波部分可能会引起 EMI 问题。详情请参见本章中的关于布局布线的考虑段落。

输入电容的 RMS 纹波电流取决于:

$$I_{RMS} = I_{OUT} (D - D^2)^{\frac{1}{2}} \tag{5-2}$$

选择一个满足该纹波电流的电容很重要。RMS 输入纹波电流是 1.2 A。设输入纹波电压为 50 mV,这样电容阻抗必须是 0.04 Ω 或者更低。Kemet 公司的 33 μF 有机铝电解电容的 ESR 值为 0.028 Ω,并且能够处理有 8 W·V 或者 10 W·V 的 2.1 A 纹波电流。

L_1 和 C_1 是可选的输入滤波元件,用来改善电源的 EMI 性能。输入滤波元件对环路稳定性有副作用。降压稳压器对低频有负电阻特性。随着输入电压下降,输入电流会上升以保持输出电压的稳定。如果输入滤波器有一个高的 Q 值,降压稳压器的负电阻结合输入滤波器可能会产生正弦波振荡。这是另外一个需要对整体目标进行平衡的点。滤波器的衰减特性必须与稳定性平衡。降低谐振频率将增加衰减,但是会带来环路稳定。这是需要在实验室反复实验来实现一个稳定电源的目的。

数据手册在反馈回路的补偿方面给出了指导。从假设 C_C 为 330 pF 且 R_C

和 C_F 均为 0 开始进行探讨。如果开始进行设计,我们可能会采用第二章所介绍的补偿方法,在实验室中调整这三个元件的值以考虑元件的二阶效应和线路布局效应。

数据手册也在 R_1 和 R_2 的选择方面给出了指导。Linear Technology 公司建议设 R_2 为 10 kΩ 以最小化由于反馈引脚的偏置电流而引起的偏移电压。给出的 R_1 公式为

$$R_1 = \frac{R_2 \times (V_{\text{OUT}} - 1.2)}{1.2 - (R_2 \times 0.25 \ \mu\text{A})} = 17.5 \ \text{k}\Omega$$

图 5.3 所示为数据手册中的线路,它采用外部元件连接到补偿引脚来实现软启动功能。该线路可以用于任何没有内部软启动线路的电流模式 PWM 控制器。该软启动通过补偿引脚上的压升来实现。该线路有效地在补偿电容的基础上增加一个软启动电容(C_{SS})用来产生一个非常大的阻尼响应。随着输出达到最终值,额外的阻尼逐渐减小从而只需要 330 pF 控制补偿。

图 5.1 的二极管 D_1 在 3 A 电流时有一个 0.4 V 的正向压降。该方程取决于对该点做了一个简单的假设——二极管的正向压降很小从而可以忽略。在图 5.1 的情形中,这显然不是有效的。只要输入电压能够被很好的调控,这些误差不会影响最终的结果;该线路依旧能够维持控制功能。然而,如果输入电压的范围很大,线路需要保持控制功能会比较麻烦。我们需要在每个公式里的看起来像是电感两端电压的 V_O 上增加一个二极管压降来得到准确的结果。

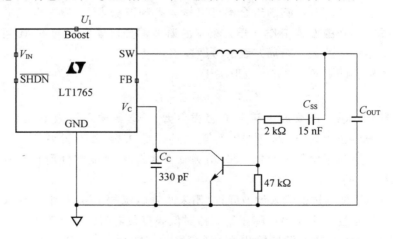

图 5.3 采用外部元件连接到补偿引脚的软启动电路

这样,占空比就变为

$$D = (V_O + V_D)/V_{\text{IN}}$$

这样 $D = (3.3 + 0.4)/5.0 = 0.74$,而不是 0.66。

占空比的改变将影响纹波电压、纹波电流值以及电感的感值。公式(5.3)给

出了一个精确的计算电感感值的公式：

$$L=(V_{IN}-V_D)(V_O+V_D)/(\Delta I\times f-V_{IN})\qquad(5-3)$$

对于图 5.1 所示的电感，其值将从 $3.6\ \mu\text{H}$ 变为 $4.0\ \mu\text{H}$。

输出均值二极管电流可从如下公式得出：

$$I_{AVG}=I_{OUT}\times(1-D)$$

对于图 5.1 的情形，如果是在满负载的情形下，二极管的功耗为 $(2.5(1-0.74)\times0.4)\ \text{W}=0.26\ \text{W}$。我们同样也需要考虑 IC 内的开关损耗。最坏情形的饱和电压是 $0.43\ \text{V}$。开关均值电流为

$$I_{AVG}=I_{OUT}\times D$$

图 5.1 中的功率是 $(2.5\times0.74\times0.4)\ \text{W}=0.80\ \text{W}$。由于开关波形斜率的原因，实际上的开关功耗会稍微高一点。数据手册给出该值如下：

$$17\ \text{ns}\times I_{OUT}\times I_{IN}\times f$$

这样，开关的整体损耗就是 $0.80\ \text{W}+0.27\ \text{W}=1.1\ \text{W}$。升压线路同样也会有功耗。数据手册给出升压线路功耗公式如下：

$$P_{BOOST}=(V_O^2(I_{OUT}/50)/V_{IN})=0.1\ \text{W}$$

在开关导通时，升压线路会拉 $70\ \text{mA}$ 的电流，所以该功耗为 $(0.07\times0.74)\ \text{A}\times0.3\ \text{V}=0.01\ \text{W}$。该功耗可以忽略不计。

最坏情形下的整体功耗为 $1.46\ \text{W}$，因而该线路的效率为 86%。

如果对输入电压为 $12.0\ \text{V}$ 的情形重新分析，我们将会发现输出二极管功耗将会在整体功率损耗中变得更显著。

$$D=(3.3+0.4)/12=0.31$$

$$P_{SWITCH}=(2.5\times0.31\times0.43)\ \text{W}+(17\times2.5\times12\times1.25)\ \text{W}=0.97\ \text{W}$$

$$P_{BOOST}=(V_O^2(I_{OUT}/50)/V_{IN})=0.05\ \text{W}$$

$$P_{DIODE}=(2.5\times(1-0.31)\times0.4)\ \text{W}=0.69\ \text{W}$$

其最坏情形下的整体功耗为 $1.71\ \text{W}$。由于占空比变小而导致开关的整体损耗变少，从而使得效率会下降至 84%。上述的两个效率值都是在最坏情形下计算而得，如果采用数据手册中 IC 特征列表中的典型值，那么效率会变得更好。同样，双极型晶体管的饱和电压会随着温度的增加而降低，这也是全功率输出所期望的。

85% 左右的效率对于采用离线电源的系统来说，例如 PC 或者消费性娱乐设备等，已经足够了。但是对于电池供电设备来说，比如采用几节电池组成的电池组来运行的移动电话，效率每额外增加一个百分点，将增加电池的寿命。图 5.4 所示为采用 LT1773 同步控制器的降压稳压器来实现一个高效率的降压转换器。LT1773 是很多 IC 厂商都有提供使用的互补对称同步控制器的典型代表。

采用 NMOS 来代替二极管的同步整流显著降低了功耗。同样，采用 PMOS

上侧晶体管消除了升压电源的需求。上侧驱动把 PMOS 栅极拉到地来导通 PMOS，反之，把它拉到 V_{IN} 就会断开 PMOS。上侧驱动通过把 NMOS 栅极拉到 V_{IN} 来导通 NMOS，反之，拉到地则断开 NMOS。当 MOSFET 导通时，电流可以从任意方向流过；而对于 NMOS 来说，导通时，电流实际是从源端流向漏端。当输出电流低时，电感电流可能会为 0。当采用二极管时，只要二极管反向偏置，电感电流会立即停止。而采用 NMOS 开关，电流会逐渐降为 0，同时开始从输出电容拉电流。LT1773 采用 SW 连接来侦测电力改变方向的时刻。当电感电流变为负值时，IC 关掉下开关。

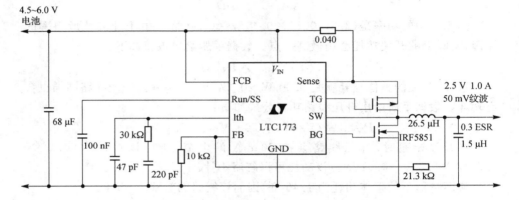

图 5.4　采用 LT1773 同步控制器的高效降压转换器

　　最大的输入电源将会决定选择怎样的 MOSFET 管。对于两个 MOSFET 管来说，栅极－源极电压将会与输入电压相等。MOSFET 管有三种基本类型：低输入、逻辑输入以及正常输入。低电压输入 MOSFET 管在 1 V 左右被导通，但是最大的栅极－源极电压仅仅是 8 V 到 10 V 左右。逻辑输入器件的最大栅极－源极电压通常是 15 V 左右，大约在 3 V 时被导通。正常输入器件的栅极－源极额定电压大约是 20 V，但是导通电压为 4～5 V。

　　同步整流控制器必须确保在关掉上侧开关和导通下侧开关之间有一个最小的时间。如果两个晶体管同时导通，将会出现破坏性的从 V_{IN} 到地的短路。在死区时间，电感电流必须继续存在——在死区时间期间，NMOS 开关内的体漏极二极管会提供电流的通路。该电流将会在二极管结存储电荷直到开关导通为止，然后电荷转为开关功耗发散出去。如果 NMOS 开关并联一个肖特基二极管，效率可能会有小幅提升。肖特基二极管不会在结点存储电荷。

　　图 5.4 所示为一个把 PMOS 和 NMOS 晶体管包含在同一个封装中的小尺寸和低成本的优化设计。相同的几何尺寸，PMOS 的导通阻抗大约是 NMOS 的两倍。如果使用单独的 MOSFET 管，就可以选择导通阻抗和下侧开关差不多相等的 PMOS。IRF5851 的 PMOS 的导通阻抗为 0.220 Ω，而 NMOS 是

0.120 Ω。本例中,功耗将是:

$(1^2 \times 0.220 \times (2.5/6)) + (1^2 \times 0.120 \times (1 - 2.5/6))$ W$=0.092$ W$+0.07$ W$=0.16$ W

在栅极充放电时,MOSFET 管也会从输入电源中拉功耗。每个晶体管消耗的电流等于整体栅极的电荷乘以频率。数据手册中所述的 NMOS 的整体栅极电荷在 4.5 V 时是 6.0 nC,而 PMOS 则是 4.5 nC。考虑到更大的 6.0 V 的 V_{GS},我们需要对栅极电荷调整。现在整体电荷分别是 $6.0 \times (6.0/4.5)$ nC$=8$ nC 和 $5.4 \times (6.0/4.5)$ nC$=7.2$ nC。MOSFET 管的总电流是 550 kHz$\times$15.2 nC$=8.4$ mA。从而有 8.4 mA$\times 6$ V$=0.054$ W 被用来驱动 MOSFET 管。其总功耗为 0.21 W,从而在最大输出时有 92％的效率。因为在驱动 MOS-FET 管时几乎没有功耗,所以随着电池放电,效率有些许改善。如果使用导通阻抗的典型值来计算,将会达到 0.106 W$+0.054$ W 的整体功耗,效率将会变为 94％。

高效率的控制器经常采用升压模式来实现低功率输出的情形。随着输出功率的降低,控制器将产生脉冲序列来对输出充电,然后在输出缓慢降至低触发电压处时——在该处,新的脉冲序列又会开始——关闭控制器。这个操作与脉冲频率调制控制器的工作很相似——与脉冲频率调制控制器不一样,它没有改变控制器的频率的单个长周期脉冲,而是产生一个或者多个固定频率下的脉冲序列,接着,几个周期后就不会有脉冲出现。因为滤波器只需要处理振荡器的频率,所以这种做法改善了 EMI 的控制。

5.3　升压转换器的设计

图 5.5 所示为一个基于 LT1680 电流模式 PWM 控制器 IC 的升压转换器。该控制器专注于采用外置大 NMOS 开关的高功率应用。其性能包括频率可调、可选的最大占空比、高开关驱动电流、软启动以及在电流感应放大器上的 60 V 共模范围。该数据手册将引导你选择设计中所需的所有元件。首先是工作频率和占空比的极限。本例是一个典型的设计,采用 100 kHz 为工作频率,最大占空比为 90％。

升压转换器不能通过控制 IC 和 PWM 线路来实现对输出短路线路的保护。二极管提供的从输入电源到输出的路径与开关路径相互独立,所以控制 IC 不能关断电流。对于升压转换器来说,限流的唯一方法就是在电源的输入或者输出端采用一个线性电流限制。如果电流限制是设计的必要项,那么这是个很严肃的需要思考的问题。如果短路线路的限流必须考量,通常比较好的方案就是采用变压器隔离设计。

电感尺寸、电流感应值、MOSFET 管以及输出电容的选择都是采用连续模式还是离散模式操作的决定的影响。离散模式操作将不能使用 IC 提供的均值电流限制函数。然而,离散模式可以使用更小的电感。

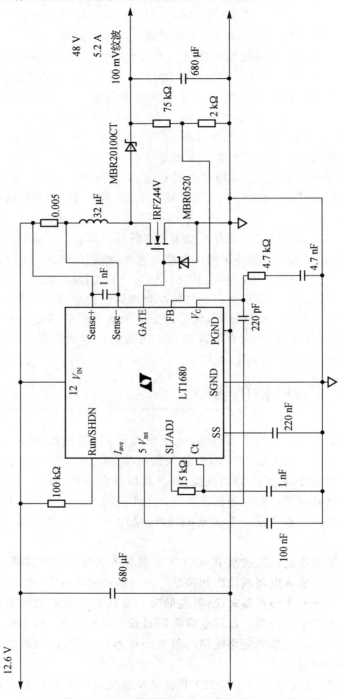

图 5.5   基于 LT1680 电流模式 PWM 控制器的升压转换器

离散模式在瞬态响应、斜坡补偿以及开关损耗等方面有优势。离散模式的瞬态响应快——特别是输出电流迅速降低时。因为每个周期电感电流都会变0，所以通过缩短占空比从而使得在下一个周期来调整输出电流上的突降是可行的——这就是所谓的甩负荷。为适应负载电流的快速下降，唯一需要做的就是把存储在电容中的最后一个脉冲电流拉下来。没有电感电流来损耗。同样，因为大量新增的电流可以通过占空比和峰值电流的增加来产生，输出电流的快速增加能够迅速适应。另一优势在于线路不受次谐波振荡的影响，也不需要斜坡补偿。因为当开关导通时，电感电流是 0，同时开关节点电压是 0，所以没有开关功耗。零电流导通开关对于开关损耗来说，是最好的情形。

离散操作的缺点在于峰值电感电流、峰值开关电流以及纹波电流都很大。大的纹波电流需要大的输出电容容值，同时其 ESR 值小。同样，开关就会出现很大的峰值对平均电流比，从而使得必须有一个很大的峰值电流等级。总输出功率受限于峰值电感电流，而峰值电感电流又受限于电感的饱和特性。一旦电感饱和，就不能储存额外的能量，同时电感电流不再受控于外施电压，从而导致开关电流可能迅速增加。如果电感饱和，开关可能会被损坏。纹波电压是离散操作时的负载电流的函数。大的输出电流可以直接转变成大的纹波电压。

连续模式在纹波电流、峰值电感电流、峰值开关电流以及最大输出功率等方面有优势。因为储存在电感中的所有能量必须流入负载，所以对于输出电流的快速减小的甩负荷会出现问题。尽管开关被断开数个周期，但因为储存在电感中的能量，输出电压还是可能迅速增加。连续模式中的缓慢的瞬态响应使得软启动变得格外重要。没有软启动时，缓慢的瞬态响应将很可能使得输出电压出现大的过冲。本质上，软启动把起动过程中非常缓慢的瞬态响应以及正常过程中的快速瞬态响应结合在一起。连续模式的低纹波电流通过采用低容值和高 ESR 的输出电容来获得合理的纹波电压。连续模式的纹波电压是恒定的。

因为开关导通时会全电压输出且会承载完整的电感电流，所以开关在连续模式中一定会有一个较大的额定功率。对于开关中开关损耗来说，这是最坏情形。连续模式操作需要对占空比大于 50% 时的情形进行斜坡补偿。而斜坡补偿则要求电感的感值最小，从而确保斜坡补偿可控。越大的电感就允许越大的输出功率，但是会牺牲瞬态响应。

既然该应用是具有相对恒定的输出功率的 48 V 的电信应用，本例将采用连续模式操作。再次强调，我们将选择并设定纹波电流等于全电感电流的 10%。对于降压转换器，峰值电感电流等于输出电流加上纹波电流的一半——这与升压转换器不同。基于在开关闭合时储存在电感中的能量等于传输给负载的能量的前提，我们开始进行设计：

$$V_{IN} \times I_{L-AVG} \times D = (V_{OUT} - V_{IN}) \times I_{OUT} \qquad (5-4)$$

对于升压转换器来说，$D = (V_{OUT} - V_{IN})/V_{OUT}$

对公式进行变换,得出电感均值电流为

$$I_{L-AVG} = (V_{OUT} \times I_{OUT})/V_{IN}$$

代入最大负载情况,得出:

$$I_{L-AVG} = (5.2 \times 48.0)/12 = 20.8 \text{ A}$$

峰值电流即为 20.8 A + 纹波电流的一半 = (20.8 + 2.1)A = 22.9 A。

现在,我们开始来选取电流感应电阻。从数据手册中可知:

$$R_{SENSE} = 120 \text{ mV}/I_{LIMIT}, \text{ 所以 } R_{SENSE} = 0.12/22.9 \text{ } \Omega = 0.005 \text{ } \Omega$$

注意 R_{SENSE} 是放置在电感和输入电源之间的。它也可被放置在电感和开关之间,但是可能会给电流感应放大器带来问题。把电阻放置在电源输入端可以保持电流感应放大器的共模电压稳定,同时接近电源电压。把感应电阻放置在电感的开关端将导致共模电压在每个周期内会从 0 值到全输出电压范围的变动。而由有限的共模抑制引起的额外的 AC 电压将会干扰电流感应放大器的正常运作。

可以使用电感公式来求取升压转换器的公式(5-1)的等效公式

$$L = V_{IN} \times (V_{OUT} - V_{IN})/(\Delta I \times f \times V_{OUT}) \tag{5-5}$$

代入图 5.5 中的数值,可得

$$L = 12.0 \times (48 - 12)/(2.8 \times 100 \times 48.0) = 32 \text{ } \mu H$$

下一个需要确定的是开关晶体管。在 100 kHz 时,MOSFET 管是唯一合理的选择。MOSFET 管的击穿电压必须高于输出电压。因为开关需要有少量的安全幅值。IRFZ44V 的最小击穿电压为 60 V,安全幅值大约为 25%。我们也需要确保有足够的电流能力和功耗。

本设计的峰值电流为 22.9 A,而该元件的额定连续电流为 39 A(100 ℃),所以本设计可以正常工作。最后需要考虑的是足够的功耗。最坏情形下的占空比为 90%,而最大电流为 22.9 A。最坏情形的导通阻抗为 0.0165 Ω,因此最大的功耗为 22.9 × 22.9 × 0.0165 W,也就是 8.7 W。LT1680 的数据手册上表明当具有 1800 pF 的 IRFZ44V 时,其上升和下降时间为 50 ns。所以从 IC 数据手册中数据来看,可以假设上升时间和下降时间相同。开关损耗为

$$50 \text{ ns} \times I_{PK} \times V_{OUT} \times f = 50 \text{ ns} \times 22.9 \times 48 \text{ V} \times 100 \text{ kHz} = 5.5 \text{ W}$$

14.2 W 的总功耗是在带有合适的散热器的开关的承受能力之内的。

峰值二极管电流等于峰值电感电流,因此我们需要一个 23 A 额定峰值电流同时击穿电压至少要和输出电压一样大的二极管。二极管的占空比比开关占空比要小很多,因此均值电流比峰值电流要小很多。MBR20100CT 双肖特基二极管的幅值更大,它可以给每个元件提供 100 V 击穿电压、20 A 电流以及 0.9 V 的正向压降。最坏情形下的功耗发生在短时间内的负载突降时——而此时全峰值电感电流还在继续流动。此时的功耗为 0.9 A × 22.9 A,也就是 20.6 W。当二极管占空比为 25% 时,其平均功耗为 5.1 W。因而需要在二极管上安装散

热器。

　　输入和输出噪声问题与降压转换器的情况相反。升压转换器的输入电流（在连续模式下）是恒定的，其纹波电流等于电感的纹波电流。这样对滤波的要求就相对简单些。因为是三角波，而不是方波，所以滤波的工作也相对容易些。可以估算 RMS 的纹波电流大概为 $0.707 \times$（峰值纹波电流$/2$）。这不是个精确值，但无需准确值。不管怎样，都需要一定的裕度，所以小小的误差可以转换为构成裕度的因素之一。

　　施加到输出电容上的输出电流本质上是锯齿波，其峰值电流等于峰值电感电流。由于纹波电流非常大，所以输出电容的 ESR 非常重要。

　　RMS 纹波电流可以通过如下公式来计算：

$$I_{RMS} = I_{PK}(D - D^2) \tag{5-6}$$

　　同样，我们可以采用降压转换器设计的流程，把 $1/3$ 的纹波电压分配给电容阻抗，$2/3$ 的纹波电压给输出电容的 ESR 值。正如降压转换器一样，由于 ESR 值很大，可以最终通过增加更多电容容值来满足纹波电压和电容散热要求。

　　升压设计本身不会同步整流。但是同步整流是可行的，只是必须使用分立元件。我发现仅有一款升压 IC 可以实现同步整流。升压转换器采用二极管作为整流器，这样会降低最佳效率。在那些占空比大约是 50% 的应用中，二极管耗散会比开关耗散大很多。该设计的效率大约为 89%。

　　图 5.6 所示为升压转换器的电池应用，其输入连接到一节锂电池或者几节镍氢电池。MAX1896 是低成本的、具有超小尺寸的 6 引脚的 IC。它是电流模式 PWM 控制器，能够实现所有的电流模式功能，包括斜坡补偿、回路补偿、开关频率以及 IC 内的电流感应。由于电感可以很小，同时滤波电容也可以是陶瓷电容或者钽电容，所以在 1.4 MHz 下工作有助于其体积的减小。控制线路采用脉冲跳跃技术来实现其在低输出电流下的工作。

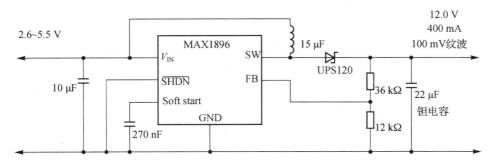

图 5.6　基于镍氢电池或者锂电池工作的升压转换器的实例

　　该 IC 利用单片电路上的参数控制，这是可行的。既然 FET 开关的导通阻抗很好控，所以它可以被用来作 PWM 线路中的电流感应。当开关导通时，L_x

引脚上的电压与电感电流直接成比例。0.7 Ω 导通阻抗的两端的电流感应把电流触发点设置为 550～800 mA。而限流则是导通阻抗和斜坡补偿的函数（也是占空比的间接函数）。

该线路与之前的实例有所不同，之前的实例都有一个相当稳定的输入电压。而电池电压在使用时会发生重大的改变。在镍氢电池快用完时，电压的降速会相当快。因而我们不得不设计一个最低输入电压允许线路以确保有足够的占空比来把足够的能量储存在电感上。另外，我们必须选择纹波电流。可以选择 100 mA 的较大纹波电流——因为高频时允许使用相对小的电容，同时还具有小纹波电压。通过图 5.7 和公式（5-5），可得我们所需值：

$$L = 2.6 \times (12.0 - 2.6) / (0.10 \times 1.4 \text{ MHz} \times 12.0) = 15 \ \mu\text{H}$$

1.4 MHz 开关频率允许甚小滤波电容可以是钽电容或者陶瓷电容。内部补偿线路依赖于由钽电容及其 ESR 值所提供的低频零点。如果使用的是陶瓷电容，甚低 ESR 值将会把零点置于超高频率段。陶瓷电容的另外一个问题是等效电感很大。电感和小 ESR 值构成一个复杂的回路方程。数据手册提供了必要的用来计算前馈电容的数据，当使用陶瓷电容时，该前馈电容将外部补偿反馈回路。

该线路有一个内部软启动线路，仅需要一颗电容来设置软启动时间。同时，它会限制开关电流直到软启动引脚电压达到 1.5 V 为止。可以使用比较器电压和 4 μA 软启动电流来计算软启动时间所要求的电容值。本例需要 100 ms 软启动时间，因此，使用电容、电荷以及电流的定义，可知：

$$电荷总量 = 电流 \times 时间 = 4 \ \mu\text{A} \times 100 \text{ ms} = 400 \text{ nC}$$
$$C = Q/V = 400 \text{ nC} / 1.5 \text{ V} = 266 \text{ nF}$$

因此需要 270 nF 标准值来作为软启动电容。

5.4　反相设计

图 5.7 所示为采用 MAX1846 反相控制器的一个反相设计。该控制 IC 适合于最大参数控制与小尺寸相互平衡的全功能设计。它的另外一个应用是通过它可以实现大量镍氢电池的输出。而该控制 IC 的 3.0 V 最小输入电压决定了不能使用单个锂电池来供电。

首先需要选择开关频率。该控制器的频率可以是 100～500 kHz。根据 P 沟道 FET 的要求，本设计的效率取决于开关频率。而由于它们是少数载流子器件，所以 P 沟道 FET 的开关损耗比 N 沟道要大。我们需要通过具有更小尺寸的元件和更高频率的性能的改善来平衡开关动态损耗。另外一个对开关频率进行限制的参数是相对于开关频率的最大占空比。该控制器具有 400 ns 最小关闭时间，从而使得其最大占空比会随着频率的增加而降低。随着绝对输出电压

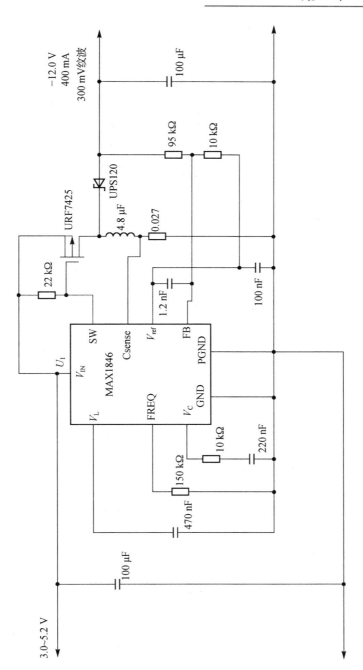

图 5.7 采用 MAX1846 反相控制器的反相设计

对输入电压之比的增加,最大占空比也增加。对第 2 章公式(2 - 10)变形,得出
占空比为输入和输出电压的函数:

$$D = V_{\text{OUT}} / (V_{\text{OUT}} - V_{\text{IN}})$$

代入数值，可知最大占空比为

$$D = (-12) / (-12 - 3.0) = 80\%$$

数据手册显示 80% 最大占空比的典型值出现在 500 kHz 开关频率时。由于 IC 的最坏情形不能达到 80% 占空比，所以 500 kHz 开关频率的裕度不满足。我们可以选择 400 kHz 的开关频率来提供所需裕度。

本例中电源适应于可能有大的瞬态电流的模拟系统，所以需要设计一个适应快速瞬态响应的电源。公式 (5-4) 所表达的关系同样适应于反相设计。

$$V_{\text{IN}} \times I_{\text{L-AVG}} \times D = V_{\text{OUT}} \times I_{\text{OUT}}$$

代入占空比，同时变形，可得

$$I_{\text{L-AVG}} = (V_{\text{OUT}} - V_{\text{IN}}) \times I_{\text{OUT}} / V_{\text{IN}} = (-12 - 3.0) \times -0.5 / 3.0 = 2.5 \text{ A}$$

$$(5-7)$$

注意，为输出电流和输出电压使用合适标注很重要！可以选择纹波电流等于最大负载时均值电感电流的一半。本例给出了 3.13 A 的峰值电感电流。在最大负载以及最小输入电压时设置如此高的纹波电流很可能引起系统在非常轻的负载和最大输入电压的情况下进入离散模式。当电源工作在连续模式时，纹波电流是恒定的。一旦电源在低输出电流的情况下进入了离散模式，纹波电压将会更低。因为不同模式的环路增益不同，所以在实验室同时验证连续和离散操作的环路的稳定性就很重要。

再次使用电感方程，并变形得

$$L = (V_{\text{IN}} \times V_{\text{OUT}}) / ((\Delta I \times f) \times (V_{\text{OUT}} - V_{\text{IN}}))　　　(5-8)$$

代入图 5.8 所给出的值，可得

$$L = (3.0 \times (-12.0)) / ((1.25 \times 400 \text{ kHz}) \times (-12.0 - 3.0)) = 4.8 \ \mu\text{H}$$

图 5.8 给出了针对输入和输出的工作参数。假设在连续模式下工作，采用最小输入电压和最大输出电流来决定电感尺寸。同时采用最大输入电压和最小输出电流来观察离散模式的影响。

满电荷电池的占空比为

$$D = (-12.0) / (-12.0 - 4.2) = 0.74$$

对公式 (5-8) 变形来求解 ΔI，可得

$$\Delta I = \frac{(V_{\text{IN}} \times V_{\text{OUT}})}{L f (V_{\text{OUT}} - V_{\text{IN}})} = \frac{4.2(-12)}{(4.8 \ \mu\text{H} \times 400 \text{ kHz})(-12.0 - 4.2)} = 1.62 \text{ A}$$

$I_{\text{L-AVG}}$ 等于由连续模式切换到离散模式的那点的 $\Delta I / 2$。对公式 (5-7) 变形可得出 I_{OUT} 的值：

$$I_{\text{OUT}} = (I_{\text{L-AVG}} \times V_{\text{IN}}) / (V_{\text{OUT}} - V_{\text{IN}}) = (0.81 \times 4.2) / (-12 - 4.2) = 210 \text{ mA}$$

该结果表明，当电池是满电荷或者负载电流低于 210 mA 时，本设计将会是在离散模式下工作。

采用电流模式 IC 的反相电源会有固有的短路电流限制,这是因为开关把电感和输入电源断开,输出短路电流将受限于峰值电感电流。

电流感应电阻的阻值取决于最大输出时的峰值电感电流,采用数据手册中的公式可知:

$$R_{CS} = 0.085 \text{ V}/I_L = 0.085/3.13 \text{ A} = 0.027 \ \Omega$$

开关门控电压等于输入电压,这就意味着需要找到一个元件能够在 3.0 V 时完全导通。漏-源电压等于输入电压加上输出电压,这样击穿电压必须大于 16.2 V。最后一个需要确认的参数是峰值漏电流。本设计的电源本身有 3.13 A 的峰值电感电流。IRF7425 是满足这些条件的合理器件。

对于反相设计来说,输入电容电流和输出电容电流都是离散的。输入/输出的波形都是峰值等于峰值电感电流的锯齿波。ESR 值和额定纹波电流是输入和输出电容的重要考量。输入滤波 Q 值的考量以及负输入阻抗和降压转换器一样。RMS 输入电容电流通过如下表示:

$$I_{RMS} = I_{OUT}(D/(1-D))^{\frac{1}{2}}$$

5.5　升压-降压设计

图 5.8 所示为基于 MAX641 降压-升压转换器的升压-降压的设计。

MAX641 作为调节升压转换器,用于固定输出的应用。它本身能够用来进行升压-降压设计主要是因为它有互补驱动引脚。L_x 通过内部 MOSFET 管来驱动,而 Ext 引脚则是在高功率设计中用来驱动外部 MOSFET 管开关。V_{OUT} 引脚实际上是用来给 IC 内部线路供电的引脚。在正常的升压模式中,电感会供电以引导系统。在本设计中,需要把 V_{OUT} 和 V_{IN} 引脚连在一起来给 IC 供电。

本设计的方法和反相设计相同。连续模式的占空比公式为

$$D = V_{OUT}/(V_{IN} + V_{OUT})$$

最大电感电流将在输入电压低于输出电压且系统处于升压转换器的状态时发生。公式(5-4)同样可以应用此设计。

$$V_{IN} \times I_{L-AVG} \times D = V_{OUT} \times I_{OUT}$$

代入占空比后,变形可得

$$I_{L-AVG} = (V_{OUT} + V_{IN}) \times I_{OUT}/V_{IN} = (4.0 + 6.0) \times 1.0/4.0 \text{ A} = 2.5 \text{ A}$$

可以选择等于最大负载时的 20% 的电感均值电流的纹波电流。它有 2.75 A 的峰值电感电流。同时我们需要使用最小输入电压来选择足够小的电感,从而允许足够多的电流流过。

再次使用电感方程,并根据此转换器来变形,可得

$$L = (V_{IN} \times V_{OUT})/((\Delta I \times f) \times (V_{OUT} + V_{IN}))$$

代入图 5.9 所给出的值,可得

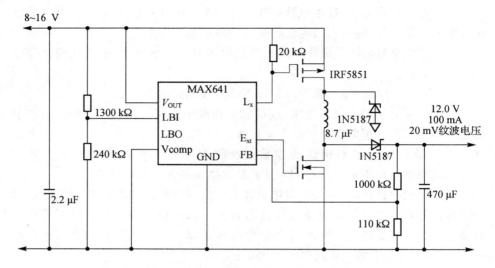

图 5.8　基于 MAX641 降压-升压转换器的升压-降压设计

$$L = (4.0 \times 6.0)/((0.5 \times 550 \text{ kHz}) \times (4.0 + 6.0)) = 8.7 \ \mu\text{H}$$

MOSFET 管的选择遵循之前的标准。首先,需要基于栅极电压,然后基于漏极电压,最后确保有足够的额定电流。

由于需要额外的开关和二极管,所以该设计相当昂贵。这些增加的元件增加了物料成本,同时还会降低效率。另外一种把额外开关和二极管的成本转嫁给额外电感和电容的成本的设计是单端初级电感转换器(SEPIC)设计。图 5.9 所示为典型的 SEPIC 设计。

作者搜遍了所有 IC 厂商的网站,仅有 3 个关于 SEPIC 转换器的设计的相关信息,且没有对 SEPIC 转换器有足够详细的描述。它们是 TI(Unitrode)公司的 DN48、Maxim 公司的 AN1051 以及在 2002 年 10 月 17 日出版的 EDN 杂志上关于国际半导体公司的一篇文章。

描述 SEPIC 转换器(以及 SEPIC 的变种——Cuk 和 Zeta 转换器)的最好方式是开始把该线路想象成和一个 RC 电压耦合放大器级类似。在 RC 放大器中,负载电阻允许主动器件(如设计实例中的开关)通过电阻消耗来改变电流大小,从而提供不同的电压。AC 电压通过电容——交流时电容相当于短路——和负载线路耦合。电容阻断来自负载的直流施加到放大器上。在 RF 端,电阻可以用线圈来替代,从而使得放大器的功耗变小。方波电流会流入负载线路中,而负载线路中的二极管、电感以及滤波电容会把交流转换成直流输出电压,正如降压转换器一样。

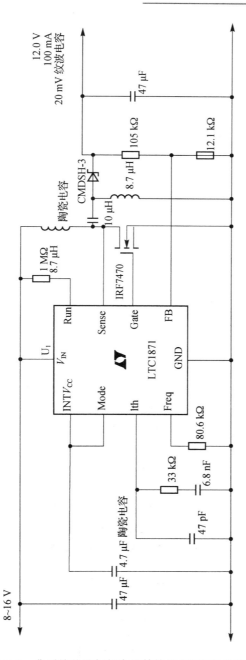

图 5.9　典型的单端初级电感转换器(SEPIC)设计

　　只要两个电感感值相同,那么 SEPIC 中的电感会有相同的电压和电流。SEPIC 线路通常采用相同感值的电感进行设计以此简化设计,但是相同感值的电感并不是强制的。如果电感感值相同,两个电感可以绕在相同的磁芯上。

DN48 给出了合理的设计流程。SEPIC 的电感以及占空比公式与图 5.8 所涉及的降压-升压设计相同。

首先,选择开关频率。接着,计算最大电感电流。最大电感电流将在输入电压低于输出电压且系统处于升压转换器时发生。

$$I_{L-AVG} = (V_{OUT} + V_{IN}) \times I_{OUT} / V_{IN} = (4.0 + 6.0) \times 1.0 / 4.0 \text{ A} = 2.5 \text{ A}$$

选择等于最大负载时的电感均值电流的 20% 的纹波电流。这样就有 2.75 A 的峰值电感电流。我们需要根据最小输入电压来选择足够小的电感,从而使得有足够多的电流流过。

再次使用电感公式并根据该转换器变形,可得

$$L = (V_{IN} \times V_{OUT}) / [(\Delta I \times f) \times (V_{OUT} + V_{IN})]$$

代入图 5.9 中的数据,可得

$$L = (4.0 \times 6.0) / [(0.5 \times 550 \text{ kHz}) \times (4.0 + 6.0)] = 8.7 \text{ } \mu H$$

这就是两个电感的感值。

下一步就是决定耦合电容的 RMS 纹波电流。

DN48 给出了如下公式:

$$I_{C\_RMS} = \{I_{OUT}(\max)^2 \times D(\max) \times I_{IN}(\max)^2 \times [1 - D(\max)]\}^{\frac{1}{2}}$$
$$= \{1 \times [4/(4+6)] \times 2.5^2 \times [1 - (4/(4+6))]\}^{1/2}$$
$$= 1.22 \text{ A}$$

因此必须选择有处理该纹波电流能力的耦合电容。

选择输出电容来产生所要求的纹波输出,再次把纹波电压的 2/3 分配给 ESR,1/3 分配给 X_C。输出纹波通过如下公式给出:

$$I_{RMS} = I_{OUT}(D/(1-D))^{1/2}$$

采用在降压转换器章节中所涉及的公式来计算电容值,从而决定所需的 ESR 值。

MOSFET 管的栅极电压通过内部电压稳压器被设置为 5.2 V。这就需要一个逻辑电平的 MOSFET 管。漏极电压等于 $V_{IN} + V_{OUT}$。峰值 MOSFET 电流等于 $I_{IN} + I_{OUT}$。峰值二极管电流以及峰值反向电压等于 MOSFET 管的电流和电压。

5.6　电荷泵设计

在进行电荷泵设计之前,需要熟悉以下设计流程:

(1)基于输出功率、物理尺寸、输入电压等来选择 IC。输入电压与输出电压之比将决定是否采用降压、升压或者反相转换器。同样也需要基于是否需要输出电压稳压器来选择 IC。

(2)选择开关频率(是否可以调整)以及飞电容容值。

(3)选择输出纹波电压并基于此来选择输出电容。

图 5.10 所示为带有输出稳压器的升压电荷泵。LTC3200 - 5 将生成超过单节锂电池输入范围的 5.0 V 电压。这是典型的电荷泵 IC,其外围元件非常少。它只需 3 颗电容来把未调整的电压转换成稳定的 5.0 V。IC 内部也有对反馈电路的分压器,从而把输出电压设定为 5.0 V。

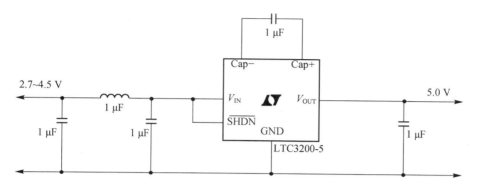

图 5.10　带有输出稳压器的升压电荷泵电路

正如第 2 章所提到的,电荷泵有一个等效电阻为

$$R_{EQ} = 1/(f \times C_{FLYING})$$

只要等效电阻比内部开关电阻大很多。该等效电阻是功耗源之一。可以通过使用较大容值且 ESR 占主导地位的飞电容来减小功耗。

数据手册不建议采用钽飞电容或者铝电解飞电容——因为这些类型的飞电容在电源起动时可能有负电压。对于这些电容来说,任何时候都不是好的选择,因为它们在 2 MHz 开关频率时有很大的 ESR 值。

电源的效率取决于输出与输入电压的比值。电荷泵的开关属性在非常轻的负载下,且输出电压是两倍输入电压时,将接近 100% 的效率。随着负载的增加,电容内 ESR 以及内部电阻上的损耗也将增加。由于等效开关阻抗而引起的损耗也会随着负载电流的增加而增加。正如数据手册上所示,这些损耗将对在非常低的输入电压下的输出电流进行限制。

为了把电压调节到低于输入的两倍电压,IC 必须为 2.7 ～ 5.0 V 的输入电压消耗功率。在这种情况下,其工作原理与线性稳压器很相似。在 5.0 V 的输入电压时,效率会掉到 50%。

数据手册建议三颗电容的容值为 1 μF 足矣。在内部开关阻抗开始占主导地位之前,最大输出电流取决于飞电容的尺寸。数据手册给出了针对于两输入电压以及采用 1 μF 飞电容时的温度与等效阻抗的关系。开关等效阻抗是 1/($f \times C$),也就是 0.5 Ω。

接着,我们基于所需纹波输出来选择输出电容。我们选择 ESR 为 0 的陶瓷电容,从而使得容抗为纹波的主要来源。

$$V_{P-P}=I_{OUT}/(2\times\pi\times f\times C)=40\text{ mA}/(6.28\times2\text{ MHz}\times1\ \mu\text{F})=3\text{ mV}$$

之所以使用 I_{OUT},是因为占空比为 50%,且输出电流本质上是方波。

　　因为在飞电容充电时以及电流流向输出时,输入电流本质上相等,所以输入电容的容值对纹波的影响相对小。有一个非常短的时间会使得非交叠时钟驱动开关全部断开。对于 LC3200 - 5 来说,该时间大约是 25 ns。这么短的 RMS 脉冲幅值非常小。然而,上升时间和下降时间依旧相当快,所以电容必须放置在非常接近 IC 的位置,以确保输入的电感不会生成谐振电路,从而导致振铃发生。图 5.10 所示为一个电感和一个电容构成的 II 型滤波器,用来对输入电压上的噪声反射进行额外滤波。

　　图 5.11 所示为带输出稳压器的电压反相电荷泵。再次,该 IC 提供了带少量外围元件(四颗电容和两颗电阻)的稳定输出电压。通过在充电阶段对输入电源两端的并联飞电容充电来让 IC 工作。在放电过程,开关将重构为两颗飞电容串联的结构来产生两倍于 V_{IN} 的负电压。

　　Maxim 公司把该稳压机制称为 PFM 控制,但是其实质为脉冲坠。时钟以恒定的 450 kHz 的频率运行,同时控制线路根据要求来拉低脉冲以保持输出在控制范围以内。

　　我们可能注意到输入电压上连接了一颗反馈电阻。由于输入引脚的电压必须在地以上,因此该电阻是必须的。由于输入线路使用输入电压做参考,因此图 5.11 中的设计要求输入电压必须稳定,或者提供另外一个输入电压,就是稳压器的参考电压。数据手册建议把 R_2 设置在 100~500 kΩ 之内以限制分压器的电流。然后采用数据手册中的公式来计算 R_1:

$$R_1=R_2\times(|V_{OUT}|/V_{REF})$$

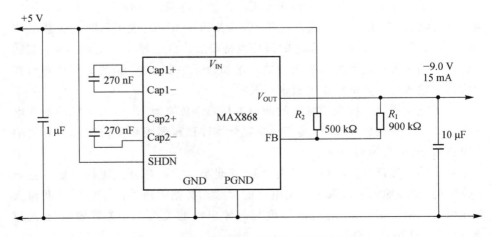

图 5.11　带有输出稳压器的电压反相电荷泵

数据手册也提供了公式来计算 C_1、C_2 以及 C_{OUT} 的值。

对于给定 C_1 和 C_2 的值,可以验证需要满足其设计目的的最大输出电流。Maxim 给出了一个方程式而不是公式来计算电容的容值。

$$I_{OUT(MAX)} = \frac{2V_{IN} - |V_{OUT}|}{\dfrac{4}{f_{max} \times (C_1 + C_2)} + R_{OUT} \times \dfrac{10 \text{ V}}{V_{IN} + |V_{OUT}|}} \tag{5-9}$$

数据手册选择 450 kHz 作为最大频率,70 Ω 为等效输出阻抗。方程式(5-10)是把方程式(5-9)中的 C_1 和 C_2 的容值设为无穷大的结果。如果仅仅基于电压和 IC 的特性的考虑,那么就会产生绝对最大电流。把 5.0 V 输入和 -9.0 V 输出代入公式看是否能够获得 15 mA 的电流输出。

$$I_{OUT(MAX)} = \frac{(2 \times 5.0) - |-9.0|}{70 \times \dfrac{10 \text{ V}}{5.0 + |-9.0|}} \tag{5-10}$$

这表明可以使用该器件来满足电流设计。公式(5-10)的分母是 50,这样可以获得合理的 C_1 和 C_2 的容值。对于 15 mA 的输出电流,公式(5-9)的分母是

$$66.6 = 1/0.015 \text{ mA}$$

公式(5-9)的分母中的电容容值就可以采用如下公式来估算:

$$66.6 = \frac{4}{450 \text{ kHz} \times (C_1 + C_2)} + 50$$

从而求得

$$C_1 = C_2 = 0.27 \ \mu F$$

数据手册也给出 X_C、R_{OUT} 以及 ESR 的公式,如下:

$$V_{RIPPLE(P-P)} = ((2 \times V_{IN}) - |V_{OUT}|) \times \left[\frac{1}{1 + \dfrac{4C_{OUT}}{C_1 + C_2}} + \frac{ESR}{R_{OUT}} \right]$$

R_{OUT} 等于 70 Ω,陶瓷电容的 ESR 不会对此有影响。对于 C_{OUT} 来说,10 μF 是比较合理的。这样,产生的纹波电压为

$$V_{RIPPLE(P-P)} = ((2 \times 5.0) - |9.0|) \times \left[\frac{1}{1 + \dfrac{4 \times 10 \ \mu F}{0.27 \ \mu F + 0.27 \ \mu F}} \right] = 13 \text{ mV}$$

钽电容在该电容容值范围和电压范围内(取决于制造商和技术)将会有 0.5 ~3 Ω 的 ESR 值,因此纹波电压会比陶瓷电容大很多。

因为对于反相电源来说,IC 在对飞电容充电时只会拉电流,所以输入电容的 ESR 会很重要。峰值输入电流是输出电流的两倍。如果把 V_{IN} 作为参考电压,纹波输入会更加重要。再次强调,具有低 ESR 值的大容量陶瓷电容是比较合适的。

5.7　布局布线的考虑

在初级电子工程师课程中使用到的基本的白原型板将在可能高达 20 kHz 开关频率的小电源下工作。许多实用的电源不再在如此低的频率下工作。现代开关稳压器将在 100 kHz 到几兆赫兹频率下运行。开关波形的谐波可以延展到甚高频级别。不使用良好布局布线的 PC 板一定会产生令人失望的结果（有可能会冒烟）。

有两个问题需要我们考虑。首先是对电源线路的布局布线，确保其不会被自身干扰。第二是如果电源放置在靠近敏感线路时，电压和潜在的大电流密度可能会怎样对系统的其他部分进行干扰。

奔腾 CPU 可以拉 40 A 电流，因此即使是 10 mΩ 的电阻也会产生 0.4 V 的压降。在这样的电源下，把低电平信号和整流器以及开关的高电流路径隔离就很重要。人们很容易忽视这样的电流的磁场后果。该电流流经的每个环路都是容易忽略的单圈电感。本例可能会产生多达 10 A 的交流磁场，它能容易地与电源以及其他线路中的邻近的 PCB 印制线以及回路耦合。也许奔腾 CPU 是一个极端情况，但是这也说明在开关电源中有多容易让其他无关紧要的布局布线的选择变得重要。

图 5.12 所示为来自 LT1871 数据手册中的 PCB 布局布线和相关线路。这是一个很好的布局布线的实例。图中没有显示 PCB 的底层布局。在底部需要很大的从板的右边延伸到 IC 的接地引脚的过孔的连续地面。地平面应该在该点变窄，然后延展到时序和测量线路的通孔。这体现在线路中的接地引脚与线路左边的元件之间的狭窄的地平面。

布局布线的首要考虑是要意识到输入电源的地面电流会直接流入到输出线路。草图已经体现了 PC 主板上的元件是怎样进行物理布局的。所有的开关元件以及 C_{IN} 和 C_{OUT} 都会互相靠近摆放，并远离连接到 LT1871 的信号地。IC 的接地连接是信号量测线路的一部分，所以任何由于从输入电容流向输出电容的开关电流所引起的电压的改变可能改变施加给 IC 内部检测线路上的电压。在 MOSFET 管切换的过程中，IC 外的地面电流也可能会相当大。在开关的开闭过程中，峰值门控电流有可能是数百毫安，这就要求在 IC 的接地引脚和 C_{IN} 和 C_{OUT} 的公共点之间要有相当大的印制线。需要注意的是，顶层地面区域很大，同时 IC 的接地引脚在地面区域的一个角上，从而限制由于在地面区域上从 C_{IN} 流向 C_{OUT} 的交流引起的电压改变。本设计中的绝大部分直流都会在主板底层的地面流动（没有在图 5.12 上显示）。图 5.12 所示为 V_{IN}、V_{OUT} 以及地之间的连接。在 C_{IN} 和 C_{OUT} 之间需要把输入和输出之间的地进行连接以便电流从开关元件的通孔附近流过。

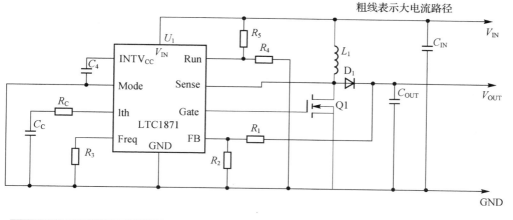

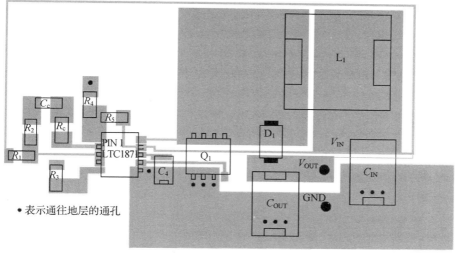

图 5.12　典型的采用 LT1871 的 PCB 布局布线以及电路设计

　　反馈电阻和电流检测输入的连接应该离开关驱动的线路以及开关与电感之间的线路越远越好。再次强调,在这些线路中会有很大的交流,如果太靠近这些线路,将会形成单圈电感,从而产生相当大的电压而导致线路的线性部分被干扰。有两个主要的磁性环路。首先是由 L_1、C_{IN} 和 Q_1 组成的环路。第二个是有 C_{OUT}、D_1 以及 Q_1 组成的环路。我们可以通过选择尽量保持印制线小且尽量让它们在一起来最大限度地减小测量电路的磁感应。这样就可以减小环路面积和感应电压。

　　对于电荷泵也有同样的考虑,因为它的开关电流也可以很大。需要把 IC 的公共连接点、C_{IN} 和 C_{OUT} 靠近摆放,同时如果转换器需要被调节的话,需要保持回路远离反馈输入。

在现代开关电源的频率下,尽可能采用宽的印制线这是很重要的。即使一条半英寸的窄印制线也有数十皮法的感值。本章所有的设计规范都假设其线路上的寄生元件已经最小化了。如果在 PC 主板上不经意地设计了寄生电感,当开关开闭时,就有可能产生意外的额外电压并施加给元件上。如果可能的话,使用贴片元件,而不使用通孔元件可以减小元件引脚上的寄生电容。

118

第 **6** 章

变压器隔离电路

Raymond Mack

变压器隔离开关电源拓扑相对于非隔离拓扑来说,有太多的优势。主要有三大优势:可以很容易从同一个变压器产生多个输出电压;变压器创造了一个从输入到输出的天然的介质边界;同时输入电压与输出电压相互独立。但不幸的是,对于制造商来说,多绕组磁性元件比简单的电感要昂贵很多,但是该缺点有可能在整体系统成本中又有吸引力。

变压器隔离拓扑可以被用来产生多个输出非隔离转换器或者介质隔离系统的一部分,例如浮动传感器电路。它们都是很灵活的。

变压器隔离拓扑也可以用作所有 $48V_{DC}$(电信输入总线电压)和 AC-DC 转换器的主要部分。由于变压器的结构而带来的隔离效果所产生的优势,它在输入和输出之间有数千伏的危险应用中起到了很重要的作用。第 11 章会详细介绍。

要测试这些电源,比较好的方式是把示波器的对地连接与带有接地隔离插头的其他仪器之间进行隔离,否则将会把不同的隔离线路连接到一起,从而可能导致起火。

Ray Mark 在对这些线路进行理解的基础上进行了深入的研究。

——Marty Brown

本章将着重介绍变压器隔离转换器的具体设计。其主要的应用在于离线电源的设计,但是这些设计在需要安全隔离或者输入电压可以在输出电压上下变化的场合也有用。正如第 5 章所述,所有的设计表明这里需要采用电流模式 PWM 控制,因为其对环路稳定和电流控制都有益。

6.1 反馈机制

以下部分适用于变压器用来做隔离的电路应用,如在离线电源中的设计。

其输出能够直接连接到没有隔离要求的控制 IC 中。

大部分的变压器线路采用变压器的磁感应线路来对初级线路和次级线路进行电隔离。把控制 IC 放置在电源的输入端要求控制 IC 的输出电压的反馈必须跨越隔离隔栅。如果该 IC 是跨越隔离电源来供电,那么开关控制必须跨越隔离隔栅。

采用光耦合器是把输出电压信息跨越隔离隔栅传输到在初级线路上的控制 IC 的最容易的方法。通常来说,光耦合器会在 LED 和光敏晶体管之间提供 2500 V 的隔离电压。光耦合器有几个特性会使得其在实际应用的性能达不到理想情况。然而,它依旧是比较合理的器件——因为与变压器相比,它相对廉价些。第一个问题是从一个单元到另一个单元的传送函数存在很大的变化。这个电流传输率的改变会引起从一个单元到另外一个单元的环路方程上存在很大的变化。考虑到光耦合器的最坏情形,控制环路必须设计得很保守。这也导致了标称系统的阻尼会比系统实际所需的要更严重。

另外一个问题是传输函数的低转角频率。光耦合器的光敏晶体管内建一个相当大的基区用来改善光电转换。大基区会产生比普通晶体管更大的输入电容和反向传输电容。尽管仅仅是几个皮法,但是米勒效应会把电容容值放大到很大。光敏晶体管和 RC 耦合放大器的使用方式相同。米勒电容会在很低的频率处产生一个极点。正如在 RC 放大器中一样,可以通过使用阻值低的集电极电阻来改善频率响应。这样会让光耦合器的电压增益减小。安捷伦、Clairex 以及其他厂商都有较好的频率响应的光耦合器,但是它们都比诸如 4N27 等的普通器件贵很多。

通常对光耦合器的低增益以及它的电容容性的补偿方式是使用一个放大器和在电源隔离端的参考电压来实现。国际半导体公司的应用笔记 AN-1095 详细地给出了对光耦合系统的控制环路的严格分析的设计方法。图 6.1 所示为采用 TL431 并联稳压器的普通驱动线路。电阻 R_1 和 R_2 把输出电压分压至 2.5 V 并供给 TL431 的控制引脚。图 6.1 中有两个可选的补偿线路。这些可以用来在环路响应中增加一个极点或者零点。TL431 及其衍生产品在一个简单的封装里实现了电压参考、比较器以及功率放大器等功能。控制 IC 的反馈引脚连接到输入的公共点用来迫使 IC 尽可能地在最大占空比下工作。绝大多数现代 IC 的 V_{COMP} 引脚都是带有电流源的集电极开路型的输出。接地电阻和电容提供了更多的补偿而光耦合器晶体管则降低了误差放大器的输出,从而降低占空比。

反馈隔离的另外一种方式是采用小电源线变压器来给 IC 提供一个隔离的辅助电源。而 IC 则通过驱动脉冲变压器来给开关的隔离驱动提供电源。甚至对于输出电压相当高的系统,开关驱动和控制 IC 所需的功耗也只有几瓦特。辅助变压器不需要特别大,但是必须能够在 $110\sim240\mathrm{V_{AC}}$ 进行切换。该方法的主要缺点在于变压器会使得电源尺寸增加。在 100 W 的水平下,辅助变压器的体积比开关变压器大是完全有可能的。该方法适合于手动选择 110 V 或者 240 V 操作的系统。由于变压器必须能够处理 $240V_{AC}/50$ Hz 的标称输入同时依旧需要在 $90V_{AC}$ 下能够提供足够的功率，所以通用输入电源会不太理想。唯一现实的方法就是采用一个通用的电源给控制 IC 供电以便提供诸如齐纳二极管或者三端稳压器等某种形式的线性调节。图 6.2 所示为典型的带有辅助电源的变压器驱动。T_1 是一个小铁芯功率变压器，T_2 则为驱动 MOSFET 开关的脉冲变压器。T_1 和 T_2 两个都必须满足安全机构隔离规范。

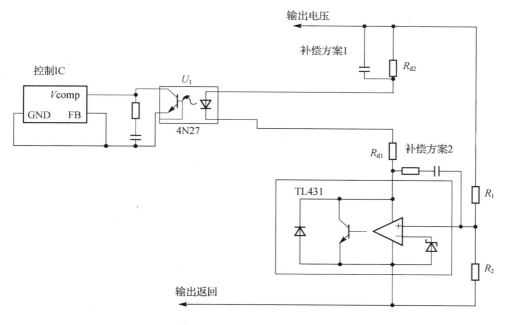

图 6.1　典型的采用补偿线路的光耦反馈电路

TI 公司生产的用于次级线路的 IC,采用交流信号的振幅调制,从而使得控制信号跨越隔离隔栅进行传送。UC1901 改变射频载波频率的振幅,而这反馈给变压器然后在初级线路上进行整流,从而提供反馈电压。图 6.3 所示为该 IC 的应用。射频振荡器能够在高达 5 MHz 下工作。如此高的频率就使得整流滤波(R_4、C_4)时间常数可以非常短,从而使得从线路的射频到直流部分的相移得以最小化。该 IC 同样也有误差放大器以及其他辅助线路。误差放大器有一个补偿引脚,可以用来在环路响应中增加极点或者零点。TI 公司在其应用笔记 AN-94 中对此 IC 及其应用有详细的描述。与主功率变压器类似,反馈变压器也必须满足安全机构隔离要求。

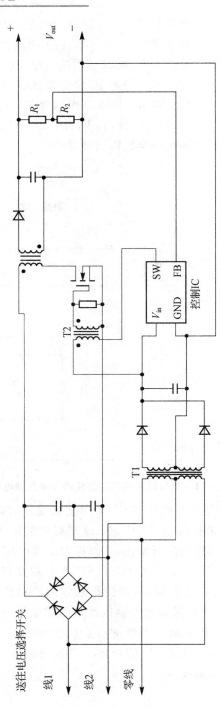

图 6.2　典型的带辅助电源的隔离和反馈电路

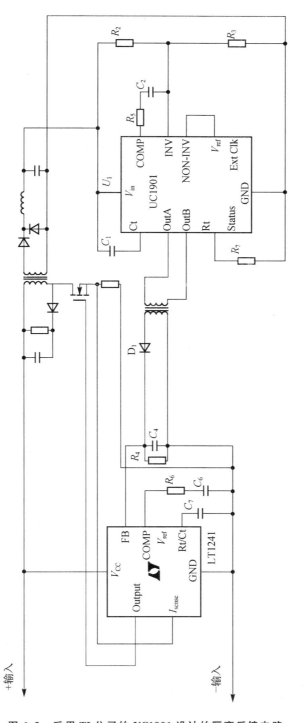

图 6.3　采用 TI 公司的 UC1901 设计的隔离反馈电路

电源与供电

124

采用工作在高频下的普通的 PWM 控制 IC 可以代替 UC1901 来驱动脉冲变压器和脉冲平均线路。其实例如图 6.4 所示。频率高则使得低通滤波器（R_1、R_4、C_4）可以采用小电容以便脉冲平均线路不会给反馈线路增加显著的时延。在环路响应中增加一个极点就相应地会增加时延。在脉冲变压器的初级线圈上采用 C_2 来避免有关磁化电感中的电流的问题。电容 C_3 以及 D_3 会形成一个直流恢复电路。如果没有直流恢复电路，由于脉冲波形的每个部分的伏微秒都相等，所以脉冲的直流分量将会随着占空比的不同而不同。

图 6.5 所示分别为三种不同占空比下的普通检测电路和直流恢复电路的设计。在普通检测电路中，输出是高于 0 以上的波形（黑线所示）。两个阴影区域的面积是相等的，表明交流波形的正向和负向部分的伏秒是相等的。如下所示的直流恢复电路表明，对于三种占空比的情形的任何一种，输出都等于峰值幅值减去二极管的正向电压。

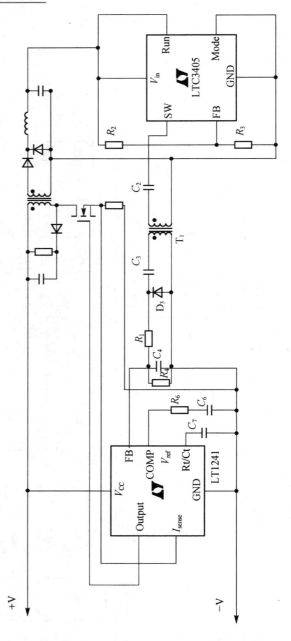

图 6.4　在隔离反馈电路中采用标准 PWM 控制 IC 的设计

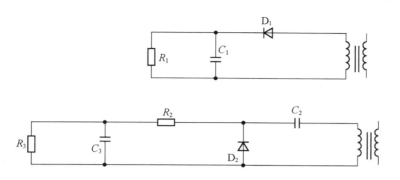

图 6.5　三种不同占空比下的普通检测电路和直流恢复电路的设计

　　反激转换器的输出线路上的电压与电感的线圈数成正比。电感线圈对线圈两端的每个输出电容充电。这个属性将使得我们可以使用次级线路来量测 IC 功率和输出电压。图 6.6 所示为典型的反激转换器。D_1 和 C_2 为控制 IC 提供辅助电压。反馈电阻(R_3、R_4)使得控制 IC 的输出电压保持在 12.0 V。IC 电源上的滤波电容(C_2)在反馈环路的传输函数增加了一个极点，从而使得补偿变得更加复杂。该控制方法对于那些稳压要求不是太严格的低功耗线路是完全可行的。D_2 两端的电压将会随着输出电流的不同而不同。随着 D_2 两端的电压的降低，输出电压也会降低。输出电压的改变不会反映到 C_2 上的电压的改变上，因此，稳压也不会好过输出电流范围内的输出二极管的压降的变化。

　　如图 6.6 所示，当采用主变压器的辅助线圈时，需要使用自举线路(R_2、C_2)来对 IC 提供内部电压。所有的 5 个变压器线路都可以利用自举线路结合主变压器来给 IC 供电。自举线路将与任何具有迟滞功能的欠压锁定电路的 IC 一起工作。自举电阻将对 IC 电源电容缓慢充电直到它达到欠压使能电压值为止。电容必须有足够的电荷来驱动 IC 和开关并能维持几个周期，直到主电源可以提供满足对 IC 和开关驱动所要求的电流为止。只要有交流电流供应，自举电阻就会提供充电电流，这就会导致系统变热，使得效率降低。其优点在于电阻非常廉价，相对于图 6.2 中所用到的铁芯变压器来说，其体积又非常小。对于通用输入电源来说，自举线路是非常优秀的应用。ST 公司生产了一系列商标名称为 VI-Per 的集成有自举线路的控制芯片，同时也生产了用于采用元件数量非常少的低功耗场合的高电压 MOSFET 开关。国际半导体公司、Linear Technology 以及其他公司也都有生产低功耗(低于 20 W)全集成的反激电路，这些电路仅需要一个变压器和少量的整流器及电容就可以实现。

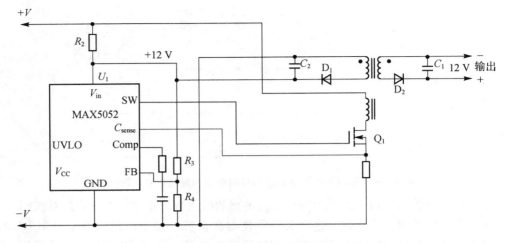

图 6.6 采用辅助电源的反激转换器中的反馈设计

6.2 反激电路

现代的反激转换器类似于升压转换器,当开关打开时,其能量储存在电感中,而当开关关闭时,其能量就传送给负载。

磁芯不会储存磁能。在磁化力低的情况下,高效磁芯会饱和。事实上,反激电路会把电感中的能量储存在气隙中。磁芯通过低磁阻屏蔽路径来把线圈中的能量耦合到气隙中去。能量集中储存在磁芯表面的气隙里。

图 6.7 所示为典型的具有三个线圈的铁氧磁芯,并用在图 6.6 所示的线路中。磁芯把绝大多数的能量集中在在磁性物质里的磁性线路中。在一个真正的磁芯里,线圈附近的磁芯外只有少量的磁通量,但是 3 个线圈里本质上有相等的磁通量。

回忆一下电感两端的两个电压方程:

$$V=L\mathrm{d}i/\mathrm{d}t \text{ 和 } V=N\mathrm{d}\Phi/\mathrm{d}t$$

当图 6.6 中的开关闭合时,电流和磁通将开始根据施加给初级电感的电压成比例的改变。磁通的改变会在次级线圈中根据每个线圈的匝数成比例地产生电压。因为感应电压是负的(注意线圈的点),所以二极管不会允许电流流过。当开关断开时,$\mathrm{d}\Phi/\mathrm{d}t$ 会立即改变极性。只要 $N\mathrm{d}\Phi/\mathrm{d}t$ 大到能够产生足够的电压来满足一个二极管的正向偏置电压时,电流将开始在次级线路中流动,其结果是具有最低 V/N 比的次级线路会从坍塌的磁场中吸取所有的电流。一旦 V/N 比在所有的次级线圈中相等时,这样就都可以从坍塌的磁场中获取电流。由具有最小 V/N 比的线路所占据的电流将负责使所有次级线圈中输出电压接近调控目标。正如以上所述,这也是为什么可以把次级线圈上的电压来近似作为主

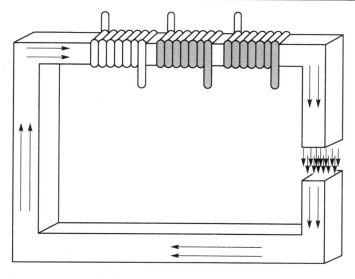

图 6.7 用于图 6.6 中的程序化的具有 3 个磁芯的铁氧磁芯示意图

输出电压上的电压来使用。

反激电路既能在连续模式下工作,也能在离散模式下工作。在连续模式中,电流会一直在电感所有线圈中的其中一个内流动。在离散模式中,所有线圈中的电流会在周期的某部分归零,同时电感中的能量储存也会归零。每个模式都有各自的优缺点。

连续模式的主要优势在于次级线圈中的相对长的电流只需要一个小滤波电容(具有较大在范围内的 ESR)。峰值电流小时,主要感值就相对大,因此电感相对容易实现。在相同功率情形下,连续模式中的峰值电流大概是离散模式的一半。主要的缺点在于控制环路的右半平面的零点会使得环路补偿变得复杂。然而,环路增益与负载电流无关,而仅仅是占空比和输入电压的因素之一。在连续模式下,电流模式控制器必须为占空比高于 50% 的情形进行斜坡补偿。连续模式下的开关的导通功耗会很大——因为只要被施加了大电压的开关导通,就会有大量的电流从开关中流过。而输出整流器中的反向恢复电流又会导致另外一个导通问题。在开关导通时,反向恢复电流会引起额外的尖峰电流。图 6.8 所示为当图 6.6 所示的线路工作在连续模式时的典型的波形图。

离线模式线路对大峰值电流做了许多简化处理。由于电流从零开始且只有输入电压施加给开关上,所以开关上的导通功耗是可以忽略不计的。其输出电流会在周期的某部分归零,所以在导通时没有二极管反向恢复电流来影响开关。在离散模式中控制环路会相对简单些。没有右半平面的零点需要处理,同样也无须进行斜坡补偿。然而,负载电阻却是环路方程中的一个因素,相对于连续模式情形下对开环行为的控制,它会相对较少进行。一旦采用了合适的补偿且是

电源与供电

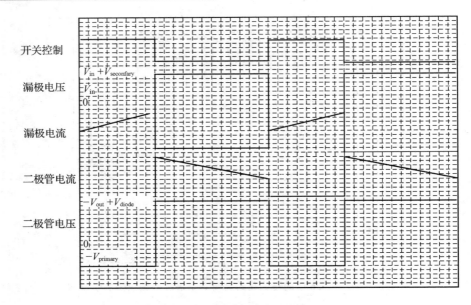

图 6.8　当图 6.6 中的线路工作在连续模式时的典型波形图

闭环时,这通常不是个问题。由于高峰值电流可能会推进磁芯接近饱和,所以离散模式中,电感磁芯中的气隙的尺寸会成为一个问题。磁芯里的交流磁通会非常大,所以对于离散模式来说,磁芯内的损耗也是个问题。而因为电容 ESR 内的交流电流相对较大且在开关周期中的相对很长的一段时间内电容必须供应整个负载的电流,所以离散模式中的纹波输出通常也较大。在设计、可重复性以及补偿方面的简化可以使离散模式变得更好,特别是针对低功耗电路。图 6.9 所示为典型的离散操作的波形。离散模式也有较快的瞬态响应,同时相对于连续模式来说,它较少关注甩负荷。

开关线路存在寄生电感,且与能量储存电感无关。这些电感是由于线路以及主电感的泄漏电感造成的。寄生电感上会产生电压并加载到初级线圈的电压上,所以开关的击穿电压必须大于反向电压和输入电压之和。输出二极管的导通时间会引起一个短周期的高次级电压,所以在短时间内 di/dt 会变得很大。在二极管导通时,额外的 di/dt 会导致初级线圈上有尖峰电流。

变压器和二极管都有会导致不良后果的寄生电容。在二极管断开时,次级电容以及次级泄漏电感会形成一个高频谐振电路并开始动作,这在硬恢复二极管中其影响更为显著。谐振电路将会产生振铃并把交流电流传送回初次线圈。

箝位电路用于减小来自寄生电感方面开关的压力。图 6.10 所示为用于限制开关上电压的箝位电路。线路 A 所示为一个箝位线圈,用来把变压器的磁化电感上的能量返回到输入电源。箝位线圈的匝数和初级线圈相同。这样就会把开关上的电压设置为输入电压的两倍。注意:D_1 是连接到输入电源上,而不是

电源与供电

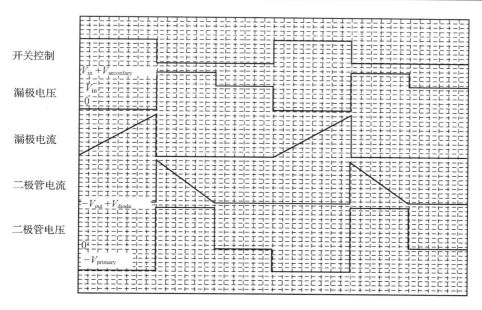

图 6.9 当图 6.6 中的线路工作在离散模式时的典型波形图

连接到箝位线圈和地之间。由于线圈间的电容存在,所以该拓扑是非常重要的。在线圈和地之间放置一颗二极管会导致在导通时电容和开关相互干涉。

线路 B 采用电容的电压来对开关电压进行箝位。RC 线路上的时间常数被设置为几个开关周期。电容充电至由次级线圈以及泄漏电感所产生的电压之和所引起的反相电压。由于储存在泄漏电感中的所有的能量以及初级电感中的部分能量会在电阻上发散,所以该线路的效果比箝位线圈小。线路 C 和 D 与线路 B 不用。由于齐纳二极管不是一个快速导通器件,所以线路 D 上的齐纳二极管两端的电容可能是必须的。必须把该齐纳二极管的电压设置得比整个初级和次级线圈中的电流所引起的正常电压大。

缓冲电路和箝位电路类似。图 6.11 所示为典型的缓冲电路。唯一有趣的缓冲电路是那些把能量消耗在电阻上的电路。线路 A 所示为一个简单的 RC 缓冲电流——当二极管断开时,它被用在输出二极管上用来抑制振铃。电容容值必须小,这样在振铃频率下,缓冲线路的阻抗会小,而在开关频率下,其阻抗会大。RC 缓冲电路也可以用来减缓上升和下降时间,正如线路 B 所示。该线路将在开关波形的双沿上消耗能量。线路 C 所示为上升斜率缓冲电路,用来限制在开关闭合时开关上的电压上升斜率。线路 C 用来保持开关上的漏极或者集电极上的电压为低,从而使得在切换时其功耗也保持低的状态。电容必须在每个周期内充放电。这就需要一个阻值相当低的电阻。一个好的经验法则是把 RC 的时间常数设置为周期的 10%。

130

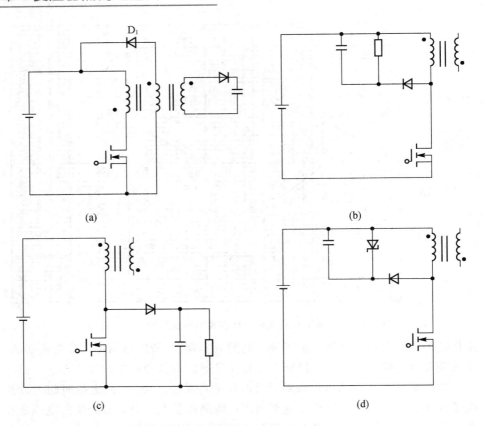

图 6.10　限制开关电压的箝位电路

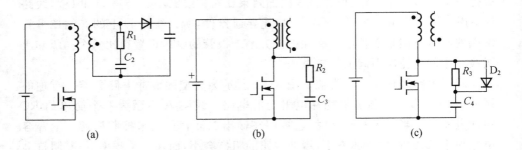

图 6.11　典型的缓冲电路

　　所有的保护线路需要采用具有高峰值电流处理能力的快速导通二极管。电容需具有低 ESR 值以及低感值来处理必要的高峰值电流。陶瓷电容以及薄膜电容都是比较好的选择。电阻需要很低的感值。应该避免使用线绕电阻。箝位线路的布局布线应该避免杂散电感，从而确保线路不会产生新的振铃和过冲。

　　图 6.12 所示为允许使用低压开关的反激电路中的双开关线路。两二极管（D_1、D_2）把初级线圈的电压箝位到输入电压上。这就允许可以使用那些击穿电

压仅仅高于输入电压的开关。由于能量会返回到输入电源，所以箝位动作是有效的。T_1 是采用低压开关时所需要额外支付费用的器件。变压器和电阻给 Q_1 提供必要的浮动驱动。变压器驱动两个晶体管以确保其开关时间尽可能相等。

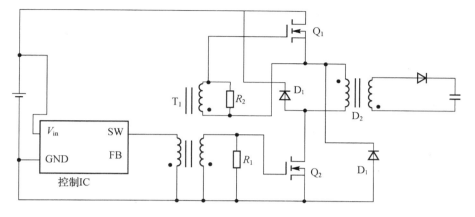

图 6.12　允许低压开关的反激电路中的双开关线路设计

6.3　实用的反激电路设计

通常采用迭代方法来进行反激电路的设计。当选择器件参数时，先做一个大致预估，然后在接下来的迭代中重新定义。以下为反激电路设计的步骤：

(1)基于功率情况以及物料成本的约束来选择控制 IC。

(2)选择开关频率。

(3)选择连续模式或者离散模式。

(4)根据输入电压范围来选择最大占空比。

(5)确定最大功率并选择开关。

(6)设计初级电感。

(7)设计变压器线圈的比率。

(8)基于最坏情形的电压，验证开关是否可行。

(9)如果采用自举电源，基于栅极充电的需要来选择自举电容。

(10)基于纹波需求来选择输出电容。

(11)选择配套的 IC 元件。

6.4　离线反激电路的实例

第一个实例是设计一个具有 12.0 V/1 A 输出的通用输入反激电路。其输出必须有 ±200 mV 的调整，且纹波电压必须不大于 100 mV。该线路类似于输

入规格为 $100 \sim 240\ V_{AC}$ 且输出为 12 V/400 mA 的大量消费类电子设备的电源，而不是采用带铁芯变压器的"墙面疣"，这些产品把整个开关电源和电源插头集成到塑料外壳内，其尺寸比标准美国两芯电源插头大 4 倍左右。图 6.13 所示为我们所设计的电路。

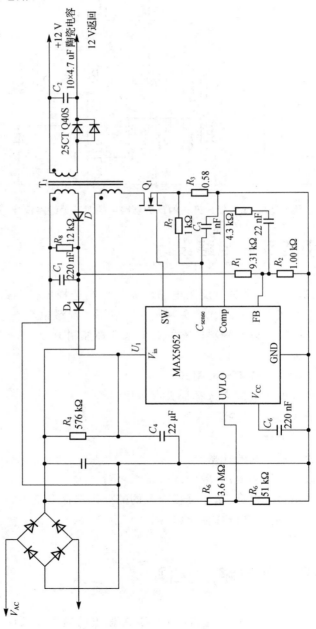

图 6.13　采用 MAX5052 的 12 V 隔离反激电源设计

该例中的第一步是通过在 Maxim、TI 以及 Linear Technology 公司的网站搜索关键字"flyback"来查看会有哪些控制 IC,结果显示 *Maxim_NPP_PWM_Products. pdf* 应用笔记与设计要求相符。该 IC 是为低到中等功耗的通用输入应用而设计的。其主要优势在于在欠压锁定电路中有一个非常大的迟滞。最坏情形下的迟滞电压是 9.25 V,而典型值为 11.86 V。在唤醒阶段和关机阶段之间的巨大的差异意味着可以给 IC 自举电源使用较小的储存电容和低功率电阻。该 IC 有 262 kHz 固定的开关频率——对我们的设计来说,应该合适。其周期为 3.82 μs。

因为只是进行一个简单的设计,所以离散操作看起来比较合理。我们有两种不同的最大占空比的选择。MAX5052A 的最大占空比为 50%,而 MAX5052B 则为 75%。我们选择是把占空比限制在 50% 的 MAX5052A。

施加到主输出整流器和偏置电压整流器的电压很可能需要接近输出电压加上二极管的正向压降的两倍。主输出电压仅仅为 12.0 V,所以主整流器的额定反向峰值电压可能要求 40 V。这样就可以使用肖特基二极管来达到最小功耗的目的。离散模式的电流峰值—平均值比可以很大,所以峰值整流器电流可能要求 10 A。IRF30BQ040 肖特基二极管的额定反向峰值电压值为 40 V,平均正向电流为 3.0 A。正向电压与瞬时正向电流表明压降在 10 A 时为 0.8 V,而在 100 mA 时却只有 0.25 V,所以要满足规格要求时会遇到麻烦。

我们有几个选项来改善输入电压和输出电流上的电压调控。第一个选项就是寻找一颗在高电流时有更好的压降的二极管;第二个选项是改弦易辙,选择连续模式转换器来降低峰值输出电流。通过搜寻 IRF 网站找到了一颗在正向电压与电流改变较小的 6CWQ03FN 双二极管。此外,每个二极管仅仅只能承载总电流的一半,所以设计还是停留在曲线的垂直部分。该二极管看起来有比每个二极管的 3.5 A 的额定电流和 30 V 反向峰值电流更高的电流和电压值。它也是相对小的表面贴片元件。最坏情形下的正向电压在温度为 25 ℃、电流为 5 A 时为 0.5 V。这应该勉强满足调节的要求。

采用 12.0 V 作为辅助电源也是合理的。它使得次级线圈是相同的。该 IC 能够提取最大 2.5 mA 电流,所以 IC 将消耗 12.5 V×2.5 mA=30 mW。驱动 MOSFET 管开关的功耗大概是 70 mW(大约是两倍 IC 功耗多一点点)。主输出的功耗大约是 12.5 V×1.0 A=12.5 W。这就意味着整体功耗是 12.6 W。最高开关电流将会在最低输入电压(85V_{AC}或者带 10 V 纹波的 115V_{DC})处发生。平均电流为 12.6 W/115 V=110 mA。假设峰值—平均值比为 10∶1,那么峰值输入电流将是 1.1 A。对 IRF 网站的搜索显示 IRBF20S MOSFET 管有 900 V 的击穿电压以及 1.7 A 的均值电流。这应该是一个好的选择。现在可以计算开关的驱动功率。开关由来自控制 IC 的 10.5 V 电源来驱动。开关驱动电流等于总栅极电荷乘以频率,也就是 38 nC×262 kHz=10 mA。驱动功耗为

10 mA×10.5 V＝105 mW。我们的设想足够接近近似的实际功耗值。

在占空比、匝比、初级电感以及开关电压之间需要做一个权衡。占空比越大,就需要初级电感越大,但是它会可以使得匝比越小、开关电压越低。可以选择初级电感并让线路在连续和离散模式的临界点处工作,其占空比为 50%,而其输入电压为最低。我们知道半个周期内需要把 12.6 W 的功耗传递到负载中。由于电流波形为三角形的形状,所以在开关导通的这段时间内,均值电流是峰值电流的一半(参见图 6.9 中离散操作的波形)。

整个周期内的均值电流为 $I_{PEAK} \times 0.5 \times D$。这样,我们就可以计算出 I_{PEAK} 是 110/(0.5×0.5)mA＝440 mA。

采用电感公式来计算初次电感,可得

$$L = \frac{V\Delta t}{\Delta I} = \frac{110 \times (3.82\ \mu s \times 0.5)}{440\ mA} = 478\ \mu H$$

当开关断开时,储存在磁芯中的能量会传输给输出线路。因为次级电感和输出电压将对峰值电流和 di/dt 进行设置,所以相比于升压设计来说,反激设计有一个额外的自由因子。在离散操作中,我们知道在开关再次闭合之前,所有的能量将会传输到输出线路中。这使 dt 有一个上限。最有可能的次级电感感值将会是使 dt 等于(1−D)的那个值。如果需要的话,可以把次级电感变小些。采用初级到次级电感比来设置电感的匝比。次级电感越小,匝比就越小,同时对开关也要求越大的电压。

我们选取 Δt 等于周期的一半。现在可以选择次级电感了。根据最高电流输出来选择次级电感。我们知道主输出在 1.0 A 时需要 12.5 V。输出波形如图 6.9 所示的三角波,所以平均输出电流是 $I_{PEAK} \times 0.5 \times (1-D)$。这样就可以计算出 I_{PEAK} 是 1.0/(0.5×0.5)A＝4.0 A。我们再次使用电感公式来计算次级电感,可得

$$L = \frac{V\Delta t}{\Delta I} = \frac{12.5 \times (3.82\ \mu s \times 0.5)}{4.0\ A} = 5.96\ \mu H$$

从而可以根据两个电感感值来计算出匝比。电感的公式是

$$L = N^2 \times A_L$$

根据电感比率,我们可以采用此公式来计算匝比。

$$\frac{L_P}{L_S} = \frac{N_P^2}{N_S^2}, 变形可得 \frac{N_P}{N_S} = \sqrt{\frac{L_P}{L_S}} = \sqrt{\frac{478}{5.96}} = 8.75 : 1$$

回到电感公式之一,$V = N dF/dt$,并假设所有的线圈的 dF/dt 都相等,可得出在开关导通和断开时间内电压的关系式如下:

$$\frac{V}{N} = \frac{d\Phi}{dt}, 所以 \frac{V_P}{N_P} = \frac{V_S}{N_S} 或者 \frac{V_P}{V_S} = \frac{N_P}{N_S}$$

看起来和变压器方程相同。因为线圈是耦合的,所以它很相似,但是最重要的是需要记住线圈的电感来决定电压。当电流在初级和次级线路中同时流过时

才会应用变压器方程。

在开关断开时间内,反向次级电压受输入电压控制,所以最坏情形下次级线路上的二极管上的反向峰值电压是

$$V_S = \frac{N_S \times V_P}{N_P} = \frac{1 \times 390}{8.75} \text{ V} = 45 \text{ V}$$

当开关关闭时,最坏情形下的开关电压将等于最高输入电压加上初级线路上的反向电压,即

$$390 \text{ V} + (12.5 \times 8.75) \text{ V} = (390 + 110) \text{ V} = 500 \text{ V}$$

可以看出我们的选择将会使得输出二极管过压,同时会使得开关上有最小的应力。可以通过减小次级电感,同时增加匝比来减小输出电流时间。可以增加 33% 的匝比来观察二极管和开关特性是否更加合理。把匝比设成 12.0,从而产生了 3.17 μH 的次级电感,二极管的反向峰值电压则变为 390/12 V = 32.5 V,峰值输出电流则为 7.5 A,最坏情形下的开关电感为 540 V。需要再次选择输出二极管。在 IRF 网站上搜索到 25CTQ40S 和 6CWQ03FN 的封装相同,但是 25CTQ40S 双二极管有更好的正向电压特性以及有 40 V 反向峰值电压的足够裕度。

唤醒电压的典型值(21.6)以及关机电压的典型值(9.74)就有可能导致 11.86 V 的改变。然而,最坏情形下的 IC 自举将发生在最低电压下唤醒和在最高电压下关机时。最低唤醒电压为 19.68 V,而最高关机电压为 10.43 V。电流的提取相对恒定。该 IC 提取 2.5 mA,而栅极电荷额外提取 10 mA 的电流。可以容许在 10 ms 内对辅助偏置电源充电高于 10.43 V。对于 10 ms 来说,12.5 mA 就意味着我们需要使用 125 μC 的电荷。采用电容公式 $Q = C \times V$ 以及电荷的改变来获取电容的公式,可得

$$Q_2 - Q_1 = 125 \text{ μC} - CV_1$$

$$C_4 = \frac{Q_2 - Q_1}{V_2 - V_1} = \frac{125 \text{ μC}}{19.68 - 10.43} = 13.5 \text{ μF}$$

四舍五入到最接近的值 = 22 μF

由于在主输出电压等于自举电压(当两个线圈有相同的 V/N 时)之前,偏置电源不会从开关中获得电流,所以该电容是必须的。自举电阻 R_4 的阻值是快速启动以及功耗之间妥协后的结果。可以把功耗限制到 0.25 W 以便保持较低的热量,维持高效。最坏情形下的电压是 390 V − 12.0 V = 378 V,所以所需阻值为 $378^2/0.25$ W = 571 kΩ。自举充电电流是 378 V/571 kΩ = 660 μA。要达到唤醒点的正常电荷是 22 μF × 20 V = 440 μC,所以在高电压(240V_{AC})输入的情况下,将需要花 0.67 s 来对自举电容充电,而在低电压(100V_{AC})输入的情况下,则需要 2.6 s。

下一步就是选择输出电容。可能会遇到在第 5 章中看到的关于非隔离电路

的同样的问题,相较于 ESR 而言,在这里电容容值在设定纹波输出时是次要的。我们的目标是把纹波电压的 67％ 分配给 ESR,另外 33％ 给交流阻抗,所以分配 67 mV 纹波电压给 ESR。

$$\text{ESR} = \frac{67 \text{ mV}}{7.5 \text{ A}} = 8.9 \text{ m}\Omega$$

目标电容容值为

$$X_\text{C} = \frac{33 \text{ V}}{7.5 \text{ A}} = 4.4 \text{ m}\Omega$$

$$C = \frac{1}{2\pi \times 262 \text{ kHz} \times 4.4 \text{ m}\Omega} = 140 \text{ }\mu\text{F}$$

快速浏览 Digi-Key 的目录会发现需要七颗松下公司的 8.2 μF/16WV CD 系列聚合物电解电容才能有足够低的 ESR 以及足够的纹波能力。对松下公司网站的搜索表明,一个 4.7 μF/16 WV MLC 陶瓷可以处理 4 A 电流并且每颗电容都有 9 mΩ ESR。而如果采用陶瓷电容,将需要多个电容器才能有足够的电容值,同时 ESR 也会变得十分小。选择十颗这样的电容可能比电介质电容会更好,这样的 ESR 仅为 0.9 mΩ。从而使得电容会减小到 45 μF。由于总电流只有 13 mA,对于偏置电源来说,一颗铝电解电容就足够了。

注意偏置电源有由二极管 D_4 隔离的两级滤波。这样就使得在启动时反馈引脚上的电压能顺从输出电压,从而使得内部软启动线路不会受到来自自举电路的电压影响。电容以及与之并联的反馈部分的反馈电容的时间常数相当短暂(只需要三个周期时间)。这就使得反馈更加紧密地跟随主输出电压的压降。

反馈分压器的电压通过数据手册中所给出的公式进行计算,其结果如下:

$$V_\text{OUT} = \left(1 + \frac{R_1}{R_2}\right) \times 1.23 \text{ V}$$

基于最坏情形下的峰值电流的要求,对电流感应电阻进行计算。可知在 85V_AC 输入时的正常运行下的峰值电流为 440 mA。考虑到启动时需要额外的电流,可以把限流值设置得稍微比该值大,因而选择 500 mA,所以

$$R_\text{CS} = \frac{0.29 \text{ V}}{0.5 \text{ A}} = 0.58 \text{ }\Omega$$

考虑到当开关打开时会出现瞬态现象,在电流感应电阻和电流感应引脚之间增加了少量的 RC 滤波(R_7、C_3)。这样就减少了由于瞬态而引起的假的电流限制。电容容值可以在实验室内进行调整,也有可能根本不需要电容。

该 IC 驱动可以拉或者灌超过 650 mA 的电流,所以没有必要在开关的栅极和 IC 之间设置限流。

补偿元件来自于数据手册中,它们只是作为一个起点。实际的补偿需要在实验室进行调整以确保有一个稳定的环路。

电阻 R_5 和 R_6 用来设置欠压锁定值。该引脚上的电压在该 IC 开始运行之

前就必须是 1.28 V。要使该引脚有效,合理的输入电压是 95 V。R_5 的阻值很大,所以 UVLO 引脚上的偏置电流将会影响 R_6 所需的阻值。我们可以认为 V_{IN} 和 R_5 是一个恒流源,所以当计算 R_6 时需要从 R_5 所提供的电流中减去偏置电流。数据手册也给出了这些电阻的计算公式。

6.5 非隔离反激线路的实例

下一个实例会显示在汽车电子中的使用非隔离反激设计的优势。一个汽车系统的电流范围可以从在用钥匙关闭的低电池时的 11.5 V 到对一个耗尽的电池充电的 15.0 V 之间浮动。有些系统会设计成在正常的 13.6 V±0.5 V 下工作,这是一个充了电的电池的全电压。我们的实例会实现一个在 10 A 电流下产生 13.6 V 的系统。输出纹波的目标为 300 mV。调整目标为 400 mV。图 6.14 所示为我们的线路。

比较合理的控制 IC 是 LT1680。它是采用外挂 MOSFET 管开关的高功率升压 DC-DC 转换器,包含所有必要的电流模式 PWM 函数并且可以直接从输入电源工作。

合理的开关频率是 167 kHz。该 IC 的最大频率是 200 kHz,但是需要远离那些无法控制的影响。其周期时间是 6.0 μs。该频率足够低,因为在高功率层级的寄生效应是可控的。该频率也是在价格合理的电感磁芯的功率范围之内的。

对于该设计来说,连续模式下运行是合理的选择。由于输入电压幅值将是输出电压幅值的+10%～−20%,输出电流将近似输入电流。选择连续模式将使得峰值电流仅仅比输出电流的两倍稍微大一些。如果给 10.5 V 输入电压设置 50% 的占空比,这样即使当电压降至 11.0 V 时,也有足够的设计余地来维持控制,从而避免需要进行斜坡补偿。在第一次设想中,把最低输入电压的目标占空比设置为 40%。采用数据手册中的曲线图来选择基于最大占空比的 3 kΩ 定时电阻。数据手册中的另外一张曲线图选择了基于 167 kHz 频率和 3 kΩ 定时电阻的 2.2 nF 电容。

第一次尝试时,在输出整流器上选择 60 V 肖特基二极管是合理的。电感的匝比很可能非常接近 1 : 1。比较合理的猜想是匝比不超过 1 : 2。IRF30CPQ060 有 60 V 反相峰值电压和 30 A 的均值电流,同时也是双二极管封装。峰值正向电流很可能接近 20 A,所以该二极管应该满足我们的要求。每个二极管可以允许总电流的一半流过,所以正向压降为 0.55 V。最大输出功率将是 13.6 V×10.0 A+0.55 V×10.0 A=141.5 W。

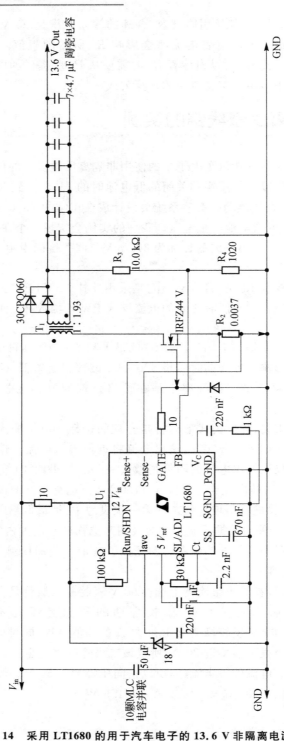

图 6.14　采用 LT1680 的用于汽车电子的 13.6 V 非隔离电源设计

最坏情形下的开关电流会在 11.0 V 输入电压下产生,而最坏情形下的开关电压将会在 15.0 V 输入电压下产生。一个好的用于开关电压的经验法则是假设它等于两倍最高输入电压。另外一个经验法则是选取开关电流等于两倍均值电流加上纹波因子。我们将选择纹波电流等于均值电流的 30% 以求有合理的动态响应。该低纹波因子也允许输出电容上有较大的 ESR。输入均值电流为

$$\frac{1}{\text{占空比}} \times \frac{\text{负载功率}}{\text{输入电压}} = (1/0.4) \times (141.5 \text{ W}/11.0 \text{ V}) = 32.2 \text{ A}$$

初级线路的峰值电流将是 32.2×1.15 A $= 37.0$ A(输入电流乘以纹波因子)。纹波电流是 32.2×0.3 A $= 9.66$ A。对于此应用来说,第 5 章所使用的 IRFZ44V 是一个好的选择。它有 $60 V_{\text{DSS}}$ 和 55 A 的 I_D。

现在我们开始设计初级电感。通过所期望的纹波电流、占空比以及输入电压来约束初级电感。采用变形后的电感方程可知:

$$L = V \frac{\mathrm{d}i}{\mathrm{d}t} = 11.0 \times \frac{0.4 \times 6 \ \mu s}{9.66} = 2.7 \ \mu\text{H}$$

从第 5 章可知,连续模式中的反激操作的公式为

$$V_{\text{OUT}} = V_{\text{IN}} \times N \times \frac{D}{1-D}$$

从当初的假设可以确定匝比(次级线圈匝数/初级线圈匝数)如下:

$$N = \frac{V_{\text{OUT}} \times (1-D)}{V_{\text{IN}} \times D} = \frac{(13.6 + 0.55) \times (1 - 0.4)}{11.0 \times 0.4} = 1.93 : 1$$

最坏情形下的开关电压是高输入电压加上反射次级电压:15.0 V $+ [14.15 \times (1/1.93)]$V $= 22.3$ V。该开关电压比净空电压更大,所以可能不需要箝位线路。最坏情形下的开关功耗是峰值电流的平方乘以导通阻抗再乘以占空比:(37 A $\times$ 37 A) $\times 0.016 \ \Omega \times 0.4 = 8.8$ W。如果把开关损耗考虑在内,实际的功耗将会稍微高一些。整流器的最坏情形是高输入电压乘以匝比:15.0 V $\times 1.93 = 29.0$ V。当开关关闭时,二极管均值电流是输出电流除以 $(1-D)$ 后的结果:10 A $\div 0.6 = 16.7$ A。峰值输出电流等于峰值输入电流乘以匝比:37.0A $\times (1/1.93) = 19.2$ A。这些计算表明我们所选择的半导体是合理的。

再次把纹波电压的 67% 分配给输出电容的 ESR,所以:

$$\text{ESR} = \frac{200 \text{ mV}}{19.2 \text{ A}} = 10.4 \text{ m}\Omega$$

$$X_c = \frac{100 \text{ mV}}{19.2 \text{ A}} = 5.2 \text{ m}\Omega$$

$$C = \frac{1}{2\pi \times 167 \text{ kHz} \times 5.2 \text{ m}\Omega} = 180 \ \mu\text{F}$$

该值类似于之前的实例,因而需要多个陶瓷电容或者铝电容来满足 ESR 和纹波电流的要求。当足够多的电容并联使用时,之前实例中的电容对该设计已经足够了。最重要的对电容的要求是纹波电流能力。7 个 4.7 μF/16WV MLC

电容只有 1.3 Ω 的 ESR，所以 33 μF 结合电容对于我们纹波电压的要求绰绰有余。但是使用如此多的并联电容会带来 EMI 的问题，同时还会增加纹波——除非特别注意合理的布局布线。电容之间的连接应该做到面积非常宽但互相靠近，这样会降低印制线的感性，同时需要最小化它们之间的环路面积。

电流感应电阻根据该 IC 的均值电流，而不是峰值电流来设置。数据手册中给出的公式如下：

$$R_{CS} = 120 \text{ mV}/I_{AVG} = 0.12 \text{ V}/32.2 \text{ A} = 3.7 \text{ m}\Omega$$

平均电流限制根据电流感应电阻和电流限制集成电容的组合来设置。数据手册推荐把该电容设置为 220 pF。

输出电压由如下公式确定：

$$V_{OUT} = \left(1 + \frac{R_1}{R_2}\right) \times 1.25 \text{ V}$$

运行该计算需要 9.88∶1 的电阻比率。

可以把软启动时间设为 100 ms，采用数据手册中的公式，计算如下：

$$C_{SS} = 0.1 \text{ s}/150\,000 = 670 \text{ nF}$$

再次尝试需从数据手册中的补偿值开始，然后基于实验室的结果进行调试。由于占空比被限制在 50%，因而无需斜坡补偿。

输入端的大电流脉冲需要非常低的 ESR 来维持控制 IC 上的电压。选择等于输出电容的输入电容可以提供必要的低纹波电压。对于此设计而言，当输入电流脉冲很大时，可能使得正激转换器会是一个更好的选择。

6.6　正激转换器电路

正激转换器是采用一个变压器把能量从初级电路传送到次级电路的单个开关转换器。当开关正在传导电流时，能量就从初级线路流向次级线路。图 6.15 所示为典型的正激转换器线路。由于在开关关闭时所有的变压器电流就会停止，所以对于正激转换器来说，电压箝位是必要的。该箝位线路给变压器中的磁化电感以及泄露电感里的电流提供了一个回路。在反激电路中，当开关打开时，在次级线路中流过的电流会给磁芯的磁通提供一条回路；箝位线路只需要减小在由于泄露电感而引起的开关上的应力。

图 6.10 中的任何一个箝位电路都可以应用于正激转换器。由于反激电路要求所有线圈的 V/N 都相等，所以其箝位线路会有一个受控于次级电压的箝位电压。当励磁电流线性下降时，图 6.10(a) 中的箝位线圈确保了开关电压是输入电压的两倍。线路 B 和 C 的电压将会根据电阻上的能量耗散量的不同而不同。当使用线路 B 和 C 时，必须很小心地对最大占空比、变压器的磁化电感以及 RC 的时间常数进行设计，以确保不会超过开关的额定电压。注意线路 C 等

同于一个升压稳压器。IR 公司应用笔记 AN - 939A 对于在正激转换器中耗散箝位线路的使用有一个很好的描述。

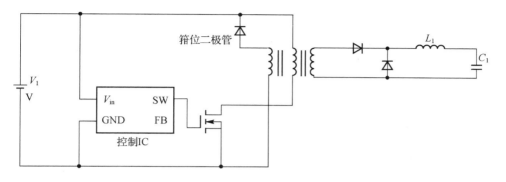

图 6.15 典型的正向转换器电路

箝位线路的设计会影响正激转换器所需的最大开关电压。当开关导通时，储存在磁化电感中的能量与伏秒成正比。在开关断开的时间里，需要相同的伏秒来释放在变压器里的磁化电感中的能量。可以通过限制占空比来限制开关上的电压应力。然而，减小占空比会增加初级线圈中的峰值电流以及输出峰值电流和电压。箝位线圈的匝数通常与初级线圈相同，从而使得开关电压是输入电压的两倍。然而我们可以通过调整最大占空比和箝位线圈的匝数来满足任何需要的开关电压值。我们的第二个实例将会展示当占空比大于 50% 时，怎样使用一个大开关电压来对磁芯中的磁通进行复位。箝位线路仅仅会耗散由其构成的回路里面的电感中的能量。箝位线路外的任何寄生电感，比如开关引线电感等，将会在开关关闭时产生电压并且会在开关上增加电压应力。

把为反激电感而设的变压器代入图 6.12 中的相同的两个线路，那么两个线路都可以用于正激转换器线路。每个开关上的最大电压将会比输入电压稍高。二极管再次把变压器电感的反向电压箝位在输入电压的水平。由于箝位电压不可能比输入电压大，所以占空比必须严格限制在 50% 以内，以确保不会在磁芯内积累磁通从而导致饱和。

6.7 实用的正激转换器的设计

如下为典型的正激转换器的设计流程：

(1)基于功率水平和物料成本的要求来选择控制 IC。

(2)选择开关频率。

(3)采用输入电压范围和输出纹波电流来选择最大占空比。

(4)选择输出二极管。

(5)设计变压器线圈比。

（6）决定最大功率,同时选择开关。

（7）如果需要自举电源,则基于栅极电荷的要求来选择自举电容。

（8）计算输出电感感值。

（9）基于纹波的要求来选择输出电容。

（10）如果需要的话,设计辅助电源。

（11）设计包括反馈线路在内的配套的 IC 元件。

6.8　离线正激转换器的实例

第一个实例是用来在 20 A 电流下提供 5.0 V 电压的通用输入离散电源的设计(图 6.16)。纹波电压必须在 100 mV 以下,调控必须是 200 mV。尽管MAX5052 所列的特性显示其可以有很好的 50 W 的输出功率,但是只要它能够驱动开关,就没有任何理由说它不能用于高于该功率水平的应用中。我们将选择 MAX5052A 来实现 50％的最大占空比。对于非常低的输入电压来说,45％的占空比是比较合理的。这样就会有足够的设计余地来让一个 $100V_{AC}$ 的电源系统的电源从最低输入电压开始。我们想要尽可能使输出纹波电流小从而保持纹波电压小。可以选择纹波输出的目标为 10％或者 2 A。而箝位设计则是简单地采用功率变压器上的线圈和一个二极管(D_3)。D_3 必须是快速导通二极管。流过二极管上的电流将会归零,所以我们不关心其断开特性。

由于电感电流会在整个开关周期内存在,所以在输出线路中会存在一个恒定的二极管压降。肖特基二极管在带有最温和的功率输出的低电压电源的应用中是比较好的选择。我们可以选择一个可以处理峰值电流的双二极管。该设计的峰值电流是 20 A+1 A 纹波。IRF30CPQ060 是一个采用 TO-247AC 封装的双二极管,额定均值电流为 30 A,60 V 额定反向峰值电压。该二极管在 20 A正向电流下有 0.7 V 的正向压降。

采用第 2 章中的降压转换器的公式的衍化版本来计算所需的输入电压:

$$V_{IN} = (V_{OUT} + V_{Diode})/DC = 5.7 \text{ V}/0.45 = 12.7 \text{ V}$$

该电压必须以最低输入电压的形式在次级线圈上存在。这就给出了变压器的匝比:

$$N = 100 \text{ V}/12.7 \text{ V} = 7.9$$

可以验证在高输入电压时所需的占空比。输入电压将是

$$V_{IN} = 390 \text{ V}/7.9 = 49.5 \text{ V}$$

这就意味着在高输入电压时的占空比为 5.7/49.5=11.5％。该高输入电压可以确认我们所选的二极管是足够了。

功率必须是 5.0 V×20 A+0.7 V×20 A=114 W。开关中的最大电流将在低压处产生。开关均值电流通过均值功率来计算,而峰值电流则是通过均值

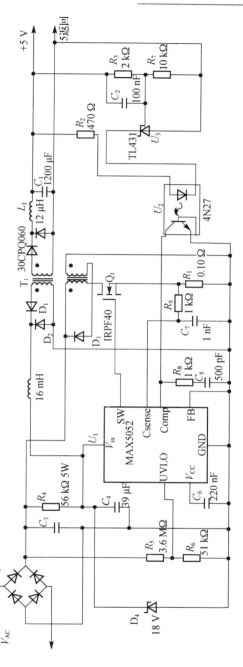

图 6.16 典型的通用输入离线正向转换器电源

电流、占空比以及纹波因子来计算：

$$I_D = 114 \text{ W}/100 \text{ V} = 1.14 \text{ A}$$

$$I_{\text{D}-\text{Peak}} = 1.14 \text{ A}/0.45 \times 1.05 = 2.7 \text{ A}$$

如果把所有的功耗源(辅助电源、开关损耗、变压器损耗、电感损耗、电容损耗等)都考虑在内的话,那么开关需要更多的电流。我们将需要额定电流和额定电压为 900 V/5 A 的开关。型号为 IRF IRFPF40 的 MOSFET 有 900 V 的 V_{DS} 以及 4.5 A 的额定 I_{D},且 R_{DSON} 为 2.5 Ω。总栅极电荷为 120 nC,所以栅极驱动电流为 120 nC×262 kHz=32 mA。

本设计中,我们几乎不用担心自举功率,所以我们可以在自举电阻上有更多的功耗,从而可以保持较短的起动时间。一个好的经验法则是在最低输入电压处让系统在 500 ms 内启动。

电流的提取相对恒定。该 IC 提取 2.5 mA 的电流,其栅极电荷提取额外的 32 mA 电流。我们允许在 10 ms 之内对偏置电源进行充电,并使其电压高于 10.43 V。同时采用 345 μC 的电容在 10 ms 充电时间之内来提供 34.5 mA 的电流。我们再次使用电容公式来计算所需的电容的容值:

$$C_4 = \frac{Q_2 - Q_1}{V_2 - V_1} = \frac{345 \ \mu\text{C}}{19.68 - 10.43} = 37 \ \mu\text{F}$$

寻找最接近的容值,为 39 μF。

要达到唤醒点的正常电荷是 39 μF×20 V=780 μC。这就意味着我们将需要 1.6 mA 的电流在 500 ms 之内对电容进行充电。从输入电压中减去电容电压,然后除以所需电流,可得 90 V/1.6 mA=56 kΩ。最大功耗将在高电压处产生,所以最高功耗为(390-20)×2/56 kΩ=2.5 W。需要采用 5 W 的电阻。

电感感值取决于纹波电流、外加电压以及占空比。外加电压等于变压器电压减去二极管压降,再减去输出电压后的结果。采用电感公式,可得:

$$L = V \frac{\text{d}t}{\text{d}I} = (12.0 - 5.0) \times \frac{0.45 \times 3.83 \ \mu\text{s}}{1.0 \text{ A}} = 12.0 \ \mu\text{H}$$

输出电容容值取决于纹波电压的要求。我们有 10 mV 的纹波电压,1.0 A 的纹波电流。通过三分之一和三分之二法则,可以选择 ESR 和电容的容值:

$$\text{ESR} = \frac{67 \text{ mV}}{1.0 \text{ A}} = 67 \ \text{m}\Omega$$

目标电容为

$$X_\text{C} = \frac{33 \text{ mV}}{1.0 \text{ A}} = 33 \ \text{m}\Omega$$

$$C = \frac{1}{2\pi \times 262 \text{ kHz} \times 33 \ \text{m}\Omega} = 18 \ \mu\text{F}$$

采用松下 FM 系列 A 型电容作为输出电容是一个好的选择。在 6.3W·V 范围内没有电容容值接近 18 μF。有足够低 ESR 和足够大的纹波能力的最接近的电容是 EEUFM0J122L 1200 μF 的电容,它可以处理 1.56 A 的纹波电流,同时有 30 mΩ 的 ESR。

正常工作时,辅助电源需要提供大约 12 V 的电压,但是不能超过 30 V。二极管 D_1 和 D_2 可以是反向峰值电压为 60 V 的小肖特基二极管。辅助电源不会被调控,同时在主输出和辅助电源之间没有耦合。在起动和主输出上有大瞬态时,辅助电源将很有可能会上升至一个大电压。采用齐纳二极管(D_4)分流以确保有额外的电流能让电源在控制 IC 的极限之内。齐纳电压需要被设置得足够高,从而使得它在正常情况下不会提取电流。由于电流基本上是恒定的,所以我们可以选择非常低电感纹波值。无需快速的瞬态响应,同时在主输出切换过程中,纹波低将减小输出电压的波动。我们为该电源选择 5% 的纹波电流,也就是 $34.5\ \text{mA} \times 0.05 = 1.7\ \text{mA}$。

开始计算最低输入电压下的电感,也可以采用最低输入电压来计算该电源的匝比。

$$V_{IN} = (V_{OUT} + V_{DIODE})/D = 12.7\ \text{V}/0.45\ \text{V} = 28.2\ \text{V}$$

$$N = 100\ \text{V}/28.2\ \text{V} = 3.6$$

$$L = V\frac{dt}{dI} = (27.5 - 12.0) \times \frac{0.45 \times 3.82\ \mu s}{1.7\ \text{mA}} = 16\ \text{mH}$$

最后一步就是设计反馈线路。采用一颗标准的 4N27 光隔离器以及一颗 TL431 并联稳压器来给该控制 IC 提供反馈。我们选择给 TL431 提供少量的前馈补偿以及在控制 IC 的反馈引脚上提供一个小的极点。实际的补偿量需要通过把原型电源带到实验室,通过量测和调整来决定。

电流感应元件和欠压元件的选择和本章节所介绍的反激转换器中关于 MAX4042 实例是相同的。

6.9　非隔离正激转换器的实例

在汽车电子中的反激设计的实例中,其电流是非常大的。其输入和输出电流都是由非常大且短的脉冲组成。而正激转换器可以允许占空比大于 50%,从而降低输入以及输出纹波。我们的下一个实例是怎样来实现这样的电源,如图 6.17 所示。

根据对变压器中的磁通的复位所需求的电压以及开关击穿电压,离线正激转换器的占空比被限制在 50%。在 50% 的占空比处,反向电压可以等于输入电压。在我们的汽车电子的应用中可以利用高压开关的优势。高反向电压将允许变压器内的磁通在很短的时间内进行复位。

我们采用反激实例中相同的要求,并且采用相同的控制 IC,运行频率为相同的 167 kHz,周期为 6 μs。

在 11.0 V 输入电压处,把最大占空比设为 75%。数据手册中显示最大占空比会因 IC 而异,当设置正常的占空比为 75% 时,其实际会在为 70%~78% 中

146

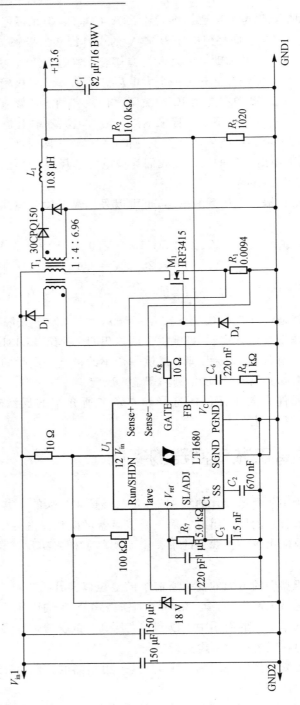

图 6.17 输出为 13.6 V 的非隔离正向转换器

变化。而我们需要采用最坏情形下的 80％ 的占空比来进行计算。在开关导通时间内的伏秒需要等于开关关闭时间内的伏秒。导通时间与关闭时间之比为 80/20，所以关闭时间内变压器的初级线圈上的反向电压是输入电压的 4 倍。从而把箝位线圈的匝比设置为 4∶1。开关能够承受最高输入电压的 5 倍电压（箝位电压的 4 倍加上输入电压的 1 倍）。这样最小电压为 15.0 V×5＝75 V。通过对 IR 公司的网页进行搜索，发现有 100 V 和 150 V 两种满足要求的 MOS-FET。可能选择 150 V 的器件会更好，因为可以确保在瞬态时由足够的设计余地。IRF3415 采用 TO-220 封装，其 V_{DSS} 为 150 V，导通阻抗为 42 mΩ，I_{DSS} 为 43 A。IRF3315 与之类似且价格相对便宜，但是它在 100 ℃ 时只有 15 A 的 I_{DSS}。

在输出整流部分首先采用 150 V 肖特基二极管比较合理的。由于我们的目标是降低输入和输出纹波，所以变压器的初级线圈对次级线圈的匝比有可能会非常接近 1.5∶1。然而，我们允许在变压器复位时其反向电压是输入电压的 4 倍。这就意味着二极管上的反向电压将会是输入电压乘以匝比后的 4 倍。这就要求二极管至少需要有 90 V 的反向峰值电压。而 150 V 额定反向峰值电压将使得变压器的匝比的设计余地高达 2.25∶1。

我们可以使用 IRF 30CPQ160 150 V PRV/30 A 的二极管。这和在反激实例中使用的二极管是相同的系列。可以选择峰值输出电流为 11 A，纹波电流为 2 A。每个二极管将有部分电流流过，因此在整个周期内，正向压降为 0.75 V、最大输出功率为 13.6 V×10.0 A＋0.75 V×10.0 A＝143.5 W。

使用第 1 章中降压转换器公式的衍生版本来计算所需的输入电压，如下：

$$V_{IN} = (V_{OUT} + V_{Diode})/DC = 14.35 \text{ V}/0.75 = 19.1 \text{ V}$$

该电压必须以最低输入电压的形式在次级线圈上存在。这就给出了变压器的匝比：

$$N = 19.1 \text{ V}/11.0 \text{ V} = 1.74$$

我们可以验证在高输入电压时所需的占空比。输入电压将是：

$$15 \text{ V} \times 1.74 = 26.1 \text{ V}$$

这就意味着在高输入电压时的占空比为 14.4/26.1＝55％。因此该电源会要求在整个工作范围内进行斜坡补偿。15.0 V 的高输入电压乘以匝比（4∶1×1.74∶1）可以产生 104 V 反向电压。这就确认了我们所选择的二极管是满足要求的。

电感感值由纹波电流、外加电压以及占空比决定。外加电压等于变压器电压减去二极管压降。采用电感公式，可得

$$L = V\frac{dt}{dI} = (18.4 - 13.6) \times \frac{0.75 \times 6 \text{ } \mu s}{2.0 \text{ A}} = 10.8 \text{ } \mu H$$

输出电容容值取决于纹波电压的要求。我们有 300 mV 的纹波电压，2.0 A

的纹波电流。通过三分之一和三分之二法则，可以选择 ESR 和电容的容值：

$$\text{ESR} = \frac{200 \text{ mV}}{2.0 \text{ A}} = 100 \text{ m}\Omega$$

目标电容为

$$X_C = \frac{100 \text{ mV}}{2.0 \text{ A}} = 50 \text{ m}\Omega$$

$$C = \frac{1}{2\pi \times 167 \text{ kHz} \times 50 \text{ m}\Omega} = 19 \text{ } \mu\text{F}$$

纹波电流和 ESR 的要求可以采用单个 $82 \text{ } \mu\text{F}/16 \text{ W·V}$ 松下 WA 系列聚合物电解电容来轻松实现。该电容采用表面贴片封装，ESR 值为 $39 \text{ m}\Omega$，额定纹波电流为 2.5 A。其 RMS 纹波电流近似等于三角波的峰峰值的一半，所以其输出纹波电流近似等于 1 A。

其输入均值电流为 $141 \text{ W}/11.0 \text{ V} = 12.8 \text{ A}$。输入电流基本上是 $12.8 \text{ A}/0.75 = 17 \text{ A}$ 的矩形脉冲。其 RMS 电流为

$$I_{\text{RMS}} = I_{\text{IN}}(DC - DC^2)^{1/2} = 12.8(0.75 - 0.56)^{1/2} = 5.6 \text{ A}$$

两颗 $150 \text{ } \mu\text{F}/20\text{WV}$ 松下 WA 系列聚合物电解电容可以用作输入滤波。该电容采用表面贴片封装，ESR 值为 $26 \text{ m}\Omega$，额定纹波电流为 3.7 A。这与反激设计中的纹波要求形成一个强烈的对比，反激电路中的输入 RMS 纹波是 9 A RMS 而输出纹波是 4.8 A RMS。相对于反激线路，我们在正激转换器中可以采用更少且更便宜的滤波电容。

对于此控制 IC 而言，电流感应电阻是由均值电流来设定，而不是峰值电流。数据手册中给出的计算公式如下：

$$R_{\text{CS}} = 120 \text{ mV}/I_{\text{AVG}} = 0.12 \text{ V}/12.8 \text{ A} = 9.4 \text{ m}\Omega$$

其均值电流限制是通过电流感应电阻和电流限制集成电容的组合来设定。数据手册推荐把该电容设置为 220 pF。

输出电压和软启动的计算和反激设计的实例一样。

我们想要把最大占空比限制到 75%，所以从数据手册的曲线图中选择了 5 kΩ 的定时电阻。数据手册中的另外一个曲线图表明 1.5 nF 的电容结合该定时电阻可以产生 167 kHz 的运行频率。占空比大约 50% 时，需要对所有电流模式控制器进行斜坡补偿。LT1680 提供了内部斜坡补偿，应该满足我们的设计应用。

6.10　推挽式电路

由于变压器的初级线圈上的任意铁芯柱上的磁通不平衡最终会导致变压器的磁芯饱和，所以推挽式线路不太适合电压模式的 IC 控制器。电流模式控制器可以控制两个铁芯柱的磁通不平衡，同时限制流过铁芯柱的电流。一个开关和

变压器的一个线圈可能依旧会比另外一个承受的负载更多些,但是磁芯中的整体磁通会受控于每个线圈里的最大电流限制。

　　图 6.18 所示为典型的推挽式转换器。注意次级线圈采用了一个中心抽头全波整流器配置。推挽式线路要求全波整流。由于在每半个周期内只有一个二极管压降,所以大部分实用的线路都采用中心抽头变压器和一个双二极管。也可以采用一个全波桥来简化变压器的设计,但是这样一来,每半个周期的压降就会变成是两个二极管压降,从而需要采用 4 个二极管。基本上,覆铜会比硅片便宜得多。

　　由于变压器平衡的问题,当只有电压模式的 IC 控制器时,推挽式线路就失宠了。既然有现成的电流模式控制器,所以现在推挽式电路在中等功率线路中越来越受欢迎。推挽式电路在所有功率级别中的负载点应用都很受欢迎,而这些应用中的开关上的电压应力不是问题。

　　初级线圈的匝数必须是桥式线路的两倍,所以变压器会比半桥式变压器复杂很多。开关必须能够承受两倍于输入电压的电压,而半桥式线路的开关电压会等于输入电压。推挽式线路之于半桥式线路的最大优势在于开关绝对不需要隔离的驱动。由于在两个开关都关闭时,其中一个输出二极管依旧导通,所以推挽式线路不需要箝位线路。这就允许当电流在输出线路中线性下降时,磁化电感电流可以继续存在。当备用开关关闭时,磁化电感电流将被迫归零。

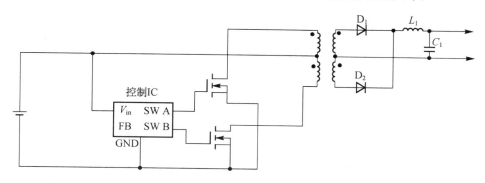

图 6.18　典型的推挽式转换器

　　有效的开关频率是振荡器频率的两倍。每个开关都会提供等效的单开关正激转换器。双极驱动使得有效占空比翻倍,同时输出滤波的运行频率是开关频率的两倍。

　　控制 IC 必须提供两相输出脉冲来交替驱动开关。另外,如果两个开关同时导通,线路行为将会变得很糟糕。如果两个开关同时导通,变压器将会有非常大的开关电流存在。推挽式开关控制 IC 必须有能力在两个相位之间设置一定的死区时间。这将确保在一个开关开始导通之前另外一个开关关闭。

6.11　实用的推挽式电路设计

以下为典型的推挽式电路设计流程：

(1)基于功耗级别以及物料成本等约束来选择控制 IC。

(2)选择开关频率

(3)采用输入电压范围来选择最大占空比。

(4)挑选输出二极管。

(5)计算输出电感感值。

(6)设计变压器线圈比。

(7)决定最大功率,同时选取开关。

(8)基于纹波需求,选择输出电容。

(9)如果需要的话,设计辅助电源。

(10)设计包括反馈线路在内的配套 IC 元件。

我们选取的推挽式实例是把 48 V 转换成一个隔离的、带 100 mV 纹波的 5 V/20 A 的电信电源。图 6.19 所示为我们设计的线路。

通过对特别为推挽式或者桥式操作的控制 IC 的搜索,我们找到了很少的几个符合要求的元件。大多数第一代和第二代电流模式控制器（比如 1846）都有一些必要的功能,但是需要大量的外围元件来让电源工作。没有多少为推挽式和桥式操作而设计的现代控制 IC。有些制造商仅仅只有一两种关于这方面应用的元件,许多公司根本就没有这方面的产品。由于只有少量的电源市场需要超过 200W 的设计,所以这是可以理解的。

我们将为设计选择 National 公司的 LM5030 芯片。该芯片采用 10 引脚的表面贴装,用于离线或者高压的应用场合。正如绝大多数现代 IC,为减少部件数量,它集成了绝大多数必要的功能。对于高功率系统来说,200 kHz 频率是比较合理的。高频需要更加关注切换时间以及二阶、三阶效应。在更高频率下也可能进行高功率转换器设计,但是必须在诸如布局布线、变压器设计以及半导体选择等控制元素方面进行更专业的设计。LM5030 数据手册给出了定时电阻与频率之间的曲线图。从曲线图中可以看出,26 kΩ 定时电阻对应的是 200 kHz 的振荡器频率。开关将在 100 kHz 处进行切换,而输出滤波将在 200 kHz 下工作。

在非隔离正激转换器设计中我们可以看到,选择高于 50% 的占空比可以显著减小输出电源上的纹波,同时不会影响到输出纹波。有效的占空比将是单开关占空比的两倍。我们可以选择 40% 作为单开关占空比。这样就会为工作在 200 kHz 下的输入和输出产生 80% 的占空比。同时在输出电感上选择 1.0 A 的纹波电流来最小化输出电容的 ESR 的需求。采用较大的占空比的另外一个

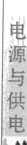

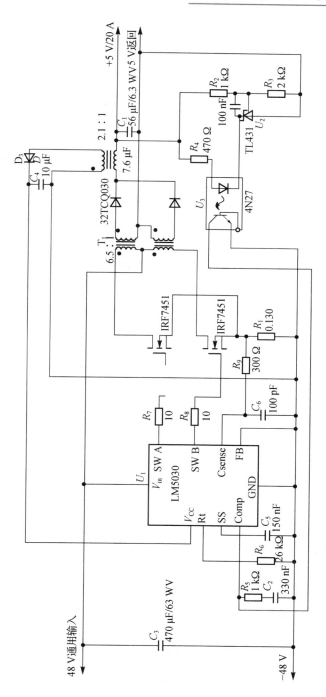

图 6.19　隔离的推挽式设计

优势在于可以减小输出二极管的额定反相峰值电压。我们可能预期反向电压比两倍输出电压低,所以 20 V 反向峰值电压应该足够了。IR 公司现有的肖特基二极管有 15 V 或 30 V 两种额定电压,所以选择 32TCQ030 双二极管。该元件有 30 A 额定电流以及 30 V 的反向峰值电压。在 20 A 的正向电流情况下,该二极管有 0.5 V 的正向电压。

我们使用第 2 章中降压转换器公式的衍生版本来计算所需的输入电压,如下:

$$V_{\text{IN}} = (V_{\text{OUT}} + V_{\text{Diode}})/D = 5.5 \text{ V}/0.80 = 6.9 \text{ V}$$

该电压必须以最低输入电压的形式在次级线圈上存在。这就给出了变压器的匝比:

$$N = 48 \text{ V}/6.9 \text{ V} = 6.96$$

我们可以验证在高输入电压时所需的占空比。输入电压将是

$$15 \text{ V} \times 1.74 = 26.1 \text{ V}$$

如果我们把这个调整到 6.5,同时采用稍微小一点的占空比,就可以显著地简化设计。该值将会使变压器设计变得合理。我们可能把变压器设计成次级的每个铁芯柱都是两三匝绕组,这就要求每个初级线圈需要 13 或者 20 匝绕组。

电感感值由纹波电流、外加电压以及占空比决定。采用电感公式,可得:

$$L = V\frac{\text{d}t}{\text{d}I} = (6.9 - 5.0) \times \frac{0.8 \times 5 \text{ } \mu\text{s}}{1.0 \text{ A}} = 7.6 \text{ } \mu\text{H}$$

输出电容容值取决于纹波电压的要求。我们有 100 mV 的纹波电压,1.0 A 的纹波电流。通过三分之一和三分之二法则,可以选择 ESR 和电容的容值:

$$\text{ESR} = \frac{67 \text{ mV}}{1.0 \text{ A}} = 67 \text{ m}\Omega$$

目标电容为:

$$X_{\text{C}} = \frac{33 \text{ mV}}{1.0 \text{ A}} = 33 \text{ m}\Omega$$

$$C = \frac{1}{2 \pi \times 200 \text{ kHz} \times 33 \text{ m}\Omega} = 24 \text{ } \mu\text{F}$$

一颗 56 μF/6.3 W·V 松下 S 系列表面贴装聚合物电解电容只有 9 mΩ 的 ESR 值,所以纹波将远在目标 100 mV 之下。该电容的额定电流为 3 A。

其输入电源功率近似为 117 W(85% 的效率)。在 80% 的占空比下,其输入均值电流为 2.4 A,同时峰值输入电流为 3.1 A。RMS 电流是 1.24 A。松下 FC 系列 470 μF/63 W·V 电容将提供低 ESR 值(少于 1 Ω),同时提供足够的额定纹波电流。开关需要处理至少两倍输入电压。在有设计余地的情况下,最接近 V_{DSS} 是 150 V。IRF3415S 是一个 D2PAK 器件,在额定电流以及额定电压方面绰绰有余。IRF7451 采用 SO-8 封装,并且有 3.6 A 连续额定漏极电流。

由于每个开关的均值电流是总电流的一半,所以如果小尺寸是设计目标的话,那么该器件可能满足要求。

反馈线路采用 TL431 来驱动一颗 4N27 光隔离器。在 TL431 以及控制 IC 的补偿引脚上都有一个环路补偿。该控制 IC 采用内部斜坡补偿,所以无需外部斜坡补偿。

V_{CC} 电压与我们目前所涉及过的都不同。在主滤波电感上放置一个辅助线圈,并像在反激电源上电感的使用一样进行使用。注意辅助电源线圈是偏振的,这样在电流在滤波线圈中放电的同时,电源会充电。而在滤波线圈充电的同时,电感两端的电压将随着 48 V 输入电压的不同而会发生变化。然而,当滤波线圈放电时,二极管会把线圈两端的电压箝位并大约等于输出电压。由于输出电压很好地进行了调整,所以可以得到很好的用于该控制 IC 的辅助电源。这看起来可能是最好的 IC 功率源。但问题在于——特别是对于离线电源来说——滤波电感的线圈之间的安全隔离必须和主变压的安全隔离相同。本例的电源电压将是(2.1×5 V−0.7 V)或者 9.8 V。随着输出电流的改变,该 IC 的电压只会稍作改变。

电流感应电阻采用数据手册中的信息计算如下:
$$R = 0.5/I_{PK} = (0.5/3.8)\,\Omega = 0.130\ \Omega$$

在电流感应引脚上实现一个小 RC 滤波功能,以便消除由于瞬态而导致的假的电流感应设定。

软启动引脚提供 10 μA 的电流源。该电流源对软启动电容充电,并充至 0.5 V。如果把软启动时间设定为 30 ms,那么需要 0.15 μF 的软启动电容。

6.12　半桥式电路

半桥式电流是对工作在 200～1000 W 离线转换器的一种拓扑选择。图 6.20 所示为典型的半桥式转换器。

电容分压器(C_2、C_3)是线路中不可分割的一部分。它使得其所分压等于输入电压的一半。开关交替驱动电流以相反的方向通过变压器初级线圈,这和推挽式线路一样。半桥式的优势在于开关只需要承受等于输入电压加上少量的瞬态电压的电压。由于只需要单个初级线圈,所以变压器的初级线圈也比推挽式变压器简单。

注意在开关和变压器初级线圈之间有一颗小耦合电容(C_4)。该电容确保了在初级线圈中的磁通不会被累积而导致变压器饱和。当两个储存电容由一个全波倍压器驱动时,输入电源二极管会交替对该储存电容进行充电,直到充到输入功率的全波电压为止。每个电容上的电压都有一个硬电源,无论电容是否对称,必须确保硬中心抽头的电压。开关和变压器之间的耦合电容不太可能是必须的。然而,如果该电容通过为一个通用输入或者 240 V 系统的全波桥所驱动时,储存电容的连接处的电压将会成为影响电容相关容值的一个因素。中心

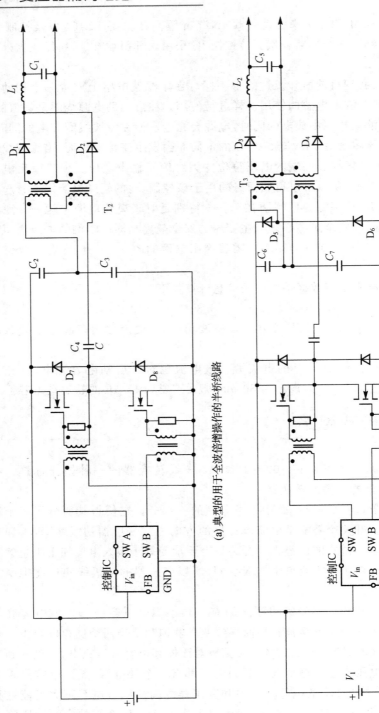

(a) 典型的用于全波倍增操作的半桥线路

(b) 采用全波桥输入的均衡电路

图 6.20

电压是一个"软"值,取决于电容容值以及线路的运行。"软"操作需要使用耦合电容以确保变压器不会饱和。耦合电容上有一半的输入电压以及全部的初级线圈电流。这将需要一颗适应于电源的全交流电流的交流电容。

图 6.20 所示为确保电容的中心电压对称的另外一种方式。具有相同匝数的第二个初级线圈(平衡线圈)通过二极管 D_5 和 D_6 与输入电源相连。在两颗电容两端放置两个线圈。如果线圈两端的电压不相等,电流将从平衡线圈流出以便电容上的电压均衡。平衡线圈的电流通常需要 100 mA,所以线圈可以是小高斯线。

由于上侧开关要求隔离驱动,所以半桥式线路比推挽式线路要复杂得多。电流模式控制要求电流变压器与初级线圈串联放置。电流感应也需要全波整流以感应每个开关的电流。注意在每个开关两端都有箝位二极管。可能会使用 MOSFET 中的体漏二极管,但是这些二极管的导通和断开特性弱。比较好的方法是采用高速二极管来阻止 MOSFET 二极管导通。

6.13　实用的半桥式电路设计

半桥式以及全桥式电路设计都采取相同的步骤。桥式转换器的典型设计流程如下:

(1)基于功耗级别以及物料成本等约束来选择控制 IC。

(2)选择开关频率。

(3)采用输入电压范围来选择最大占空比。

(4)挑选输出二极管。

(5)计算输出电感感值。

(6)设计变压器线圈比。

(7)决定最大功率,同时选取开关。

(8)基于纹波需求,选择输出电容。

(9)如果需要的话,设计辅助电源。

(10)设计包括反馈线路在内的配套 IC 元件。

我们所采用的半桥实例是一个 12.0 V/40 V 离线通用电源。目标纹波是 100 mV。图 6.21 所示为本例的电源。National 公司 LM5030 是一个好的设计选择。同样,选择 100 kHz 工作频率来简化设计,但是依旧能有较好的效率。

我们必须在 $100V_{DC}$ 输入时开始设计——设计电感的最大占空比。我们选择最大占空比为 40%。同时把纹波电流设为 4.0 A。在 100 V 输入处的输出二极管反向电压很可能是 18 V。在 390 V 输入电压处的反向电压大约是 70 V。IR 公司的 80CNQ080A 的额定电流为 80 A,反向峰值电压为 80 V,40 A 时的正向电压为 0.8 V,所以在完全输出时,该二极管将消耗 32 W 的功率。

使用第1章中降压转换器公式的衍生版本来计算所需的输入电压,如下:

$$V_{IN} = (V_{OUT} + V_{Diode})/DC = 12.8 \text{ V}/0.80 = 16.0 \text{ V}$$

整流器上的最大电压将是 62.4 V,所以该例中选择的二极管是满足要求的。在高输入电压时的占空比将是 20%。

其输出电感为

$$L = V\frac{dt}{dI} = (15.2 - 12.0) \times \frac{0.8 \times 5 \ \mu s}{4.0 \text{ A}} = 3.2 \ \mu H$$

记住变压器两端电压仅是输入电压的一半,这样可知变压器的匝比为

$$N = 50 \text{ V}/16.0 \text{ V} = 3.2$$

线路中的损耗非常大。在开关线路中,二极管损耗是功率损耗的主要部分。考虑到线路中的其他损耗,应该再增加至少 20 W 的功耗。这样,整个开关功率输入为 532 W。在低输入电压时的输入电流为 5.32 A 的均值电流或者 6.65 A 的峰值电流。开关将需要 450 V 的 V_{DSS} 以及至少 7 A 的 I_{DSS}。IRFP344 的 V_{DSS} 为 450 V,I_{DSS} 为 9 A,同时导通阻抗 0.63 Ω。对于该开关来说,整体栅极电荷为 60 nC,所以栅极电流为 12 mA。

输出电容容值取决于纹波电压的要求。我们有 100 mV 的纹波电压,4.0 A 的纹波电流。通过三分之一和三分之二法则,可以选择 ESR 和电容的容值:

$$ESR = \frac{67 \text{ mV}}{4.0 \text{ A}} = 17 \text{ m}\Omega$$

目标电容为

$$X_C = \frac{33 \text{ mV}}{4.0 \text{ A}} = 8.3 \text{ m}\Omega$$

$$C = \frac{1}{2\pi \times 200 \text{ kHz} \times 8.3 \text{ m}\Omega} = 96 \ \mu F$$

同样地,可以看到滤波电容非常小,即使在非常大的输出电流的情况下。

本例需要一个辅助电源。IC 电源的输出与输出电压没有任何关系。我们能够做的最好是设计一个接近且同时能够调整其到所需电压的线路。IC 电流和开关电流之和仅仅为 15 mA。可以设计一个电源来传送 12 V 电压,同时采用齐纳二极管来确保电压不会超过 IC 的最大值 16 V。该线圈的匝数与主输出相同,但是可以使用比传统线圈更小的绕线。把纹波电流设为 5 mA。

$$L = V\frac{dt}{dI} = (15.2 - 12.0) \times \frac{0.8 \times 5 \ \mu s}{5 \text{ mA}} = 2.6 \text{ mH}$$

任何传统的容值为 50 μF 的开关式电解电容都有十分低的 ESR 值,能够为该 IC 实现低纹波输出。我们可以选择一个电阻来对 IC 电源进行充电,使其达到开始操作的 7.7 V。如果 IC 电源电压低于 6.1 V,IC 就会停止工作,所以在自举充电之前,需要一个大电容来提供电流。在启动阶段,电流会非常大,所以仅需要两到三个周期就可以提供所需的电流。在低输入电压的情况下,用来提供 1 mA 的电阻应该提供足够的开启时间。

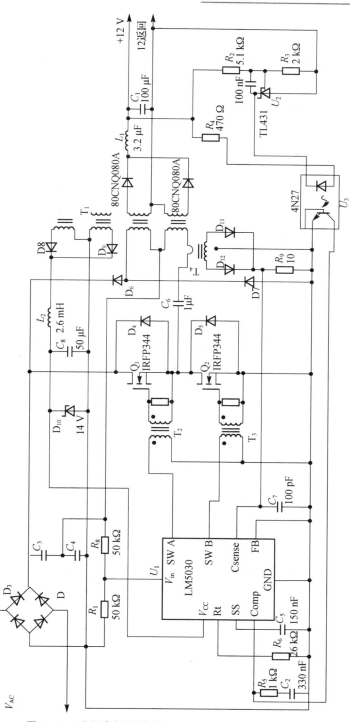

157

图 6.21 采用半桥设计实现 12.0 V/40 A 离线通用电源

该线路的电流感应与我们所涉及的任何电流感应线路都有显著不同。我们过去所使用的实例中的感应电阻都以地做参考。桥式线路需要电流感应变压器(T4)与变压器的初级线圈串联。采用一个电流变压器也可以直接对输出电感电流进行测试,但是电流感应变压器可能需要安全隔离认证。电流感应变压器采用全波整流以允许从两个开关上来测试电流。

电压反馈线路和在推挽式线路实例中所使用的相同。

6.14　全桥式电路

对于工作在 500 W 以上的电源来说,全桥式线路很有用。在所有的离线电源中,它是最复杂的,因而也是最贵的。只有当因为处理两个开关而使得初级电流太大时,才会选择全桥式操作。全桥式线路采用两个开关和箝位二极管来代替两颗电容。两个上侧开关都需要隔离驱动。如果对变压器匝数进行计算,需要使用到全输入电压,而不是像在半桥式电路中的一半电压。全桥设计采用一个电源线电容,而不是两颗。单颗电容(C_3)的容值比半桥小。

一个较小的电容与两颗大电容之间减少的成本抵消了半导体增加的额外成本。另外,由于电流是半桥线路的一半,所以开关可以相应的便宜一些。图6.22 所示为全桥式转换器的实例。

我们把上述的半桥式线路的实例重新设计成全桥式线路。主要的设计决定和计算都相同。第一个需要改变的是变压器的匝比:

$$N = 100 \text{ V}/16.0 \text{ V} = 6.3$$

接下来需要改变的是开关的选择。输入电流将会是 2.66 A 均值电流或者3.33 A 的峰值电流。这样较低的电流使得我们可以选择较为便宜的开关。在2004 年的报价中,IRFP344 的价钱大概是每 100 片 2.33 美元,而 IRF1734 则是0.94 美元。在该应用中,IRF1734 是一个 450 V/3.4 A 的开关,有足够的余地进行设计。如果图 6.21 和图 6.22 中的变压器的两个初级线圈采用相等的线圈,那么相同的变压器在这两个线路中都可以使用。

比起单个开关线路和推挽式线路来说,这两种桥式线路非常复杂。脉冲变压器必须驱动两个晶体管,而半桥变压器只要驱动一个晶体管。

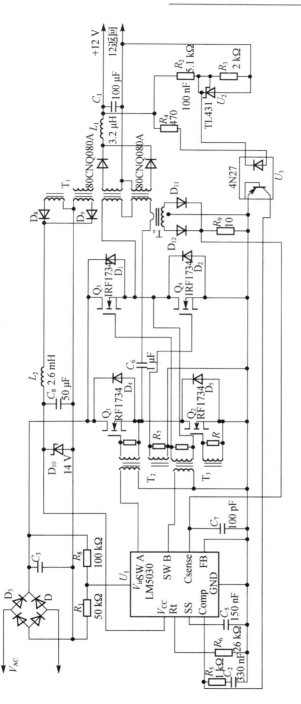

图 6.22　全桥设计(图 6.21 的变型)

第7章

功率半导体

Nihal Kularatna

在我从事开关电源设计的早些年里，每当我进行电源设计评估时，我总是在测试机台上放置了一小堆功率晶体管。我经常会说："如果你不触碰线路，你就不会破坏它"。然而不幸的是，你总是不得不去触碰线路，所以需要订购比所想或者所需要的更多的功率晶体管和其他半导体元件。

在任何开关电源中，半导体总是最脆弱的元件。能够恰当地使用它们可以让它们在系统的各个状态下稳定的工作。它们也会对整个电源有直接影响。

Kularatna 概述了目前开关电源领域中所使用的所有主要的功率开关和整流器，有些已经不会被主流的电源设计者所使用，除非在功率非常高的市场（超过 1 kW）。他总结了每种半导体的优点和缺点。

——Marty Brown

7.1 导 言

由于晶体管的发明，在过去的半个世纪里，功率电子世界已经可以享受各种不同功率半导体器件所带来的好处了。这些器件能够处理从几伏到几千伏的电压以及几毫安到千安培级别的开关电流。在晶体管发明后的 10 年内，晶闸管开始商业化。

大约在 1968 年，在开关电源系统中，功率晶体管开始取代晶闸管。功率 MOSFET 管作为一种实用的商业元件，从 1976 年就开始使用。当市场上出现小功率器件时，从 20 世纪 90 年代早期人们就已经使用绝缘栅双极晶体管（IG-BT）进行设计。在 1992 年，MOS 控制的晶闸管开始商业应用，大约在 1995 年，诸如 GaAs 和碳化硅（SiC）等半导体材料为高频开关系统的功率二极管的更好的性能打开了新局面。

目前，被称为功率设备的频谱涵盖了非常广泛的设备，跨越了许多技术。分立式功率半导体在 20 世纪 90 年代持续在功率电子半导体领域处于领先地位。对诸如二极管、晶闸管以及双极功率晶体管等基础元件的制程的改善为高电压、大电流以及高速设备的应用铺平了道路。该行业的一些主要参与者在制造能力方面进行投资从而使得最优秀、最新颖的功率半导体技术从研究领域变成实在的产品。

商业级功率半导体器件可以归纳为几个基本类别，比如说二极管、晶闸管、双极结型功率晶体管（BJTs）、功率金属氧化物硅场效应晶体管（功率 MOS-FETs）、绝缘栅双极晶体管（IGBTs）、MOS 控制晶闸管（MCTs）以及栅极关断晶闸管（GTOs）等。本章会对这些家族的特性、性能参数以及局限性进行概述。

7.2　功率二极管及晶闸管

7.2.1　功率二极管

二极管是最简单地半导体器件，由一个 PN 结组成。为改善其静态和动态特性，就演变出了众多不同类型的二极管。在电源应用领域，二极管主要用来做整流，也就是把交流转变为直流。然而，二极管也可以让电流任意流动，也就是说如果电源到感性负载被中断了，负载两端的二极管会给感应电流提供一条回路，同时阻止高电压 Ldi/dt 损坏线路中的感应元件。

表征二极管的基本参数是最大正向均值电流 $I_{F(Ave)}$ 以及峰值反向电压（PIV），该参数有时候也被称为阻断电压（V_{rrm}）。主要有两类二极管，分别为通用 PN 结整流器和快速恢复 PN 结整流器。通用 PN 结整流器一般用于工作在诸如 50 Hz 或 60 Hz 的线性频率下的线路中。快速恢复（或者快速关断）类型结合具有开关开关线路的其他的功率电子系统一起使用。

第二种类型的经典实例是开关电源（SMPS）或者逆变器，等等。图 7.1（a）表示的是功率元件制造商迎合高功率系统的能力，而图 7.1（b）则表示制造商迎合应用范围广的能力。

在诸如逆变器和 SMPS 等高频情形下，另外两个重要的现象主导对整流器的选择，它们是正向恢复和反向恢复。

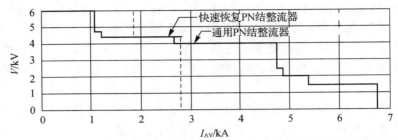

(a)（由英国 GEC Plessey 半导体公司授权生产的）大功率半导体的主要供应商的整流能力

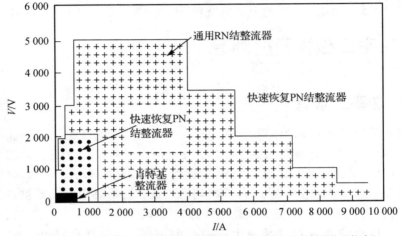

(b)（由美国 IR 公司授权生产的用于满足广泛应用的制造商的整流能力）

图 7.1　整流能力

1. 正向恢复

导通瞬态可以通过图 7.2 来解释。相对于导通时间 t_{fr}（正向恢复时间），如果负载时间常数 L/R 大，那么负载电流在此期间很难改变。如果时间 $t<0$，开关 S_W 将关闭，稳定条件占优势，二极管 D 在 $-V_S$ 处反向偏置，处于关闭状态，$i_D=0$。

在 $t=0$ 时，开关 S_W 打开，二极管开始变为正向偏置，从而在 R 和 L 中给负载电流提供了一条回路，这样在短暂的时间 t_r（上升时间）内二极管电流 i_D 会上升至 $I_F(R_{l1})$，再经过时间 t_f（下降时间）后，二极管的压降会降至一个稳定值，如图 7.2(b) 所示。二极管的导通时间是时间 t_{fr}，由 t_f+t_r 组成。从一个平衡状态（关闭）改变到另外一个状态（导通）需要花 t_{fr} 的时间来充电。

整体压降 V_D 达到峰值正向电压 V_{FR}——可能在 5～20 V 之间变动——远比稳态值 V_{DF} 大，通常在 0.6～1.2 V。电压达到 V_{FR} 所需的时间 t_r 通常大约是 0.1 μs。在 $t>t_r$ 时，电流 i_D 将会恒定在 I_1 值（也就是正向二极管电流 I_F）。

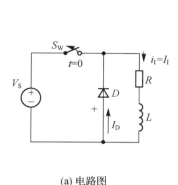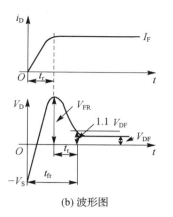

(a) 电路图　　　　　　　　(b) 波形图

图 7.2　导通特性

　　进一步说,由于阻抗的减小而导致伴随着半导体过剩的载流子的增长,从而会发生电导调制。结果是 $i_D R_D$ 压降减小。在平衡状态中,如果过剩载流子均匀分布,压降 V_D 要达到它的最小稳定状态压值 V_{DF} 可能需要花费一个 t_f 的时间。

　　在导通 t_f 期间,电流不会均匀分布,所以电流密度可能在某些部分足够高,从而引起热点并导致可能的失效。相应的,在传导均匀分布以及电流密度下降之前,电流 $\mathrm{d}i_D/\mathrm{d}t$ 的上升斜率应该受到限制。在导通时与高电压相关的是高电流,所以会有额外的功耗发生,但在稳态模型中,这不是显而易见的。导通时间取决于器件类型,可以从几个纳秒到大约 1 ms 中变化。

2. 反向恢复

　　关断现象可以采用图 7.3 来解释。在图 7.3(a) 中,除了二极管,整个简单的断路器中的电路元件都可以认为是理想的。由于假设与开关周期相比,负载时间常数很长,所以以常规频率切换 S_w,恒流源 V_s 在 RL 负载中保持有恒定的电流 I_1。

　　一旦开关 S_w 关闭,负载开始被充电,而二极管应该反偏。一旦开关 S_w 打开,二极管就会为负载电流 I_1 提供一条自由的环路。由于实际的原因,被卷入的电感 L_s 可能是集总源电感和缓冲电感,当开关打开时,应该会让自由二极管压制其高电压。

　　让我们考虑稳定条件占优势的情形。在 $t=0^-$ 时,开关 S_w 打开,负载电流 $i_1=I_1$,二极管电流 $i_D=I_1=I_F$,而二极管两端的压降 V_D 很小(大约 1 V)。

　　重要的考量是在 $t=0$ 时,当开关闭合后会发生什么。图 7.3(b) 描述了二极管电流 i_D 与电压 V_D 之间的波形。在 $t=0^-$ 时,在二极管中会有过剩电荷载流子的传导分布。该分布不能瞬间改变,所以在 $t=0^+$ 时,二极管依旧看起来像一个 $V_D=1$ V 的虚拟短路线路。基尔霍夫电流定律给出的关系式如下:

$$i_D = I_1 - i_s \qquad\qquad (7-1)$$

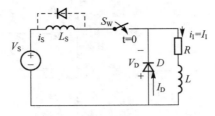

(a) 斩波电路图

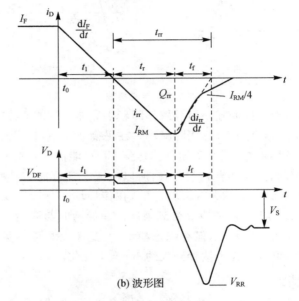

(b) 波形图

图 7.3　二极管关断

而基尔霍夫电压定律可以产生：

$$V_s = L_s \frac{di_s}{dt} = L_s \frac{d(I - i_D)}{dt} = -L_s \frac{di_D}{dt} \qquad (7-2)$$

相应地，二极管电流以一定速率进行改变：

$$\frac{di_D}{dt} = -\frac{V_s}{L_s} = 常量 \qquad (7-3)$$

这就意味着二极管电流要降至零需要花 $t_1 = L_s(I_1/V_s)$ 的时间。在时间 $t = t_1$ 时，电流 i_D 等于零，但是到达这点时，多数载流子已经通过 PN 结，从而变成了少数载流子，所以除非这些载流子都已经流过，否则 PN 不能被认为是阻断条件。在零电流时，二极管依旧是对源电压短路。公式（7-1）～式（7-3）依旧可以使用，并且 i_D 会以同样的速率上升至 I_1 以上。当过量载流子存在时，二极管电压 V_D 几乎没有变化。一旦多余的电荷载流子从该区域移走时，二极管反向电流会在时间 t_r 内上升。

在 t_r 结束时，反向电流 i_D 会上升至一个实际 I_{RR} 值（峰值反向恢复电流），但是到该点为止,有足够多的载流子已经从该区域移出和重组。因此,经过一个下降时间 t_f,一旦剩下的多余载流子被移除或重组时,二极管电流 i_D 会迅速下降并接近零值。

确实是在 t_f 期间,其势垒会开始增加,这样随着 i_D 的降低,既可以阻止由源电压施加的反向偏置电压,也可以因为在 PN 结处的多余的载流子密度为零而抑制多数载流子的扩散。反向电压会产生电场,该电场会允许耗尽层获得空间电荷以及进行扩张。

也就是说,电场会引起 N 区的电子被迫远离朝向阴极的结,同时也会引起空穴被迫远离朝向阳极的结。由于在时间 t_f 内,i_D 会降至为 0,从而存在额外的电压 $L_s(\mathrm{d}i_D/\mathrm{d}t)$,这样阻断电压 V_D 会在瞬间上升并超过电压 V_s。

众所周知,$t_r + t_f = t_{rr}$ 是反向恢复时间,不同的二极管通常会有不同的反向恢复时间(在 10 ns ～ 1 ms 之间变动)。由于这个时间也是用来通过反向电流从硅片上移除额外电荷 Q_{RR} 的时间,所以它也被称为储存时间。Q_{RR} 是 $i_D = I_1$、$\mathrm{d}i_D/\mathrm{d}t$ 以及结点温度的函数,对反向恢复 $\mathrm{d}t$ 电流 I_{RR} 以及反向恢复时间 t_{rr} 有影响,所以它通常由数据手册中给出。下降时间 t_f 可能会受二极管的设计的影响。可能看起来让关断时间变短会比较合理,但是这个制程很昂贵。在硅中大量掺杂黄金或者铂金可以缩短载流子寿命,从而降低 t_f。其优势在于可以增加开关频率。

有两个缺点与性能增益相关。一个是增加的导通状态的压降,另一个是增加的电压恢复过冲 V_{RR} ——它是由随着 i_D 的迅速下降而导致 $L_s(\mathrm{d}i_s/\mathrm{d}t)$ 的增加所引起的。

由于有这两个影响,反向恢复通常会导致更大的功率损耗,同时也可能产生显著的 EMI 影响。然而,这些现象对于工作在 50～60 Hz 的系统来说,不是一个很大的问题。随着半导体功率开关的发明,电源转换一旦进入几千赫兹的范围,那就需要更快的整流器。

硅片中少数载流子的相对长的寿命(数十毫秒)会导致需要比有效的传导调制更多的存储电荷。为了加速反向恢复,早期的快速整流器采用不同的少子寿命控制技术来减少在轻掺杂的区域的少子电荷的储存。尽管正向恢复和正向电压由于少子寿命控制技术的副作用而适度增加,但是这些整流器的反向恢复时间会大幅减少至 200 ns 左右。随着电源转换频率上升至 20 kHz 甚至更高时,最终会转化为对更快速整流器的需求,从而导致外延整流器的发展。

3. 快速以及超快速整流器

上述讨论表明,把二极管从正向切向反向时诸如正向恢复时间(t_{rr})、正向恢复时间(V_{FR})、反向恢复时间(t_{rr})、反向恢复电荷(Q_{rr})以及反向恢复电流 I_{RM} 等参数变得重要,反之亦然。随着不同制程的改善,快速以及超快速整流器可以在有限的电压和电流内实现,如图 7.1 所示。

　　图中所示对于高达 2 000 V 额定电压以及超过 1 000 A 额定电流——其本身是互斥的——的器件的技术已经可行了。在这些二极管中,尽管冷 t_{rr} 值是正常的,但是在高结点温度下,t_{rr} 是原先的 3～4 倍,开关损耗会增加,同时在许多情况下,会导致热失控。

　　目前有几种方法来控制二极管的开关特性,每种方法都会导致正向压降 V_F、阻断电压 V_{RRM} 以及 t_{rr} 值之间的不同的相互依存关系。正是这些相互依存(或者说是妥协)才区分了当今市场上的现有的超快速二极管。涉及二极管导通和关断行为的重要参数有 V_{FR}、V_F、t_{fr}、I_{RM} 以及 t_{rr},而这些值都取决于制程。

　　有几家制造商,如 IXYS 半导体公司、IR 公司等设计制造了一系列超快速二极管,并被称为快速恢复外延二极管(FREDs),在 20 世纪 90 年代获得了广泛的认可和接受。Burkel 和 Schneider(1994 年)对这些元件有很精彩的描述。

4. 肖特基整流器

　　如图 7.1(b)所示,在现有的整流电压和额定电流的总谱图中,肖特基整流器占据了一角。尽管如此,它们是低压开关电源应用的整流器的选择,其输出电压达数十伏,特别是在高切换频率下。基于此,肖特基二极管占目前整个整流器应用的主要部分。肖特基特有的电子特性把它们从传统的 PN 结整流器区分开,其表现在如下几个重要方面:较低的正向压降;较低的阻断电压;较高的泄露电流;几乎没有反向恢复电荷。

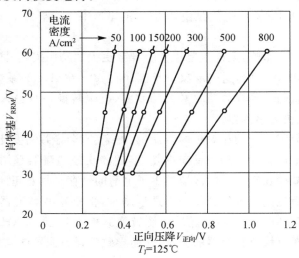

图 7.4　(由美国 IR 公司授权生产的)
用于 150℃ 级别器件的肖特基 V_{RRM} 级与正向压降之间的关系

　　较低的正向压降以及几乎没有少数载流子反向恢复的基本特性使得它能够在低压开关电源的应用中战胜 PN 结整流器。

　　没有少数载流子反向恢复就意味着肖特基本身几乎没有开关损耗。也许更重要的是,对于肖特基而言,开关瞬态电压以及随之而来的振荡比起 PN 结整流器要相对不那么严重。因此,缓冲将会更小、且更难耗散。

　　肖特基较低的正向压降意味着较低的整流损耗、较高的效率以及更小的散热器。正向压降是肖特基额定反向电压的一个函数。在该电压下,肖特基正向压降比快速恢复外延 PN 结整流器要低 $150 \sim 200$ mV。

　　在较低的额定电压下,肖特基较低的正向压降变得越来越明显,其优势也越多。例如,一个 45 V 肖特基的正向压降为 $0.4 \sim 0.6$ V,而对于快速外延 PN 结整流器来说,则是 $0.85 \sim 1.0$ V。一个 15 V 肖特基仅仅只有 $0.3 \sim 0.4$ V 的正向压降。

　　在 5 V 电源下,一个其正向压降为 0.9 V 的传统的开关恢复外延 PN 结整流器可能会耗散输出功率的 18%。相比而言,一个肖特基可以把整流损耗减小到 8%～12%。这就是为什么肖特基总是在低压高频开关电源系统中应用的简单原因。对于任意给定的电流密度,肖特基二极管正向压降随着它的反向重复的最大电压(V_{RRM})的增加而增加。任何进程的基本标志是它的最大额定结温——T_{JMAX} 类以及基本额定电压、V_{RRM} 类。这两个基本标志是由进程来设定的;它们反过来又决定正向压降和反向泄漏电流特性。图 7.4 所示为 150 ℃ 的 T_{JMAX} 的情形。

　　图 7.5 所示为工作电压上的漏电流以及在任意给定进程中的结温之间的依存关系。随着外加反向电压以及结温的增加,反向漏电流增加。图 7.6 所示为在额定 V_{RRM} 下工作温度与漏电流之间的典型关系,图中所示的两条曲线分别表示 150 ℃/45 V 和 175 ℃/45 V 肖特基进程曲线。

　　肖特基的一个重要的线路特性就是它的结电容。它是肖特基芯片的面积和厚度以及外加电压的函数。V_{RRM} 越高,芯片的厚度越大,结电容就越小。可以通过图 7.7 来阐述。结电容本质上与肖特基 T_{JMAX} 以及工作温度无关。

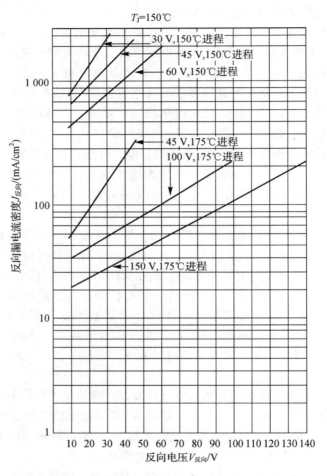

图 7.5 （由美国 **IR** 公司授权生产的肖特基二极管的）
外加反向电压与反向漏电流密度之间的关系

5. GaAs 功率二极管

高效的电源转换电流需要整流器有低正向压降、低反向恢复电流以及快速恢复时间等性能。对于在开关电源的应用中,硅片是快速、高效整流器的材料选择。然而,优化硅器件中的反向恢复的技术已经接近理论的极限了。

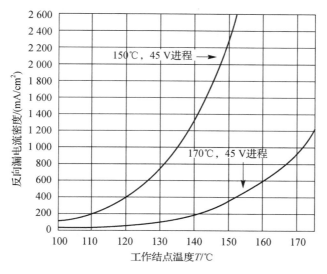

图 7.6　（由美国 **IR** 公司授权生产的肖特基二极管的）
反向漏电流密度与工作结点温度的典型关系

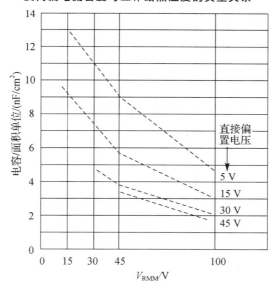

图 7.7　在不同偏置电压下量测的,（由美国 **IR** 公司授权生产的）
典型肖特基二极管自电容与 V_{RRM} 级的关系

为了提高速度,需要采用能使载流子更快移动的材料。砷化镓（GaAs）的载流子
移动能力是硅的 5 倍（Delaney、Salih 以及 Lee,1995 年）。由于在电压超过
200 V 时,采用肖特基技术的硅器件很难生产,所以后续发展集中在额定电压为
180 V 或者更高的 GaAs 器件上。采用 GaAs 整流器的优势包括快速切换以及

降低反向恢复相关参数。另外一个好处在于与温度相关的参数的变化比硅整流器小很多。

例如，摩托罗拉 180 V 和 250 V GaAs 整流器用于产生 24 V、36 V 和 48 V 直流输出的电源转换器中。产生 48 V 直流的转换器在电信以及计算机主机的应用中特别流行，与类似的基于硅的元件相比，在开关频率大约为 1 MHz 时，GaAs 元件的优势可以获得体现（Deuty，1996）。

由摩托罗拉公司提供的 180 V 器件可以把在 48 V 直流应用中的功率密度提高到高达 90 W/in³（Ref. 21）。这些器件可以让设计者在 1MHz 时切换转换器而不会产生大量的 EMI。

图 7.8(a) 和图 7.8(b) 所示为典型的来自摩托罗拉公司的正向电流为 20 A 以及反向电压为 180 V 的 GaAs 器件的关系图。

如需更进一步的研究，读者可直接参考如下作者所写的专著：（Ashki-anazi、Lorch 和 Nathan，1995 年）、（Delaney、Salih 以及 Lee，1995 年）以及（Deuty，1996 年）。

7.2.2 晶闸管

如图 7.9 所示，晶闸管是一个四层、三端的器件。三个内部 PN 结之间两两相互作用从而形成了器件的特性。然而，晶闸管的工作以及控制中的栅极导通的作用可以通过图 7.10 所示的两个晶体管模型来说明。这里，p_1-n_1-p_2 层看起来组成了一个 p-n-p 晶体管，而 n_2-p_2-n_1 层生成了一个 n-p-n 晶体管，同时把每个晶体管的集电极连接到另外一个的基极。

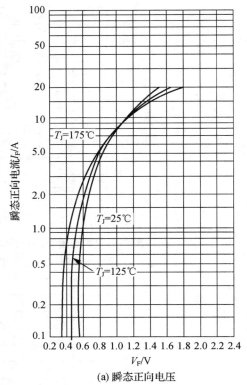

(a) 瞬态正向电压

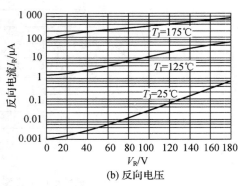

(b) 反向电压

图 7.8 额定电流 20 A、额定电流 180 V 的 GaAs 功率二极管的典型特性

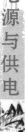

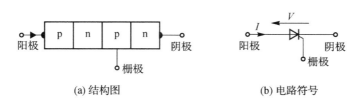

(a) 结构图　　　　　　　　　(b) 电路符号

图 7.9　晶闸管示意图

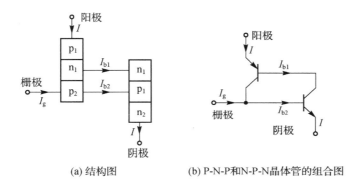

(a) 结构图　　　　　(b) P-N-P和N-P-N晶体管的组合图

图 7.10　晶闸管的双晶体管模式

如图 7.11(a) 所示,把反向电压施加到晶闸管上,p_1-n_1 以及 p_2-n_2 反向偏置,阴极相对于阳极来说为正,从而导致其特性类似于具有反向击穿点处的少量反向漏电流的二极管。在正向电压的作用下,外加以及没有栅极电流来支援晶闸管使其处于正向阻断模式。两个晶体管的射极现在正向偏置,传导不会发生。随着施加电压的增加,流经晶体管的漏电流也会增加,并且直至正反馈的发生为止,而该正反馈是由于基极和集电极的连接驱动两个晶体管进入饱和并进行切换,结果导致晶闸管导通而产生的结果。现在晶闸管导通,其两端的正向压降降至所要求的 1～2 V。这个条件也在图 7.11(a) 中的晶闸管静态特性中有所体现。

在电压低于击穿电压时,如果有电流被注入栅极,就会导致 n-p-n 晶体管导通。正反馈回路随后把 p-n-p 晶体管导通。一旦两个晶体管都导通,由于正反馈回路的行为将会维持两个晶体管的状态,从而使晶闸管处于导通状态,所以栅极电流就会消失。

因此,如图 7.11(b) 所示,栅极电流的作用是在正向转折发生时,减小有效的电压。在晶闸管被导通后,不论栅极电流或者线路的状况,只要正向电流保持在维持电流水平以上,它就会一直导通。

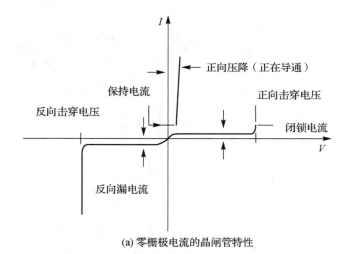

(a) 零栅极电流的晶闸管特性

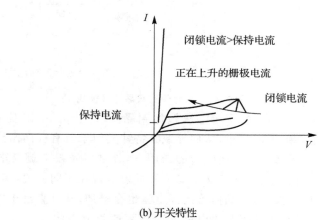

(b) 开关特性

图 7.11　晶闸管特性

1. 额定参数以及不同类型的器件

　　所有的功率半导体的运行都受限于一系列定义元件的运行范围的额定参数。这些额定参数包括峰值限额、均值和 RMS 电流、器件的正向电压以及反向电压、器件电流和电压改变的最高限额、器件的结温以及在晶闸管中的栅极电流限额等。

　　功率半导体的额定电流与器件的能量耗散相关，因而也就是与器件的结温有关。导通状态电流的最大值（$I_{av(max)}$）是指在没有超过允许的温升下，器件在已定义的电压和电流波形的条件下所能够承受的最大连续电流。类似地，当在一个普通的占空比负载运行时，RMS 额定电流（IRMS）与允许的温升相关。

　　在瞬态负载的情况下，由于功率半导体的内部损耗，因而温升与器件正向电流的平方相关，所以器件的电流和允许温升之间的关系可以采用一个额定的

$i^2 dt$ 来定义。在导通时,电流最初集中在器件横截面的一个很小的区域,因而取决于额定 di/dt 值,该值用来设定允许的正向电流额定上升限额。

功率半导体器件的额定电压主要与器件能够承受的最大正向和反向电压有关。通常来说,这些值包括最大连续反向电压($V_{RC(max)}$)、最大重复反向电压($V_{RR(max)}$)以及最大瞬态反向电压($V_{RT(max)}$)。额定正向电压也有类似这样的参数。

正向电压的快速瞬态的存在可能会导致晶闸管导通,因而需要为该元件来规定额定的 dv/dt 值。dv/dt 值的大小通过对缓冲电路与晶闸管进行并联来控制。晶闸管的数据手册总是会通过图片来讲述该晶闸管可以承受的最大浪涌值 I_{TSM}。

该图片假设一个脉宽为 8.3 或者 10 ms 的半正弦脉冲,这也分别是 60 Hz 或者 50 Hz 的应用条件。该限制不是绝对的。具有更高峰值的窄脉冲可以被安全地处理,但是目前没有足够的信息来让设计者决定短脉冲的额定电流。Hammertion(1989 年)简要介绍了在领域中的指南。

自从其问世以来,线路设计工程师就要求需要对晶闸管运行应力及对元件性能不断改善和加强。不同的应力要求晶闸管必须能够满足:

(1)较高的阻断电压。

(2)更大的电流承载能力。

(3)较高的 di/dt 值。

(4)较高的 dv/dt 值。

(5)较短的关断时间。

(6)较小的栅极驱动。

(7)较高的工作频率。

有大量不同的晶闸管可以满足其中的一项或者几项要求。但是通常是,其中的一个性能的改善会影响另外的性能。所以不同的晶闸管会根据不同的应用而进行优化。现代的晶闸管可以分为如下几类:

(1)相控晶闸管。

(2)逆变器晶闸管。

(3)不对称晶闸管。

(4)反向导通晶闸管(RCT)。

(5)光触发晶闸管。

图 7.12 总结了来自某个功率器件制造商的相控晶闸管和逆变器晶闸管的电流和电压能力。

1. 相控晶闸管

相控晶闸管或者转换器晶闸管通常在线性频率区工作。它们通过正常渠道来关闭,没有特殊的开关切换特性。

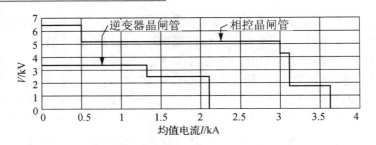

图 7.12　（由英国 GEC Plessey 半导体公司授权生产的）晶体管的额定能力

相控晶闸管的额定电流范围涵盖到从几安培到 3 500 A，而额定电压从 50～6 500 多伏不等。为了降低栅极驱动的要求，增加灵敏度，原本用于开发快速切换逆变器晶闸管的放大栅极也就被广泛应用在相控 SCR 上。

2. 逆变器晶闸管

区分逆变器晶闸管和标准相控晶闸管的最通用的特性是逆变器晶闸管有快速关断时间，该时间取决于额定电压的大小，通常是 5～50 μs 之间浮动。在额定电压分别为 2 000 V 和 3 000 V 的情况下，其最大额定均值电流分别为 2 000 A 以上和 1 300 A。

逆变器晶闸管通常用在工作直流电源里的线路部分，在这里，晶闸管中的电流要么通过采用线路谐振的辅助整流电路，要么使用负载换相来关断。不论采用哪种线路关断机制，由于它都能最大限度地减小元件尺寸、整流的份量以及/或者被动元件的数量，所以快速关断的特性是很重要的。

3. 不对称晶闸管

不对称晶闸管（ASCR）的显著特点之一在于它不会阻止显著的反向电压。通常它们的反向阻断能力范围是 400～2 000 V 不等。

在许多电压馈逆变器线路以及需要保持反向电压低于 20 V 的反并联反馈整流器线路中会使用到 ASCR。事实上，ASCR 只需要阻止正向电压以提供额外的设计余地来优化关断时间、导通时间以及正向压降等。

4. 反向导通晶闸管

反向导通晶闸管（RCT）是具有反并联整流器的不对称晶闸管的单片集成。除了元件数量减少的明显优势外，RCT 还消除了晶闸管二极管环路中的感应电压（对一些采用分离元件的设计来说，这是不可避免的）。同时，它实际上把从晶闸管看过去的反向电压限制在一个二极管的导通电压内。

5. 光触发晶闸管

有许多采用光触发晶闸管进行开发的应用。在硅光的直接照射下，会产生电子-空穴对，其在电场的影响下，就会产生电流来触发晶闸管。

采用光学方法的晶闸管对于在极高电压线路中的应用有特别的吸引力。典型的应用领域是工作在数百千伏范围内直流输电线路的开关,它们与许多器件串联,每个器件必须根据要求进行触发。本设计中的光发射是在触发线路和可能会有高达数百千伏悬浮式晶闸管之间提供电隔离的理想设计。

一旦要维持很强的 dv/dt 和 di/dt 的能力,就需要高灵敏性的光触发晶闸管。由于用来触发晶闸管的实际光源的光子数量少,数量有限,所以要求其栅极感应是电触发元件的 100 倍。

6. JEDEC 的名称和流行的命名

表 7.1 把联合电子工程设备委员会(JEDEC)的名称与现有商业级的晶闸管的流行名称进行了比较。JEDEC 是一个由电子工业协会(EIA)以及国家电气制造商协会(NEMA)共同举办的工业标准活动。硅控制整流器(SCR)被最广泛地用于功率控制元件中。在较低电流(<40 A)的交流电源应用中,晶闸管是非常受欢迎的。

表 7.1　晶闸管的类型以及流行的名称

JEDEC 名称	流行的名称、类型
反向阻断二极管晶闸管	* 四层二极管、硅单向开关(SUS)
反向阻断三极真空管晶闸管	晶闸管整流器(SCR)
反向导通二极管晶闸管	* 反向导通四层二极管
反向导通三极真空管晶闸管	反向导通 SCR
双向三极晶闸管	三端双向晶闸管开关元件
可关断晶闸管	栅极关断开关(GTO)

* 不常见。

7.3　栅极关断晶闸管

栅极关断晶闸管(GTO)是一个类似于晶闸管的锁存元件,通过在其栅极施加一个负的电流脉冲来使其关断。由于它增加了线路的灵活性,所以其优势明显。现在通过它来控制无需精密整流线路的直流线路的功率成为可能。

GTO 元件的主要设计目标是实现快速关断以及大电流关断能力,同时加强关断器件的安全工作区域。在过去的最近几年里,在这两个领域中都取得了重大进展,很大程度上是由于对关断机制的更深的理解。通过阴极基区的过剩空穴的移动来实现 GTO 的关断,而这些是通过对栅极终端的电流反向来实现。

GTO 在开关线路中,特别是直接来自欧洲的设备中,广受欢迎。与双极型晶体管相比,GTO 有如下优势:超过 1500 V 的高阻断电压能力以及很强的过流能力。同时它也有低栅极电流、快速有效的关断以及杰出的静态和动态 dv/dt

能力等特性。

图 7.13(a) 描述的是一个 GTO 的符号,而图 7.13(b) 则表示为它的双晶体管等效线路。图 7.13(c) 所示为一个基本的驱动电路。GTO 通过一个正的栅极电流来导通,同时通过施加负的栅极阴极电压来关断。

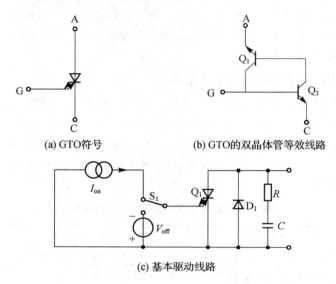

(a) GTO符号　　　　(b) GTO的双晶体管等效线路

(c) 基本驱动线路

图 7.13　GTO 符号、等效线路以及基本驱动线路

图 7.14 所示为一个实用的 GTO 栅极驱动线路的应用。在该线路中,当晶体管 Q_2 断开时,射极跟随晶体管 Q_1 充当一个电流源,通过一个 12 V 齐纳二极管 Z_1 和一个极性电容 C_1 来把电流注入到 GTO 的栅极。当 Q_2 基极的控制电压转为正,晶体管 Q_2 导通,同时由于晶体管 Q_1 的基极的电压比射极低一个二极管压降,所以 Q_1 同时关断。在这个状态时,电容 C_1 的正极实际上是接地的,它将充当一个大约 10 V 的电压源来把 GTO 关断。隔离栅极驱动电路也可能比较容易地驱动 GTO。

随着阴极射极结构的改善,以及垂直结构更好的优化,现在的 GTO 在关断性能(早期 GTO 的主要弱点)上已经取得了显著的进展。图 7.15 所示为现有的 GTO 的额定电压,我们可以看到,它们的涵盖范围相当广。然而,其主要应用还是在那些双极型晶体管以及功率 MOSFET 不能有效完成的更高的电压(>1200 V)领域。在目前的市场中,有额定电流超过 3000 A 且额定电压超过 4500 V 的 GTO 器件。更详细的了解请查阅 Coulbeck、Findlay 和 Millington(1994)以及 Bassett 和 Smith(1989)的书籍。

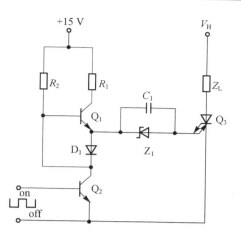

图 7.14　GTO 栅极驱动电路的具体实现

177

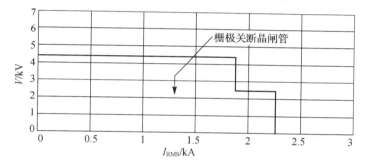

图 7.15　（由英国 GEC Plessey 半导体公司授权生产的）现有 GTO 的覆盖的额定电压

7.4　双极型功率晶体管

在过去 20 年里，人们把注意力集中在在逆变器中充当开关器件的高功率晶体管、SMPS 以及类似的开关应用。更高开关速度以及更低开关损耗的新器件正在开发中，其性能会超出晶闸管。由于它们更快的速度，因此它们可以用于频率超过 200 kHz 的逆变器线路中。另外，无需晶闸管所要求的昂贵的整流线路，只需要一个低成本的反向栅极驱动，这些器件就能容易关断。

7.4.1　作为开关的双极型晶体管

双极型晶体管本质上是电流驱动器件。也就是说，通过在基极注入电流，集电极就会有电流产生。有两种基本的工作模式：线性模式和饱和模式。线性模式用于放大，而饱和模式则用于开关。

图 7.16 所示为一个典型双极型晶体管的 $V-I$ 特性。仔细观察这些曲线，

当晶体管用在开关模式时，$V-I$ 曲线的饱和区是很有意思的。在该区域，一定量的基极电流可以把晶体管导通，同时会产生大量的集电极电流，同时集电极 - 射极电压依旧维持在相对小的压值。

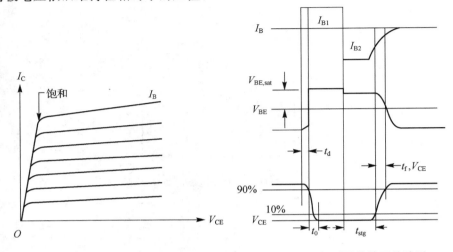

图 7.16　典型的 BJT 管的输出特性　　图 7.17　双极型晶体管开关波形

在实际开关应用中，需要一个基极驱动电流让开关导通，同时需要使用基极电流的反向极性来让开关关断。在实际应用中，延时和储存时间与晶体管相关。在后续的章节会讲到分立式双极型晶体管的参数，这些参数通过对电阻性负载施加阶跃函数来驱动晶体管而获得。

图 7.17 阐述了通过一个基极电流脉冲 I_B 对电阻性负载进行驱动的双极型 NPN 晶体管的基极 - 射极以及集电极-射极波形图。如下为相关的定义参数：

（1）延时时间：t_d。延时时间是指从施加基极驱动电流开始，到集电极 - 射极电压 V_{CE} 下降至 90％所需要的时间。

（2）上升时间：t_r。上升时间被定义为集电极 - 射极电压 V_{CE} 从 90％下降到 10％所需要的时间。

（3）储存时间：t_{stg}。储存时间是指从施加到基极的反向驱动电流 I_{B2} 的那一刻开始，到集电极 - 射极电压 V_{CE} 到达最终值的 10％为止所需要的时间。

（4）下降时间：$t_{f,VCE}$。下降时间是指集电极-射极电压从 10％增加到 90％所需要的时间。

7.4.2　感性负载开关

在之前的章节中介绍了双极型晶体管的开关时间是根据集电极 - 射极电压而定的。由于负载被定义为阻性负载，对于集电极电路来说，相同的定义也成立。然而，当晶体管驱动一个感性负载时，集电极电压和电流波形将会不同。由于在关断时流过电感中的电流不会在外加电压时瞬间存在，人们期待在电流开始降低之前,晶体管的集电极－射极电压能够上升到与电源电压相同。因此,可能会定义两个不同的下降时间,一个是基于集电极－射极电压的 $t_{f,VCE}$,另外一个是基于集电极电流的 $t_{f,Ic}$。图 7.18 所示为实际的波形。

观察波形,我们可以以在阻性负载中的方式同样来定义集电极－射极下降时间 $t_{f,VCE}$,而集电极下降时间 $t_{f,Ic}$ 可能会定义为集电极电流从 90% 降至 10% 所需要的时间。正常来说,负载电感 L 可以被看做一个电流源,因此它对基极－集电极过渡电容的充电比阻性负载要快。这样对于相同的基极和集电极电流感性线路的集电极－射极电压的下降时间 $t_{f,VCE}$ 会较短。

7.4.3　安全工作区和 V – I 特性

图 7.19(a) 所示为典型的 NPN 功率晶体管的输出特性(IC 对 V_{CE})。每条不同的曲线通过其基极电流来区分。

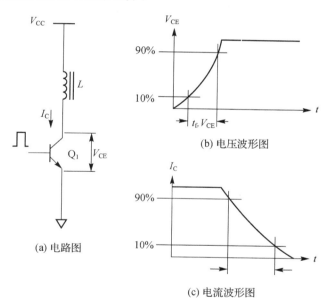

(a) 电路图

(b) 电压波形图

(c) 电流波形图

图 7.18　双极型晶体管驱动感性负载的相关下降时间波形

有几个特性的特征需要注意。首先,当承载大量集电极电流时,在晶体管两端有最大的可持续的集电极－射极电压。该电压通常采用 BV_{SUS} 来表示。在零基极电流限制下,集电极和射极之间的可持续的最大电压会增加到 BV_{CEO} 为止,而 BV_{CEO} 指的是当基极开路时的集电极-射极击穿电压。由于仅仅只能在当基极电流为零且 BJT 处于截止区时才会有如此大的电压,所以集电极－射极击穿电压经常用来衡量晶体管的电压承受能力。

电压 BV_{CBO} 是指当射极开路时的集电极-基极击穿电压。该电压比 BV_{CEO} 大的事实通常是所谓的发射极开路晶体管关闭线路的优势所在。

之所以被称做主击穿区,是因为传统的集电极－基极结点的雪崩击穿以及随之而来的大电流。由于此区域的功耗大以及伴随的击穿等,所以设计时需要避免该特性区域。

由于同样伴随着会有大功耗——特别是在半导体内的局部区域,所以二次击穿区也必须避免,二次击穿的原理和雪崩击穿的原理不同,将在本章的后续部分将进行详述。BJT 的失效通常与二次击穿有关。

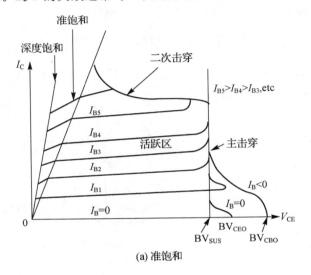

(a) 准饱和

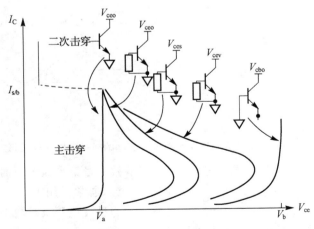

(b) 不同偏置电压下有关初级和次级击穿条件

图 7.19　NPN 功率晶体管的伏安特性所示的击穿现象

功率晶体管与逻辑级的晶体管的 $V-I$ 特性的主要不同在于图 7.19(a)所

示的功率晶体管特性中的准饱和区域。准饱和是由于功率晶体管中轻掺杂集电极漂移区导致的结果。

逻辑级别晶体管不会有这样的漂移区，因此也不会有准饱和现象。否则功率晶体管特性的所有主要特征都可以在逻辑级别晶体管中体现。

图 7.19(b)所示为 NPN 晶体管集电极击穿特性的相关幅值，从中可以看出不同基极偏置下的主击穿和二次击穿的情况。对于低增益器件，V_a 会接近 V_b，但是对于高增益来说，V_b 可能是 V_a 的两三倍。注意在击穿后会有负阻抗特性产生，这是所有线路依赖击穿特性所存在的情况。(B. W. Williams 1992)对这方面的行为进行了详细的解释。

1. 正向偏置二次击穿

在开关导通和关闭的过程中，BJT 最易受到大应力。为了设计一个可靠的、无故障线路，工程师能够清楚地理解在正向和反向偏置周期中的功率双极型晶体管的工作原理是很重要的。

当开关正向偏置时，首要问题是要避免开关导通时的二次击穿。通常制造商的规格书中会提供安全工作区（SOA）曲线，图 7.20 所示为一个典型实例。该图绘制的是集电极电流与集电极－射极电压之间的关系。曲线轨迹代表晶体管可以工作的最大限额。在晶体管导通时，假设元件的热限制以及 SOA 导通时间都没有超过，负载线落在脉冲正向偏置 SOA 曲线之内被认为是安全的。

正向偏置二次击穿现象是由于功率半导体中的工作区中的随机点产生的热点造成的，而热点有时是由于高电压下电流传导不均衡造成的。由于基极－射极结点的温度系数为负，热点会使得局部电流增加。电流越大，意味着功耗越多，这样反过来又会引起热点的温度上升。

由于集电极－射极击穿电压的温度系数也是负的，所以与上述描述一样。结果是电压依旧存在，而电流停止流动，集电极－射极结点击穿，从而由于热失控而导致晶体管失效。

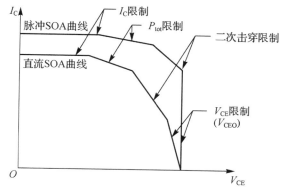

图 7.20　BJT 管的直流和脉冲 SOA 曲线图

181

2. 反向偏置二次击穿

在前面段落中有提到过当功率晶体管用在开关应用中时，储存时间和开关损耗是两个最重要的参数，设计者必须认真处理。

另一方面，由于开关损耗影响到了系统的整体效率，所以其必须能可控。图 7.21 分别表示高电压功率晶体管在阻性负载和感性负载时的关闭特性。观察两个曲线图，我们可以看到相对于阻性负载而言，感性负载会在关闭时产生更多的峰值能量。在这种情况下，如果反向偏置安全工作区被超过的话，就有可能产生二次击穿。

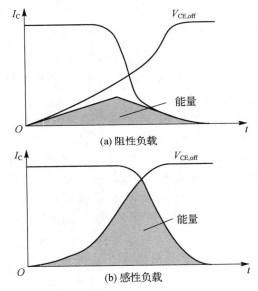

图 7.21　高压 BJT 管的关断特性

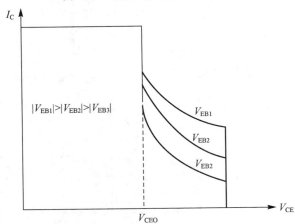

图 7.22　高压 BJT 管的 RBSOA 曲线是反向偏置电压 V_{EB} 的函数

从 RBSOA 曲线图(图 7.22)中可以看到,对于电压低于 V_{CEO} 部分,安全区与反相偏置电压 V_{EB} 无关,而仅仅受限于器件集电极电流 I_C;而高于 V_{CEO} 部分,集电极电流会根据外加反向偏置电压而必须减弱。

很显然,反向偏置电压 V_{EB} 很重要,而且它在 RBSOA 的影响也很有意思。由于在如此条件下开关的关闭时间可能会下降,所以人们也需要记住的是在关闭时基极—射极结点间的雪崩效应必须避免。在任何情况下,由于设计者要么采用箝位二极管、要么采用缓冲网络来保护开关晶体管,所以基极—射极结点的雪崩效应可能不会相应考虑。

7.4.4 达林顿晶体管

功率晶体管导通状态的电压 $V_{CE(sat)}$ 通常在 $1\sim2$ V 范围之内,这样 BJT 内的传导功耗就非常小。BJT 通常是流控元件,基极必须有持续的电流供应以保持它处于导通状态。在高功率晶体管中,直流增益 h_{FE} 通常只有 $5\sim10$,所以这些器件有时候会与一个达林顿管连接或者像图 7.23 一样对达林顿管进行三重配置以获取更大的电流增益。然而,这种配置会有一些缺点——包括整体 $V_{CE(sat)}$ 偏高以及较慢的开关速度。h_{FE} 对的电流增益是:

$$h_{FE} = h_{FE1}h_{FE2} + h_{FE1} + h_{FE2} \tag{7-4}$$

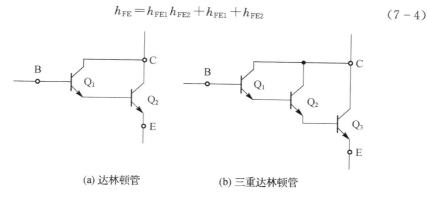

(a) 达林顿管　　　　　　(b) 三重达林顿管

图 7.23　达林顿管配置

采用分立式 BJT 管或者把几个晶体管集成在单个芯片上(单片达林顿(MD))的达林顿管的配置在关断过渡过程中有很大的储存时间。通常开关时间在几百个纳秒到几个毫秒之间。

目前有高达 1 400 V 的额定电压且有数百安培的额定电流的包括 MD 在内的 BJT 器件。尽管在导通状态时阻抗存在负温度系数的特点,但是还是可以在注意线路布局布线且考虑额外的电流设计余地的同时,对现代 BJT 管做到很好的制程管控。

图 7.24 所示为匹配了二极管 D_1 和 D_2 的实用单片达林顿管,D_1 可以加速 Q_1 的关断时间,而 D_2 则是为半桥式和全桥式线路的应用而增加的。电阻 R_1 和

R_2 的阻值都很低,同时为 Q_1 和 Q_2 提供泄漏电流的路径。

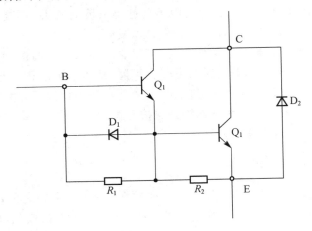

图 7.24　实用单片达林顿管对

7.5　功率 MOSFET 管

7.5.1　简　介

相比于电流控制的 BJT 管,场效应晶体管是电压控制器件。有两种基本的场效应管:结型 FET(JFET)以及金属氧化物半导体 FET(MOSFET)。这两类器件在现代电子系统中都有着重要的用途。JFET 可以广泛应用在诸如高阻抗转换器(示波器探棒、烟雾探测器等)等场合而 MOSFET 在集成线路中的应用更广,其中 CMOS(互补 MOS)可能是最广为人知的。

不论是工作原理还是规格,抑或是性能方面,功率 MOSFET 管与双极型晶体管之间都不同。事实上,MOSFET 管的性能特性通常在如下方面都会比双极型更好:开关时间明显更快、驱动线路更简单、没有二次击穿失效机制,能够并联,在很宽的温度范围内能够获得稳定的增益和响应时间。MOSFET 的性能满足了那些不是只工作 20 kHz 频率范围之内,而是工作在 100 kHz 到超过 1 MHz 之间的功率的要求,而这些是双极型功率晶体管所不能达到的。

7.5.2　一般特性

双极型晶体管是一个少数载流子器件——在器件内,注入少数载流子并与多数载流子进行结合。其缺点在于限制了器件的工作速度。对于它的驱动线路来说,双极型晶体管的电流驱动基极－射极输入就像是个低阻抗的负载。在大多数功率线路中,低阻抗的输入需要一个有些复杂的驱动线路。

相比而言,功率 MOSFET 是一个电压控制器件,其栅极通过一个很薄的二氧化硅(SiO₂)层来与其硅体进行电隔离。作为一个多数载流子半导体,由于没有充电—储存机制,MOSFET 相较于双极型晶体管来说,其工作频率会高得多。当一个正电压施加到 N 型 MOSFET 管的栅极时,会在栅极下的沟道区产生一个电场;也就是说,在栅极的电子电荷会导致栅极下的 P 区转变为 N 型区域,如图 7.25(a)所示。

这种叫做表面倒挂现象的转换使得电流可以通过一个 N 型材料在漏极和源极之间相互流动。事实上,在这个状态时,MOSFET 已经不再是 NPN 器件了。漏极和源极之间的区域可以看作是一个电阻——尽管它不是像传统的电阻世界一样工作在线性区域。由于该表面倒挂现象,MOSFET 的工作原理与双极型晶体管完全不同。

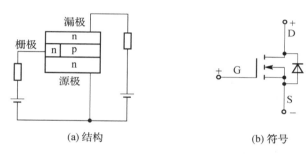

(a) 结构　　　　　　　　　　(b) 符号

图 7.25　N 沟道 MOSFET 管的结构以及符号

凭借其电子隔离栅极,相比双极型晶体管而言,MOSFET 管可以看成是一个高输入阻抗、电压可控的器件。作为多数载流子半导体,MOSFET 管不储存电荷,因而可以切换得更快。随着温度的上升,多数载流子半导体的开关速度也将减缓。这个由叫做载流子迁移率的现象所引起的效果使得 MOSFET 管在高温下表现出更多的阻性特征,同时对于双极型器件所遇到过的热失控问题会更加免疫。所谓的迁移率是指在施加的电场的作用下,载流子的平均速率。

如图 7.25(b)所示,MOSFET 管制程中的一个有用的副产品就是在源极和漏极之间形成的内部寄生二极管。(在双极型晶体管内没有类似于此的等效二极管,双极型达林顿管除外)。其特性使得它在感性负载开关中可以用来充当箝位二极管。

不同的制造商采用不同的工艺来构造功率 FET,而像 HEXFET、VMOS、TMOS 等名字已经成为某些公司的商标。

7.5.3　MOSFET 管的结构和导通阻抗

大部分 MOSFET 管都是不同的制造商在一块集合了大量硅元紧密排列的硅芯片上通过采用各自不同的制程来制造出来的。比如说,Harris 公司的功率

MOSFET 管采用的是一个叫做 VDMOS 或者简单 DMOS 的垂直双扩散制程。在这些情况下,一个面积为 120 mil² 的芯片上有 5 000 个硅元,而一个面积为 240 mil² 的芯片上有超过 25 000 个硅元。

多硅元结构的目标之一就是当 MOSFET 管处于导通状态时,可以尽可能地最小化其参数 $R_{DS(ON)}$。当 $R_{DS(ON)}$ 最小时,由于对于给定的漏极—源极电流,其漏极—源极压降也会最小,所以器件可以提供最好的功率切换性能。详情请参阅参考文献 6。

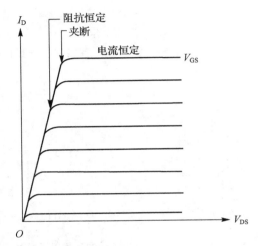

图 7.26 典型的 MOSFET 管的输出特性

7.5.4 V-I 特性

图 7.26 所示为功率 MOSFET 管的漏极—源极工作特性曲线。尽管该曲线类似于双极型功率晶体管(图 7.15),但是有些根本区别。

MOSFET 输出特性曲线显示有两个明显的工作区,分别为恒阻区和恒流区。这样,在达到一个所谓的夹断电压之前,随着漏极—源极电压增加,漏极电流会成比例增加。一旦超过夹断电压,尽管漏极—源极电压继续增加,但是电流依旧恒定。

当功率 MOSFET 被当作开关使用时,漏极和源极之间的压降会和漏极电流成比例;也就是说,功率 MOSFET 工作在恒阻区,因此从本质上来说,它就是一个阻性元件。就好像对于双极型功率晶体管来说,$V_{CE(sat)}$ 也是重要的参数一样,由于功率 MOSFET 管的导通阻抗 $R_{DS(ON)}$ 决定了给定漏极电流的功耗,所以它就是一个重要的性能指数。

通过观察图 7.26,可以注意到当外加一个栅极—源极电压时,漏极电流不会明显增加。事实上,漏极电流一般需要在栅极电压的阈值达到以后才会开始流动,实际中一般在 $2 \sim 4 \text{ V}$ 中浮动。除阈值电压之外,漏极电流和栅极电压之间的关系近似相等。这样,跨导 g_{fs}——漏极电流对栅极电压的变化率——在更高的漏电流下几乎是恒定的。图 7.27 阐述了 I_D 与 V_{DS} 的传输特性,而图 7.28 则显示了跨导 g_{fs} 与漏极电流之间的关系。

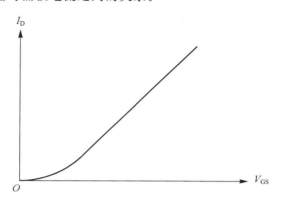

图 7.27　功率 MOSFET 的传输特性

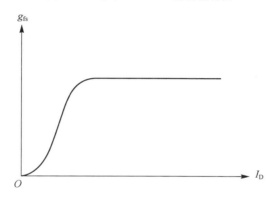

图 7.28　功率 MOSFET 的跨导 (g_{fs}) 和 I_D 之间的关系图

　　现在很明显的是,跨导的增加会导致晶体管增益成比例的增加,比如:更大的漏极电流,但是不幸的是,它同时会使得 MOSFET 输入电容增加。所以,为了加强 MOSFET 管的开关频率,必须使用认真设计的栅极驱动来满足输入电容充电时所需的电流。

7.5.5　栅极驱动的考量

　　MOSFET 是一个电压控制元件,也就是说,为了产生漏极电流,就必须在栅极和源极之间施加一个有特殊限制的电压。

　　既然 MOSFET 管的栅极与源极之间通过一个二氧化硅层来进行电隔离,那么只会有少量的漏电流从栅极电压源中流出。这样,MOSFET 管会有极高的增益以及高阻抗。

为了把 MOSFET 管导通,需要在规定的时间内,通过一个栅极－源极电压脉冲来提供足够的电流来给输出电容充电。MOSFET 输入电容 C_{iss} 是由金属氧化物栅极结构形成的各种电容的组合,包括从栅极到漏极的 C_{GD} 以及从栅极到源极的 C_{GS}。这样,为了实现高速,驱动电压源阻抗 R_g 必须非常低。如下公式为一种估算近似驱动阻抗以及所需电流的方法:

$$R_{g} = \frac{t_{r}（或者 t_{f}）}{2.2C_{iss}} \qquad (7-5)$$

以及

$$I_{g} = C_{iss} \cdot \frac{\mathrm{d}v}{\mathrm{d}t} \qquad (7-6)$$

式中:R_g 为发生器阻抗;C_{iss} 为 MOSFET 输入电容,单位为 pF;$\mathrm{d}v/\mathrm{d}t$ 为发生器电压的改变率,单位为 V/ns。

为了关断 MOSFET 管,我们无须使用用于双极型晶体管中的复杂的反向电流生成电路。既然 MOSFET 是一个多数载流子半导体器件,一旦栅极－源极电压消失,那么它就立马关断。一旦拿掉栅极电压,晶体管关断,在漏极与源极之间存在一个非常大的阻抗,因而除了漏电流(毫安级别)外,不再有任何电流。

图 7.29 阐述了漏电流与漏极－源极电压之间的关系。注意漏极电流仅仅会在漏极－源极雪崩电压被超过时发生,而此时栅极－源极电压保持为 0 V。

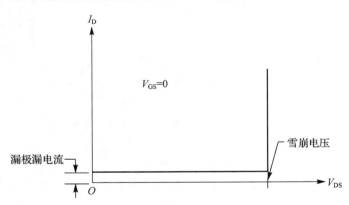

图 7.29 MOSFET 管漏极－源极阻断特性

7.5.6 温度特性

双极型晶体管在较高的工作温度下会经常失效。温度高是由于热点引起的,而双极型器件的电流都趋向于集中在射极周围。如果不对其进行检查的话,该热点会导致散热机制失控并最终导致元件毁坏。由于 MOSFET 中的电流是以多数载流子的形式存在,所以它不存在这样的缺陷。随着温度的增加,硅中的多数载流子的迁移率会降低。

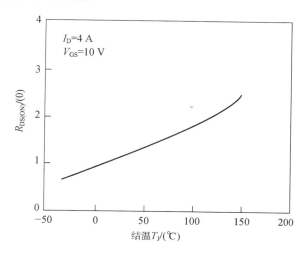

$I_D=4\ A$
$V_{GS}=10\ V$

结温T_J/(℃)

图 7.30 MOSFET 管正温度系数

该相反的关系表明:当芯片升温时,其载流子会降速。实际上,硅环路上的阻抗也会增加,这样就阻止了流向热点的电流的集中。事实上,如果在 MOSFET 管中确实企图形成热点,那么局部阻抗会增加,从而把电流散播并重新选择路径并到达芯片中温度较低的部分。

由于其电流特性,MOSFET 有正的电阻温度系数,曲线如图 7.30 所示。

正的电阻温度系数意味着即使有温度波动,MOSFET 也会稳定,同时它还有自由保护机制来防止热失控以及二次击穿。该特性的另一个好处在于 MOSFET 可以并联,而无须担心元件之间会有电流分配问题。如果任何元器件开始过热,它的阻抗会增加,从而使得它的电流会直接远离温度较低的芯片。

7.5.7 安全工作区

在对双极型功率晶体管的探讨中有提过,为了避免二次击穿,器件的功耗必须保持在由正向偏置 SOA 曲线所规定的工作限制内。这样,在大的集电极电压下,双极型晶体管的功耗受限于其二次击穿,从而被限制在全额定功率中的一个非常小的额度。即使在非常短的开关周期内,SOA 依旧会有严格要求,同时需要采用缓冲网络来释放晶体管开关应力以及避免二次击穿。

相比而言,由于 MOSFET 管在正向偏置时不会遭到二次击穿,所以它会有一个异常稳定的 SOA。这样,其直流和脉冲 SOA 都比双极型晶体管有优势。事实上,如果采用功率 MOSFET 管,极有可能在额定电压下无需缓冲电路就可以切换额定电流。当然,在实际线路的设计中,还是建议需要进行一定的降额处理。

为了比较 MOSFET 管和双极型晶体管的 SOA 能力,将它们的曲线进行叠加,如图 7.31 所示。既然用于双极型晶体管关断时的反向偏置方案也不会在 MOSFET 管上用到,那么反向偏置时的二次击穿也不会存在。这里,让 MOSFET 关断的唯一要求就是栅极电压归零。

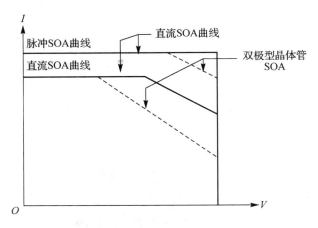

图 7.31　功率 MOSFET 管的 SOA 曲线

7.5.8　实用元件

1. 高电压及低导通阻抗元件

致密的几何形状、制程的创新以及封转的改善导致功率 MOSFET 有更高的额定电压、更强的电流处理能力以及更高效率的体积功率处理。更多信息请查阅 Travis(1989)、Goodenough(1995)以及 Goodenough(1994)的相关书籍。双极型晶体管总是会有非常高的额定电压,同时这些额定电压不会带来附加的成本。然而,要在功率 MOSFET 管上实现很好的高电压性能却会有问题,理由如下。

首先,同样硅面积器件的 $R_{DS(ON)}$ 值会跟额定电压成指数倍增加。为了让导通阻抗降低,制造商通常会把更多的硅元打包到一个芯片上。但是这种致密的封装会导致高电压性能方面的问题。芯片两端的传输延时以及硅本身的缺陷可能会导致电压不均衡,甚至局部击穿。

制造商会合理地采用不同的工艺来生产高电压($>1\,000\ \text{V}$)、低 $R_{DS(ON)}$ 值的功率 MOSFET 管。比如 Advanced Power Technology(APT)公司会在追求低导通阻抗时偏离对越来越小的尺寸的追求。相反,它们会采用更大的基座来使得 $R_{DS(ON)}$ 降低。APT 采用 585×738 mil 的基座来制造功率 MOSFET,其额定电压高达 $1\,000$ V。APT10026JN——它们的产品之一——其额定电压为 $1\,000$ V,同时额定功率为 690 W。该器件的导通阻抗为 $0.26\ \Omega$。

电源与供电

当目标应用是在诸如笔记本、个人数字助理(PDA)等低功率应用时,那么就会要求元件有极低的值。

被认为是功率 MOSFET 管的最通用的器件,双扩散 MOSFET 管(DMOSFET)的导通阻抗在过去 20 年里持续地在变小。换句话说,单位面积上的 $R_{DS(ON)}$ 值在降低。可以增加硅元密度来实现对低电压器件的尺寸的降低。

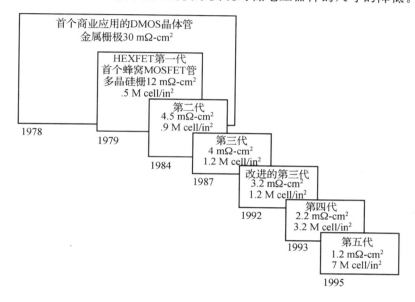

图 7.32 功率 MOSFET 管的世代划分(IR 友情提供)

大多数功率 MOSFET 管的供应商现在通过采用集合 4 000 000 到 8 000 000 硅元/in² 的工艺来提供低电压 FET 管,每个硅元就是一个独立的 MOSFET 管。所有的硅元的漏极、栅极以及源端都会并联。诸如 International Rectifier 公司(IOR)等制造商已经开发了数代基于 DMOS 工艺的 MOSFET 管。比如,如图 7.32 所示,通过逐渐增加单位英寸面积上的硅元数,同时十倍数地减小 $R_{DS(ON)}$ 参数,由 IOR 公司开发的 HEXFET 家族已经先后有了五代产品。图中的 $R_{DS(ON)}$ 乘以器件基座面积的结果是功率半导体中的一个经常使用的性能参数。这就是所谓的指定导通阻抗。具体可以查看 Kinzer(1995)的建议。

因为第五代的基座比上一代小,这样在同一个封装内可以增加诸如肖特基二极管等额外器件。由 IOR 生产的 FETKY 器件家族(Davis,1997)就采用这个概念,把一个 MOSFET 管和一个肖特基二极管集成在一起,其主要用于诸如同步整流器等功率转换器的应用。

在设计 DMOSFET 管时,Siliconix 公司借用了一个所谓的沟道门的 DRAM 工艺技术,接着他们开发了一个低压 MOSFET 管工艺,该工艺能够在单位面积内提供 12 000 000 个硅元,其指定导通阻抗——$R_{DS(ON)}$ 比目前的平面工艺更低。

　　采用该工艺的第一款器件是来自 Siliconix 公司的 N 沟道 Si4410DY,其数据手册显示其封装为"小脚"型 8 引脚 DIP。在加强的 10 V 的栅极－源极电压 (V_{GS}) 下,其最大导通阻抗为 13.5 mΩ。当 V_{GS} 为 4.5 V 时,$R_{DS(ON)}$ 接近翻倍,达到 20 mΩ。

　　在 1997 年期间,Termic 半导体公司(Siliconix 公司的前身)采用 TrenchFET 技术进一步来改进元件设计,以使得在单位英寸面积上有三千两百万个硅元。这些器件有两个基本类别,分别是低导通阻抗器件以及低阈值器件。相比于 Si4410DY,低导通阻抗器件的最大导通阻抗分别从 13.5 mΩ 降至 9 mΩ(当 V_{GS} 为 10 V 时)和从 20 mΩ 降至 13 mΩ(当 V_{GS} 为 4.5 V 时)。而对于低阈值器件来说,当栅极－源极电压阈值分别为 4.5 V 和 7.5 V 时,其最大导通阻抗相应为 10 mΩ 和 14 mΩ。具体参见 Goodenough(1997)的建议。

2. P 沟道 MOSFET 管

　　从发展历程来说,P 沟道 MOSFET 管被认为没有 N 沟道 MOSFET 管管用。P 类型硅的阻抗会更高,导致其载流子迁移率更低,这样相比与 N 沟道 MOSFET 管来说,就会处于劣势地位。

　　N 类型器件的载流子迁移率大约是 P 沟道的两倍,这样对于给定的电流或者额定电压来说,N 沟道 MOSFET 只需要一半的面积,所以 N 沟道功率 MOSFET 管在现有器件中占支配地位。然而,随着技术的成熟,在功率管理的应用的要求下,市场上也开始有 P 沟道器件。

　　这样就使得功率 CMOS 管的设计成为可能,并且消除了对特殊的上侧 MOSFET 驱动电流的要求。当一个典型的 N 类型 FET 作为上侧 MOSFET 来使用时,它要消耗一个额外的电源供应,而其是用来驱动负载的,同时栅极电压的电压必须比漏极至少高 10 V。然而 P 沟道 FET 是没有这样的要求的。把 P 沟道 MOSFET 作为上侧 MOSFET,同时把 N 沟道 MOSFET 作为下侧 MOSFET,同时把它们的漏极连接在一起,这样就设计了一个很好的大电流"CMOS 等效"开关。

　　由于导通阻抗会随着器件的额定电压迅速上升,所以直到在最近几年(1994/1995),大电压 P 沟道功率 MOSFET 管才开始商业化。这样的器件有由 IXYS 半导体公司生产的 IXTH11P50,其额定电压为 500 V,额定电流为 11 A,其导通阻抗为 900 mΩ。

　　该类大电流器件无需并联多个低电流 FET 管来实现大电流的设计。从而使得互补大电压推挽式线路成为可能,同时简化了半桥式和 H 桥的电机驱动。

　　最近新推出的来自 Temic 半导体公司的 TrenchFET 家族的低压 P 沟道 MOSFET 管(Goodenough,1997),其典型 $R_{DS(ON)}$ 值为 14~25 mΩ 之间。

3. 更先进的功率 MOSFET 管

随着工艺能力的进步,有更多更先进的功率 MOSFET 推出,使得整个行业受益。比如说:

(1)电流感应 MOSFET 管。

(2)逻辑级 MOSFET 管。

(3)限流 MOSFET 管。

(4)电压箝位、限流 MOSFET 管。

为了源电流检查而采用的电流镜像技术把功率 MOSFET 管中的少量单元连接到一个单独的感应端。例如,可以使用感应端来消除高频开关应用中的源极导线电感的影响。有几家制造商,如 Harris、IXYS 以及 Phillips 等,都生产这些元件。

另外在功率 MOSFET 市场迅速增长的一类 MOSFET 管是一个叫做逻辑级 FET 管的大类。在这些器件发明出来之前,驱动线路必须能够提供至少 10 V 的栅极-源极导通电压。这些逻辑级 MOSFET 管接受的来自 CMOS 或者 TTL IC 的驱动信号都是工作在 5 V。其主要的供应商包括 IR、Harris、IXYS、Phillips-Amperex 以及 Motorola 等。类似的,如图 7.33 中的(b)和(d)所示,其他一些类型作为一个单独的形式在市场上也存在,其中的一部分器件可以归类于"智能分立式 MOSFET 管"。

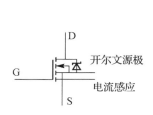

(a) 电流感应MOSFET管

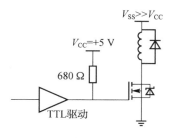

(b) 逻辑级MOSFET管的应用

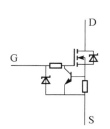

(c) 限流MOSFET管

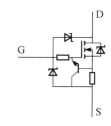

(d) 电压箝位、限流MOSFET管

图 7.33　高级单片 MOSFET 管

电源与供电

7.6　绝缘栅双极型晶体管(IGBT)

由于 MOSFET 管的高输入阻抗、快速开关时间以及低导通阻抗等特性,它在分立式功率器件应用中也变得越来越重要。然而,它们的导通阻抗会随着漏极－源极电压而增加,因此这样会限制实际应用中的功率 MOSFET 管的电压值会低几百伏。

为了利用功率 MOSFET 管和 BJT 管的优势,这样把它们合成一个新的器件——绝缘栅双极型晶体管(IGBT)——最近推出来了。IGBT 不仅有 MOS-FET 的电压控制栅极和高速切换的优点,而且有双极型晶体管的低饱和特性,所以它在许多高功率应用场合会比 MOSFET 或者 BJT 都有优势。它由一个带连接到 PNP 晶体管的基极的 N 沟道 MOSFET 管的晶体管组成。

图 7.34(a)所示为其电气符号,而图 7.34(b)则为其等效电路。典型的 IG-BT 特性曲线如图 7.34(c)所示。IGBT 的物理操作更接近双极型晶体管,而不是功率 MOSFET。IGBT 由一个由采用伪达林顿配置的 N 沟道 MOSFET 驱动的 PNP 晶体管组成。

194

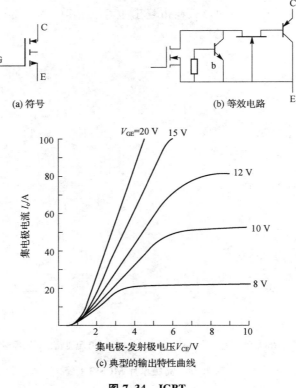

图 7.34　IGBT

表 7.2　IGBT、功率 MOSFET 管、双极型晶体管以及达林顿管的特性比较

	功率 MOSFET 管	IGBT	双极型晶体管	达林顿管
驱动类型	电压	电压	电流	电流
驱动功率	小	小	大	中等
驱动复杂度	简单	简单	高(需要大的正电流和负电流)	中等
给定压降的电流密度	低压时高—高压时低	非常高(与开关速度会稍微权衡)	中等(与开关速度之间需要进行较大的妥协)	低
开关损耗	非常低	低到中等(取决于与传导损耗之间的权衡)	中等到高(取决于与传导损耗之间的权衡)	高

JFET 支持支持大部分电压,且允许 MOSFET 管是低电压类型,从而会有低的 $R_{DS(ON)}$ 值。没有积分反向二极管,用户可以更加灵活地选择外部快速恢复二极管来满足其特别的要求。该特性可能会是一个优势,也可能会是一个缺点——取决于工作频率、二极管的成本以及电流要求等。

相比于传统的拥有可比的尺寸和额定功率的 N 沟通功率 MOSFET 管,IGBT 的导通阻抗减少了 10 倍左右。

IGBT 功率模组在诸如逆变器、UPS 系统以及汽车环境等系统中快速地获得应用。这些器件的额定电压和电流分别达到了 1 800 V 和 600 A 以上。早期的频率限制在 5 kHz,而现在当包含有诊断功能以及带有栅极驱动线路的控制逻辑的智慧型 IGBT 模组逐渐进入市场时,其频率限制已经达到 20 kHz 以上。

表 7.2 是对 IGBT、功率 MOSFET 管、双极型晶体管以及达林顿管的特性比较。参考文献列表有来自于 Russel(1992 年)以及 Clemente、Dubhashi 和 Pelly(1990 年)所提供的关于 IGBT 更多详细的资料和应用。

7.7　MOS 控制晶闸管(MCT)

MOS 控制晶闸管是功率半导体器件中的新类别,它集合了晶闸管的电流和电压能力以及 MOS 的栅极导通和关断特性等优势。MCT 可以根据不同的依据而进行不同的分类:P 类型和 N 类型、对称阻断和非对称阻断、单面或双面关断 FET 栅极控制以及包括光直接导通在内的不同的导通选择等。

所有的子类有一点是共通的:通过导通一个集成度高的关断 FET 来把一个或者两个晶闸管的射极-基极结点短路来实现关断。该器件——几年前由通用电气公司的功率半导体部门(现在是美国的 Harris 半导体公司的一部分)首次发布——由 Vic Temple 发明。Harris 是目前仅存的 MCT 供应商,然而,ABB

公司发布了一款名为绝缘门极换流晶闸管(IGCT)的新器件,这是属于 MCT 同一家族的器件。

图 7.35 所示为 MCT 等效电路。MCT 的大部分特性很容易通过等效电路来理解。MCT 非常近似为一个带有两个相反极性且其阳极和合适的层相连的 MOSFET 晶体管的双极型晶闸管(所示中的双晶体管模型)来导通或者关断。既然 MCT 是一个 NPNP 器件,而不是 PNPN 器件,输出端或者阴极必须负偏置。

以公共端或者阳极为基准,驱动其栅极为负来让 P 沟道 FET 导通,从而导通双极型 SCR。而以阳极为基准正向驱动,N 沟道 FET 导通,从而使得作为 SCR 的一部分的 PNP 双极型晶体管的基极驱动分流,使得 SCR 关断。很显然,如果在栅极端点上没有施加栅极到阳极电压,那么双极型 SCR 的输入端是悬空的。所以不推荐没有栅极偏置的操作。

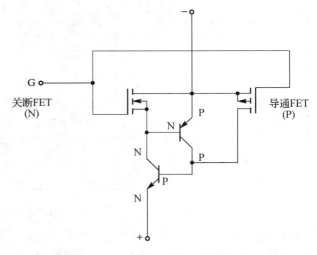

图 7.35　MCT 等效电路图

在 P 型 MCT 中,P 沟道导通 FET 采用负电压来导通,该负电压会对下侧晶体管的基极充电,从而锁住 MCT。考虑到 MCT 优秀的 di/dt 的能力,MCT 在整个器件内会同时导通。图 7.36 是其与不同的 600 V 功率开关器件的比较。图 7.37 比较了相同额定电压下的 1 000 V P 型 MCT 与 N 型 IGBT 的特性,注意在相同的压降下,MCT 的电流能力通常是 N 型 IGBT 的 10～15 倍。

在电流反向(就好像正常的晶闸管一样)或者通过正的栅极电压来使关断 FET 有效之前,MCT 将一直处于导通状态。就好像 IGBT 能像 MOSFET 管驱动 BJT 一样,MCT 就好像是 MOSFET 管驱动晶闸管(一个 SCR)一样。SCR 和其他晶闸管很容易被导通,但是关断就需要在一个短时间内让流过其器件的电流停止或者进行实质疏导才能实现。从另一方面来说,MCT 是通常在高阻抗栅极的电压控制来关断的。MCT 在高电压下的导通阻抗会比其他栅极驱动器件要低。

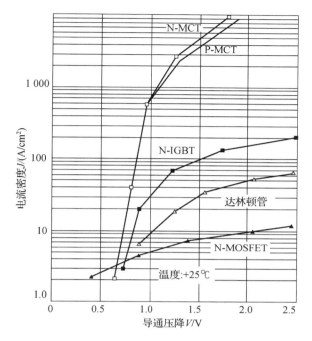

图 7.36　600 V 器件之间的比较

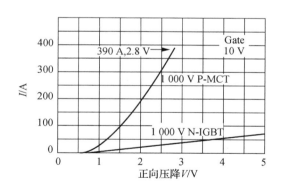

图 7.37　在 150 ℃ 时 1000 V P-MCT 和 N-ICBT 的正向压降之间的比较

也就是说,正如 IGBT 的工作电流密度要比 DMOSFET 管要高,MCT(像所有的晶闸管一样)的工作电流密度会更高。未来最终的功率开关很可能是 MOS 控制晶闸管(MCT)。参考文献 16~20 为设计者提供了更详细的资料。

第 **8** 章

传导和开关损耗

Sanjaya Maniktala

确定并尽可能减小开关电源内的损耗是电源设计工程师所面临的最大挑战之一。损耗主要集中在功率半导体中,少量的发生在磁性元件中。领会它们的本质可以帮助设计者选择最优的 MOSFET 管、整流器以及最佳的工作频率。人们甚至可以通过纸笔来预测每个元件的损耗值,从而确定最好的散热方案。

电源中有三种不同的损耗。传导损耗是指当 MOSFET 管(或者电源开关)或者整流器正在进行电流传导时,电压和电流所产生的损耗。开关损耗是指电源开关或者整流器在导通和关断状态间进行过渡时产生的损耗。由于频率越高,每秒切换次数就越多,所以这些是频率相关损耗。最后,还有栅极驱动损耗——在 MOSFET 管驱动输出级,有些电流会回流到输入,而没有作为输出电压而输出,从而产生的传导损耗。

为了观察和计算现实中的开关电源的损耗,需要一些很特别的工具:示波器电压探棒、示波器电流探棒以及接触型热传感器。然后波形可能通过图形或者通过一个带有图形数学函数的智慧型示波器来进行相乘处理。另外,一个很好的建议是把所有用来测试电源的测试仪器的交流电源插头的大地连接相隔离。

需要对示波器上的波形进行怀疑。由接地和探棒组成的环路经常会产生辐射噪声。最好采用一端的导线长度少于 3 cm 的同轴线缆——它直接焊接在待测元件的终端上。

Sanjaya Maniktala 讲述了典型的开关电源中的损耗的检查以及怎样计算其损耗。

——Marty Brown

随着开关频率的增加,降低转换器中的开关损耗变得至关重要。这些损耗与开关在导通和关断状态之间的切换有关。开关频率越高,每秒中开关状态改变的次数也就越多。因此,损耗与开关频率成正比。进一步说,在这些频率相关的损耗中,大部分通常由开关本身产生。因此,理解每个切换过程中开关中的底层事件序列,从而量化每个事件相关的损耗,已经成为每一位电源设计者的关键期望。

在本章里,既然 MOSFET 管作为开关已经在今天的大多数高频设计中被广泛接受,那么我们将主要关注 MOSFET 管。将把它的导通和关断切换过程分成小的、定义明确的子过程,并解释每个过程中有哪些事情会发生。同时会涉及相关的设计方程。然而,需要注意的是,正如大多数相关的文献中一样,既然至少可以说对 MOSFET 管(以及它与相关主板之间的相互作用)建模不是一件简单的任务,我们也需要做相应的某些简化。有可能会使得理论预估结果会比实际开关损耗要多很多(通常是 20~50%)。设计者需要对此铭记在心,可能需要最终结合某些附加因素来纠正。然而,在分析中会采用一个缩放因子来尽可能地减小此误差。

我们也将阐述怎样预估驱动要求以及演示为什么在一个给定应用中正确给 MOSFET 管匹配驱动能力是很重要的事情。这不仅更大地帮助了应用工程师来给他们的应用设计选择更好的 MOSFET 管,而且 IC 设计者也会设计满足目标应用的驱动。

需要关注几个术语:在大多数分析中,所谓的"负载"是从晶体管看去的负载。它不是 DC-DC 转换器端的负载。同样地,"输入电压"仅仅指当 MOSFET 管关断时其两端的电压,而不是 DC-DC 转换器的输入。我们最终会与功率转换领域方面进行必要的联系,但是应该清楚的是,至少刚开始时,大部分的讨论都是基于 MOSFET 管的视点,而不是基于整个拓扑的视点(MOSFET 只是其中一部分)。

8.1　切换阻性负载

在我们开始讲述电感之前,首先理解当我们切换阻性负载时会有哪些情况是很有益的。

为了简化,我们考虑一种理想的情形。所以我们采用图 8.1 所示的一个"完美"的 N 沟道 MOSFET 管来开始讲述。其行为特征如下:

(1)零导通电阻。

(2)在零栅极－源极电压 V_{gs} 加载到其栅极上,完全不会导通。

(3)一旦把栅极－源级电压 V_{gs} 稍微上升超过地平面,MOSFET 管开始导通,同时漏电流 I_d 从漏极流向源端。

(4)漏电流与栅极电压之比定义为 MOSFET 管的跨导 g。采用 mhos 表示,也就是说,从后往前读为欧姆。然而,现在,mhos 正越来越多地被西门子所取代,缩写为"S"。

(5)我们假设 g 是一个常数,对于该特殊 MOSFET 管来说,其等于 1。这样,举例来说,如果我们在栅极外加 1 V 电压,MOSFET 管就会有 1 A 电流流过。如果外加 2 V,那么就有 2 A 电流流过,等等。

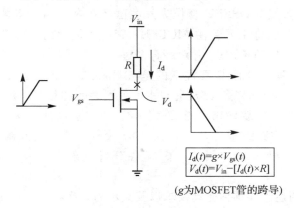

$$I_d(t) = g \times V_{gs}(t)$$
$$V_d(t) = V_{in} - [I_d(t) \times R]$$

(g为MOSFET管的跨导)

图 8.1　切换阻性负载

图 8.1 所示的应用线路的工作如下:

(1)外加输入电压 10 V。

(2)外接电阻(与漏极串联)为 1 Ω。

(3)栅极电压随时间线性上升。所以,当 $t=1$ s 时,它是 1 V,$t=2$ s 时,为 2 V,$t=3$ s 时,它为 3 V,等等。

分析过程如下(V_{ds} 在任何情况下都是漏极－源极电压,V_{gs} 是栅极－源极电压,I_d 是漏极－源极电流):

(1)$t=0$ 时,V_{gs} 等于 0 V。因此,从跨导公式来看,I_d 等于 0 A,1 Ω 电阻两端的压降为 0 V(采用欧姆定律),MOSFET 管的漏极电压 V_{ds} 就等于 10 V。

(2)$t=1$ s 时,V_{gs} 等于 1 V。因此,从跨导公式来看,I_d 等于 1 A,1 Ω 电阻两端的压降为 1 V(采用欧姆定律),MOSFET 管的漏极电压 V_{ds} 就等于(10－1)V =9 V。

(3)$t=2$ s 时,V_{gs} 等于 2 V。因此,从跨导公式来看,I_d 等于 2 A,1 Ω 电阻两端的压降为 2 V(采用欧姆定律),MOSFET 管的漏极电压 V_{ds} 就等于(10－2)V =8 V。

我们继续采用该方式来增加栅极电压。当到达 10 s 时,V_{gs} 就是 10 V,I_d 就等于 10 A,而 V_{ds} 等于 0 V。10 s 过后,即使 V_{gs} 继续增加,V_{ds} 和 I_d 不会再有变化。

> **注意:**通常来说,如果栅极电压超过了它能传输最大负载电流的电压值,我们就说我们外加了一个"过驱动"。从这个方面来说,通常它会被认为是浪费,但是实际上,过驱动可以帮助减小 MOSFET 管的导通阻抗,从而降低传导损耗。

　　因此本例中的最大负载电流是 10 A,也就是图 8.2 中的 $I_{d\,max}$。如果根据时间来绘制漏极电流和漏极电压的关系图,我们将会看到一个交叉时间——t_{cross},本例为 10 s。根据定义,该时间是电压和电流都完成它们的切换的时间。

　　在整个切换过程中,MOSFET 的能量损耗为

$$E = \int_0^{t_{cross}} V\,\mathrm{d}(t)\,I\,\mathrm{d}(t)\,\mathrm{d}t \qquad (8-1)$$

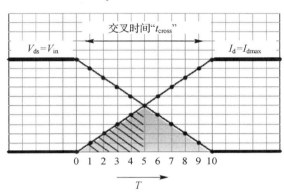

图 8.2　切换阻性负载时的电压和电流波形

　　需要记住的是在一些相关文献中的一个概念,它经常会被描述为(我们将看到它相当不准确)由电压、电流以及时间轴所包围的区域就是(在切换过程中)开关的能量损耗。图 8.2 中的灰色等腰三角形所示部分就为该区域。其中的一半采用阴影线表示。这样,我们可以看到在“交叉间隔矩形”中,有 8 个三角形的面积与阴影部分的三角形相同。因此,灰色部分的总面积是交叉间隔矩形面积的 1/4。因此,如果关于能量等于封闭的面积的论述是真的话,那么将得出

$$E = \frac{1}{4} V_{in} I_{dmax} t_{cross}$$

这是不正确的。事实上,将获得相同如此不幸的结论——其原因在于在交叉期间,其均值电压为 $V_{in}/2$,同时均值电流为 $I_{d\,max}/2$,因此,其均值向量积就等于 $(V_{in} \times I_{d\,max})/4$。这也是错误的,通常来说,

$$A_{AVG} \times B_{AVG} \neq (A \times B)_{AVG}$$

　　如果一旦电压下降而电流保持不变的情况,这可能确实如此,反之亦然。这就是我们马上可以看到感性负载的情况。然而,阻性负载的情形是在交叉期间,电压和电流会同时改变。我们需要另外一个(更好)的方式来计算阻性负载情形的开关损耗。

　　我们来计算在 $t = 1,2,3,4\cdots$ 秒时瞬态向量积 $V_{ds(t)} \times I_{d(t)}$。如果把这些点绘制成曲线图,可以得到图 8.3 所示的钟形曲线。所以,要获取交叉点的能量损耗,需要找到曲线下的净面积。但是我们会看到这不是很容易的事情,因为这个

曲线的形状相当奇怪。事实上，没有其他的方法比进行一个正式的整合/总结过程更有效。因此，我们不得不回到基本的电压和电流公式上来（在图 8.1 上描述过）。然后将结合在时间上的乘积项得到：

$$E = \frac{1}{6} V_{\text{in}} I_{\text{dmax}} t_{\text{cross}} \tag{8-2}$$

这是在一个阻性负载导通过程中的开关损耗的正确结果。

如果现在在（在保持交叉时间不变的情形下）以相同的方式来关断 MOS-FET 管，将再次获得相同的精确能量损耗——尽管这次是电压上升而电流下降。

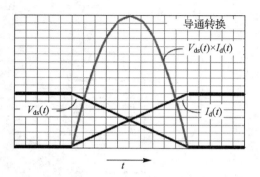

图 8.3 阻性负载切换时的瞬态能量损耗

这样，也可以推断出如果以 f_{sw} 的速度来切换开关，那么其净损耗，也就是单位时间内作为热能的总能量损耗会等于

$$P_{\text{sw}} = \frac{1}{3} V_{\text{in}} I_{\text{dmax}} t_{\text{cross}} f_{\text{sw}} \tag{8-3}$$

因此，这就是阻性负载的（开关中的）开关损耗。

> **注意**：为了更精确地表示，这个特殊的术语更准确的叫法应该是"交叉损耗"——正如在第 1 章首次指出的一样。我们将会看到，交叉损耗（也就是说，特别是属于 $V - I$ 交叠区的）在整个开关中的开关损耗并不是必要的。

现在，假设像之前以 1 V/s 的速度来增加栅极电压，但是以 2 V/s 的速度来使电压下降更快。这样，导通切换时间和关断切换时间将会不同。所以，在这种情况下，需要分开来计算交叉损耗 P_{sw}，公式如下：

$$
\begin{aligned}
P &= P_{\text{turnon}} + P_{\text{turnoff}} \\
&= \frac{1}{6} V_{\text{in}} I_{\text{dmax}} t_{\text{crosson}} f_{\text{sw}} \\
&\quad + \frac{1}{6} V_{\text{in}} I_{\text{dmax}} t_{\text{crossoff}} f_{\text{sw}}
\end{aligned}
\tag{8-4}
$$

这里，t_{crosson} 和 t_{crossoff} 分别表示在导通过程和关断过程的交叉时间。

现在，假设外部电阻阻值更大，为 2 Ω，而不是 1 Ω。这样，漏极电压从 10 V 降至 0 V 只需要 5 s 的时间。同时，漏极电流仅为 5 A。在那点，栅极电压仅为 5 V。然而，I_{d} 不会再改变（即使进一步增加 V_{gs}）。因此，尽管交叉时间缩短一半，但是电流的上升时间还是会等于电压的下降时间（也就是 5 s）。这是阻性负载的特性（这是 $V = I_R$ 所致）。

当我们针对感性负载时，这个规则就需要改变。事实上，具有讽刺意味的是，由于单纯的（可预见性）的欧姆定律已经不适应了，计算会变得简单。

8.2 切换感性负载

当切换一个（带有无约束的路径的）感性负载时，将会得到图 8.4 所示的（理想化）波形。乍一看，它们有点类似于图 8.2 所示的阻性负载波形。但是仔细检查后，它们之间很不相同。特别是当电流在摆动时，将看到电压依旧是固定的，而当电压在摆动时，电流却不变。

我们来计算在这些条件下的交叉损耗。可以像之前一样做一个正式的整合。但是这次，我们意识到事实上会有一个简单的方法来解决！既然当（V 或者 I）参数中的其中一个在变化时，另外一个是固定的，那么就可以名正言顺地采用均值电流 $I_{d\,max}/2$ 和均值电压 $V_{in}/2$ 来获得均值向量积。采用这种方式，可以获得导通过程中的能量损耗（单位为焦耳）。

$$E = \left[\frac{V_{in}}{2} I_{dmax} \frac{t_{cross}}{2}\right] + \left[V_{in} \frac{I_{dmax}}{2} \frac{t_{cross}}{2}\right]$$

$$= \frac{1}{2} V_{in} I_{dmax} t_{cross} \tag{8-5}$$

注意，根据如上所描述的相同的理由，我们可以理直气壮地认为就是所围住的面积。通过一个简单的几何图形，图 8.4 中的灰色区域是矩形面积的一半，所以也可以像之前一样得到相同的结果。

我们需要意识到避免整合（以及采用更简单的方法来计算交叉损耗）的能力仅仅只是因为运气好，这是感性负载情况中的特例而已。

最后，当分别进行切换时，感性开关损耗为

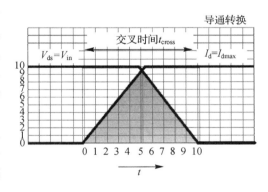

图 8.4 切换感性负载时的电压和电流波形

$$P_{sw} = V_{in} I_{dmax} t_{cross} f_{sw} \tag{8-6}$$

注意：表面上看，我们可能会推断出感性负载的开关损耗是阻性负载的三倍。这确实是真的，但是仅仅只是在完全一样的条件下发生。在现实中的阻性负载的场合中，I_{dmax} 是固定的——取决于所用电阻的阻值。但是对于感性负载而言，电流可以是任何值。不会如此来设置 I_{dmax}。而是任何恰好在切换瞬间（要么刚好在之前，要么在之后）流过电感的任何电流。

依旧需要问一个基本问题——为什么感性波形会与阻性波形如此不同？为了回答这个问题，需要回忆之前对阻性负载的分析。我们将看到有调用欧姆定律来确定开关两端的电压。但是，欧姆定律几乎不会应用在电感上。所以才会得到图 8.4 所示的波形。这样就不得不重拾更早之前学过的知识——当关断开关时，电感将会产生所需电压来维持流经它的电流的连续性。如图 8.5 所示，现在以实际的降压转换器为例来阐述其工作原理。

在图 8.5 中，首先考虑（左边的）导通过程。在这之前，二极管会承载满电感电流（①）。然后，开关开始导通并尝试对电感电流进行分流（②）。因此，二极管电流必须相应下降（③）。然而，重要的是当开关依旧在切换时，二极管还是不得不传输部分电流（电感电流的剩余部分）。但是，为了能够提供部分电感电流，二极管就必须完全正向偏置。因此，这样的性质（也就是本例中的感化电压）就会迫使开关节点的电压稍微低于地平面——从而确保二极管的阳极电压比阴极电压高大约 0.5 V（④）。然后，根据基尔霍夫电压定律，开关两端的电压保持在高电平状态（⑤）。只有最后，当整个电感电流流入开关中，二极管才可以放手。在这时，开关节点释放，同时它会飞速接近输入电压（⑥）——所以现在开关两端的电压可以降低（⑦）。

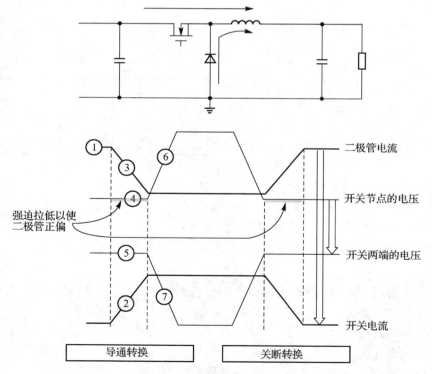

图 8.5 降压转换器中的转换过程的分析

· 因此,在导通时可以看到,在电流波形完成它的整个切换之前,开关两端的电压不会改变,从而就可以得到一个重要的 $V-I$ 交叠区。

如果对关断过程也做类似的分析,将看到为了开关电流能开始减小一点点,二极管必须首先定位来吸收任何电流。所以开关节点上的电压首先必须下降并接近零伏,以便正向偏置二极管。这也意味着开关两端电压在开关电流可以下降前必须首先完全切换(图 8.5)。

· 因此,在关断时将看到,流经开关的电流在电压波形完成它的整个切换之前不会发生改变。这样,可以获得一个重要的 $V-I$ 交叠区。

可以看到,在交叉期间电感的基本特性和行为会最终对 $V-I$ 交叠区响应。

任意开关拓扑下的情形都是相同的。因此,之前所描述的开关损耗公式同样适合于所有的拓扑。必须记住的是,在公式中涉及的是开关两端电压(当其关断时)以及流经它的电流(当其导通时)。在实际的转换器中,需要最终把这些 V 和 I 与实际的输入/输出电源以及负载电流联系在一起。后续章节将会有详述。

8.3 开关损耗及传导损耗

现代电源转换系统的开关初始化的基本原理经常可以简单描述如下——通过切换晶体管,要么是晶体管两端的电压接近零,要么是流经它的电流接近零,因此向量积"$V \times I$"的功耗也接近为零。可以看到在转换过程中,这不是真实的情况($V-I$ 交叠区)。同样地,应该记住的是尽管在开关关断时 $V \times I$ 损耗非常接近理想的或者期望的零值,但是当开关导通时还是会有需要考虑的损耗。这是因为当开关关断时,它确实如此——流过现代半导体开关的漏电流微不足道。然而,当开关导通时,在许多情形中,它两端的电压并不会接近零。在 Topswitch® (用于中等离线反激应用的集成开关 IC)中,最高报道的正向压降超过15 V(超过了额定电流和温度)! 该特殊损耗很明显是开关的传导损耗 P_{COND}。事实上,它可与交叉损耗相比,甚至更大。

然而,与交叉损耗不同,传导损耗与频率无关。它取决于占空比,而不是频率。例如,假设占空比为 0.6,那么从测量时间间隔来说,如果周期为 1 s,那么开关处于导通状态的净时间为 0.6 s。我们知道传导损耗只有在开关导通时才会发生。所以在这种情况下,它就等于 $a \times 0.6$,a 是一个任意比例常数。现在假设频率翻倍。然而 1 s 内的导通时间依旧为 0.6 s。所以传导损耗依旧是 $a \times 0.6$,但是如果把占空比从 0.6 改为 0.4(在此过程中频率可以翻倍),那么传导损耗将降至 $a \times 0.4$。所以要意识到传导损耗不可能与频率有关,而只与占空比有关。

我们可能会提过一个相当哲学的问题——为什么开关损耗是频率相关而传导损耗不是? 这很简单——因为传导损耗恰逢转换器内电源正在进行处理时产

生的。

　　因此,只要应用条件不改变(占空比固定、输入和输出电源固定),那么传导损耗也不会改变。

　　计算 MOSFET 管的传导损耗的公式很简单,如下所示:

$$P_{\text{COND}} = I_{\text{RMS}}^2 \times R_{\text{ds}} \tag{8-7}$$

这里,R_{ds} 是 MOSFET 管导通阻抗。I_{RMS} 是指开关电流波形的 RMS 值。采用如下公式计算:

$$I_{\text{RMS}} = I_{\text{O}} \times \sqrt{D \times \left(1 + \frac{r^2}{12}\right)} \text{(降压)} \tag{8-8}$$

$$I_{\text{RMS}} = \frac{I_{\text{O}}}{1-D} \times \sqrt{D \times \left(1 + \frac{r^2}{12}\right)} \text{(升压以及降压－升压)} \tag{8-9}$$

这里,I_{O} 是 DC-DC 转换器级的负载电流,D 是占空比。注意,(假设纹波电流比非常小)对上述第一个公式进行近似,那么它就等于:

$$I_{\text{RMS}} = I_{\text{DC}} \times \sqrt{D} \text{(降压、升压以及降压－升压)} \tag{8-10}$$

这里,I_{DC} 是均值电感电流,而 I_{RMS} 是开关电流波形中的 RMS 值。

　　在电源中,二极管传导损耗是另一个主要的传导损耗。它等于 $V_{\text{D}} \times I_{\text{DAVG}}$,这里,$V_{\text{D}}$ 是二极管正向压降,I_{DAVG} 是流过二极管的均值电流——在升压和降压－升压拓扑中等于 I_{O} 值,而在降压拓扑中为 $I_{\text{O}} \times (1-D)$。它也与频率无关。

　　我们意识到可以通过降低二极管和开关两端的正向压降来降低传导损耗。所以,需要寻找低压降的二极管——例如肖特基二极管。同样地,我们也需要寻找导通阻抗 R_{ds} 较小的 MOSFET 管。然而,这里需要进行折中。当尝试选取超低压降的二极管时,肖特基二极管中的漏电流就会变得很重要。我们也可能会遇到很大的体电容容值,最后会有更多的损耗。类似地,MOSFET 管开关的速度也会因为试着降低它的 R_{ds} 值而会深受影响。

8.4　研究感应开关损耗的 MOSFET 简化模型

　　如图 8.6(a)所示,有一个 MOSFET 管的基本(简化)模型。特别是,可以看到它有 3 个寄生电容,分别在漏极、源极和栅极之间。这些小极间电容是开关效率最大化的关键,特别是在较高的切换频率下。需要完全理解它们在开关切换中的角色。

　　我们已经知道,为什么首先会有交叉损耗的基本原因在于每次开关切换时由一个无法避免的 $V-I$ 交叠区。由于在进行切换时,电感会设法强迫电流,同时尝试创造一个无缝的条件来使其发生,所以会有一个交叠区。但是之所以交叠区会持续这么长主要是因为每次切换时,3 个极间电容需要充电或者放电(如这个情况就可能是)——以便能够达到它的新的直流水平,从而和开关改变状态相称。所以粗略地说,如果这些电容容值大,那么就需要花费较长的时间来充电或者放电,从而会增加交叉(交叠)时间。结果反过来又增加了交叉损耗。进一步说,既然这些电容的充放电电路会经常包括栅极电阻在内,栅极阻抗也会影响转换时间,从而影响开关损耗。

如图 8.6(b)所示,我们进一步简化了我们的简单模型。所以把漏极上的内部和外部电感集中到一个简单的泄露电感 L_{lk} 中。注意,我们将忽略任何栅极一源极电感,这样就暗示着我们会假设 PCB 布局布线非常好。把 MOSFET 管内的小电阻、外部栅极电阻(如果有加的话)以及驱动电阻(其内部上拉或者下拉电阻)集中到单个有效的 R_{drive} 上,也就是驱动电阻。

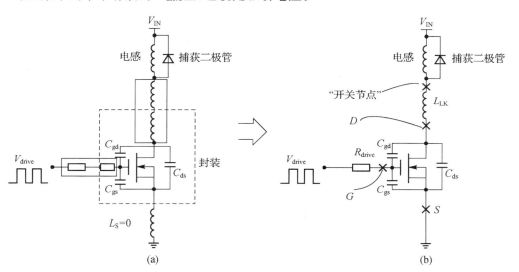

图 8.6　MOSFET 管的简化模型

在图 8.6 中,由于有无约束的路径,所以主电感是耦合的。但是由于没有路径来传送能量,所以漏电感(或者寄生电感)不是耦合的。因此可以预期——(无论何时改变流经它的电流,都会以)尖峰电压的形式——进行反映。然而,在分析中,假设该泄露电感非常小(尽管也不必忽略)。将会发现相比于图 8.4 和图 8.5 所示的理想感应开关波形,该结果在波形上做了一定的人为修正以使其看起来稍许不同。然而,事实证明这些人为修正只是纯为学术研究(当然要假设 R_{drive} 很小)。另外,这些人为修正问题通常会稍微减少交叉损耗。因此,从某种意义上来说,理想波形会更保守,同时只要坚持就可做好。

把注意力转向图 8.6 所示线路,我们应该很清楚该线路不会正常工作! 从之前的讨论中可以知道,在没有一个用来充电并帮助稳定电感两端的伏秒的输出电容的存在的情况下要实现稳态是绝无可能的。因此,该线路只是一个理想线路——只能帮助我们进行特殊的开关切换的理论分析。

需要注意的是,开关最终仅仅关注其关断时的两端电压以及导通时流经它的电流。这就是为什么该简单的线路能够作为在任何拓扑结构中发生的事情的代表在切换的瞬间而被安全接受。例如,可能拿掉图 8.6 中的漏电感和主电感,同时把它们放置在 MOSFET 管的源端。只要栅极驱动还能很好地与源极耦合(也就是在栅极和源极之间没有电感),就不会有改变。这没有任何奇怪的,因为我们知道如果某个元件(或者线路模块)A 与 B 串联,往往能够调换其位置,而使得 B 与 A 串联,但是不会改变任何事情。

最后应该铭记在心的是,在分析过程中所谓的漏极不必是(带相同的名字的)封装引脚,也不是开关节点! 如图 8.6 所示,电感 L_{lk} 把这些引脚都隔离开。因此,例如尽管当二极管在无约束时,开关节点必须钳位在 V_{in} 附近,但是器件的漏极可能在瞬间内显示的是另外一个稍微不同的电压(显然,会等于 L_{lk} 两端的电压)。

8.5　备用系统中的寄生电容

现在开始对 MOSFET 管的感性切换过程进行详细的研究。我们将把导通和关断分成几个小区间分别讨论。我们将学习大部分子区间,栅极的行为就像一个简单的输入电容——通过 R_{drive} 电阻来对其充电(或者放电)。其情形和之前讨论的简单的 RC 线路相同。事实上,(考虑到 MOSFET 管的跨导)栅极对于漏极和源极之间发生的一切一无所知。

如果从交流驱动信号的观点来深入研究栅极,其有效的充电电容等于 C_{gs} 和 C_{gd} 的并联后的算术和。在讨论中将简单称之为栅极或者输入电容 C_g。所以

$$C_g = C_{gs} + C_{gd} \tag{8-11}$$

因此,栅极充放电周期的时间常数为:

$$T_g = R_{driver} \times C_g \tag{8-12}$$

> **注意:**这里似乎我们间接建议了导通和关断的驱动阻抗要相同。实际无需如此。目前所介绍的所有公式很容易地采用不同的导通和关断电阻来进行。所以,通常来说,导通和关断转换时会有不同的交叉时间。同时也要注意的是,通常在某个交叉区间(导通或者关断),电压转换的实际时间无须与电流所花费的时间相等(除非是阻性负载)。

备用系统中书写电容会表明有效输入、输出以及反向传输能力——也就是分别用 C_{iss}、C_{rss} 以及 C_{oss} 表示。这些与极间电容相关的参数表示如下:

$$C_{iss} = C_{gs} + C_{gd} \equiv C_g$$
$$C_{oss} = C_{ds} + C_{gd}$$
$$C_{rss} = C_{gd} \tag{8-13}$$

所以也可以写成

$$C_{gd} = C_{rss}$$
$$C_{gs} = C_{iss} - C_{rss}$$
$$C_{ds} = C_{oss} - C_{rss} \qquad (8-14)$$

在大部分厂商的数据手册中,通常在"典型的性能曲线"章节中可以找到 C_{iss}、C_{oss} 以及 C_{rss} 的值。可以看到这些寄生电容是电压的函数。显然,它们在分析中会很复杂。因此,作为一个近似,将假设极间电容容值全部是常数。通常将查阅 MOSFET 管的典型性能曲线图,然后选出当(给定应用中的)MOSFET 被关断时对应其两端电压的电容容值。接着,我们将阐述怎样通过使用比例因子来尽可能地减小此误差。

8.6　栅极阈值电压

之前(图 8.1)所谈论的"完美的 MOSFET 管"会在栅极电压高于地平面(也就是源极)时就开始导通。但是现实中的 MOSFET 管会有一定的栅极阈值电压 V_t。逻辑级的 MOSFET 管的 V_t 通常为 $1 \sim 3$ V,而高电压 MOSFET 管是 $3 \sim 5$ V。因此基本上,必须使电压超过其阈值电压才能使得 MOSFET 完全导通(电流超过 1 mA)。

由于 V_t 不为零,因此跨导的定义也需要稍作修正,公式如下:

$$g = \frac{I_d}{V_{gs}} \Rightarrow g = \frac{I_d}{V_{gs} - V_t} \qquad (8-15)$$

需要注意的是,在分析过程中还做了另外一个简化的假设——跨导也是常量。最后,有了这些背景信息,可以开始研究在导通和关断转换过程中的真实过程。

8.7　导通转换过程

把该区间分为 4 个子区间,分别通过图 8.7～图 8.10 进行介绍。为了使读者便于快速参考和更容易理解,每个子区间的相关解释和注释都有在各自的图中显示。

简单地说,区间 t_1 就是到达阈值 V_t 的时间。在这段时间里,只需要一个简单的 RC 充电电路。在 t_2 时间内也是,继续成指数型上升,但是此时漏电流开始大幅上升。但从所有实际应用来看,栅极不会知道有任何事情发生改变——因为跨导完全对漏极电流负责(进一步来说,漏极电压不会改变)。在 t_3 时,(由于现在所有的电感电流完全移到开关中,)二极管被允许停止导通。所以现在漏极电压会摆动。但是在进行该动作时,会通过 C_{gd} 注入电流。需要注意该电容,尽管通常它相当小,但是由于直接从高开关电压结点(漏极)直接注入电流到栅极,因此可能对交叉时间的影响最大。在 t_3 之前,C_{gd} 两端有一个相对高的电压。但是,当开关完全导通时,C_{gd}两端的电压必须下降到它的新的最终的一个低压值。因此,在 t_3 期间,C_{gd}本质上是在放电。所以问题就是:C_{gd}的放电路径在哪里?可以做如下分析:一旦到达栅极,该放电电流有两种选择——流经 C_{gs} 和/或流经 R_{drive}。但是栅极已经恒定在 $V_t + I_o/g$——这是 MOSFET 管用来支持完全电感电流 I_o 所需的栅极电压水平。所以大致上,C_{gs}(栅极电压)两端的电压无需也不要改变。另外由于流经电容的通用电流方程为 $I = CdV/dt$,因为在该子区间内 C_{gs} 两端的电压不会改变,所以流经其电流必定为零。因此我们可以推断所有流向栅极节点的电流碰到 C_{gs} 时会改道通过 R_{drive}。但是 R_{drive} 两端的电压是固定的——其一端的电压为 V_{drive},另外一端为 $V_t + I_o/g$。因此,流经它的电流可以通过欧姆定律来事先决定。也就意味着在 t_3 期间,R_{drive} 实际上是通过流经 C_{gd} 的电流来完全控制。然而,流经 C_{gd} 的电流也要遵守公式 $I = CdV/dt$。所以如果把 I(通过 R_{drive})固定在某个值时,就可以计算 C_{gd} 两端的 dV/dt,从而计算出 V_d。事实上,这就意味着在 t_3 阶段,C_{gd} 和 R_{drive} 会一起决定漏极电压的下降斜率(从而决定电压的切换时间)。t_3 阶段栅极电压波形的平稳部分被称之为米勒高原,指的就是反向传输电容 C_{gd} 的影响。最后,在电压也完成了它的摆动后,流经 C_{gd} 的电流也完全停止,等再次时,栅极就表现为一个简单的 RC 充电电路。注意在 t_4 时,栅极实际上已经过驱动——漏极电流(已经在最高值,)不会有任何改动。然而,在 t_4 器件,驱动功耗依旧会存在。

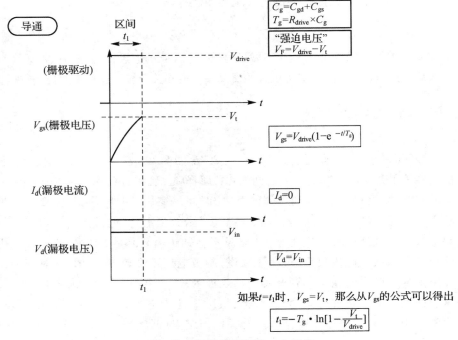

图 8.7   导通过程的第一个区间

由于 V_{gs} 低于 V_t，那么漏极电流则为零，同时漏极电压为固定值且等于 V_{in}。

由于漏极电压固定，几乎没有电流会因 V_d 的任何变化而会（通过 C_{gd}）注入栅极。

由于 V_{gs} 的增加，会有少量的流经 C_{gd} 的电流。但是这是考虑到使用 $C_g = C_{gd} + C_{gs}$，而不是仅考虑在时间常数 T_g 的 C_{gs} 值的情形。

在开关电源的导通过程中，开关节点上的电压（注意：这是通过泄露电感 L_{lK} 把 V_d 物理分开的节点）不会改变——除非电感电流完全从自由二极管返回开关的路径中完全改变方向——因为如果二极管不承载任何电流时，它必须正向偏置。注意：二极管的压降已被忽略。

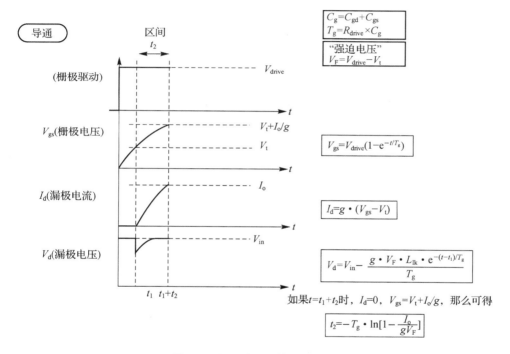

图 8.8　导通过程的第二个区间

如果假设"L_{lK}/R_{drive}"非常小，那么 V_{gs} 与在 t_1 区间内保持一致。

在 V_d 节点上有一个小的尖峰电压，它是由 $V = L_d (I_d)/dt$ 决定的，因为开关节点电压被钳制。

注意，我们必须重新初始化坐标以满足边界条件，因此 $t - t_1$ 对应 V_d。

漏极电流 I_d 取决于 MOSFET 管的 g 值（通常对逻辑级的 FET 管来说，是 100 s），它是通过与瞬态 V_{gs} 和阈值电压 V_t 之间相乘得出来的。

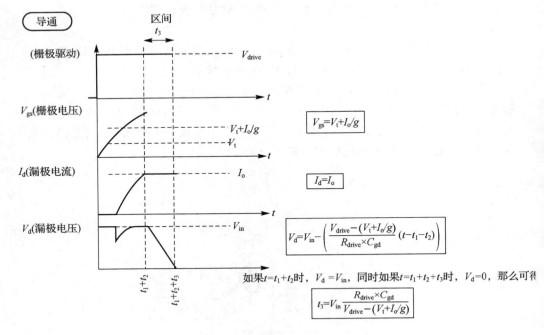

图 8.9 导通过程的第三个区间

"L_{IK}/R_{drive}"在这里是个无关量,由于 I_d 在 I_o 处固定,所以,L_{IK} 两端没有电压。

由于 I_o 是个固定值,栅极电压 V_{gs} 也会是个固定值——它由公式 $V_{gs}=V_t+I_o/g$ 来决定。

然而,漏极电压正在改变。因而会通过 C_{gd} 把一个放电电流"$C_{gd} \cdot d(V_d)/dt$"注入到栅极。

然而,由于 V_{gs} 固定,所以通过 C_{gs} 的电流为零。

但是,有一个受控于 $(V_{drive}-V_{gs})/R_{drive}$ 的电流流入栅极。因此,这必将与 C_{gd} 放电电流相等。

同样,我们可得 $d(V_d)/dt$,所以我们可知 V_d 会怎么变化。

V_d 的最终值实际上是 $I_o R_{ds}$(接近零值)

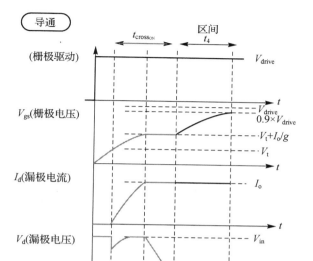

$$C_g = C_{gd} + C_{gs}$$
$$T_g = R_{drive} \times C_g$$

$$V_{gs} = V_{drive}(1 - e^{-(t-t_3)/T_g})$$

$$I_d = I_o$$

$$V_d = 0$$

充电指数曲线采用$(1/(1-x))$时间常数来达到最终值的x倍（或者是为达到90%，需要2.303时间常数），所以

$$t_4 = (2.303 \times T_g) - (t_1 + t_2)$$

图8.10　导通过程的第四个区间

V_{gs}现在继续保持它在$t_1 + t_2$结束时的状态，这是因为电流不再通过C_{gd}注入。

t_1和t_2用过的V_{gs}公式同样适合于t_4，除了我们需要"忘记"米勒区域(t_3)曾经有发生过。所以，需要在t_3来之前把更早的曲线水平转化。因而，可以通过简单地采用之前的V_{gs}公式中的$t - t_3$项来替代t从而获得t_4区域的V_{gs}值。

FET管的开关损耗的交叉区间仅仅发生在$t_2 + t_3$。然而，在t_1和t_4期间，驱动线路依旧会给栅极提供电流，所以t_4也必须了解从而用来计算总驱动功耗。

作为一个指数曲线，通常基于到达V_{drive}的90%的时间来计算t_4。

交叉时间是指电流和电压会同时改变的那段时间，等于$t_2 + t_3$。如上所述，为了理解驱动功耗，需要考虑整个$t_1 + t_2 + t_3 + t_4$的过程。需要注意的是，根据定义，在t_4的结尾处，栅极电压会是其渐进值(V_{drive})的90%。所以可以完全假设在所有的现实应用中，在该点之后的驱动毫无影响。因此，在t_4的结尾处，也就被认为是完成了整个切换——从开关，也是驱动的角度来看。

8.8　关断转换过程

和导通的分析相似，我们同样把关断区间分为4个子区间，如图8.11～图

8.14 所示。

　　简而言之，T_1 子区间是指过驱动停止的时间，也就是栅极回到其维持状态的电压水平 $V_t + I_o/g$（用于支持全漏极电流 I_o 时所需的最小栅极电压）。在这个时间内，漏极电流不会改变，同时漏极电压也不会改变，所以实质上此时再次使用了一个简单的 RC 放电线路。在 T_2 期间，栅极电压再次进入平稳状态。其原因在于漏极电压必须首先接近 V_{in}，从而通过放置二极管来获得正向偏置并准备开始吸收开关逐步摆脱的电流（图 8.5）。所以 T_2 是电压转换到完成的时间。因此在 T_1 和 T_2 期间，漏极电流不会改变。和导通过程中的子区间 t_3 的逻辑相似，在 T_2 期间，电压 V_{ds} 的上升斜率再次仅由 R_{drive} 和 C_{gd} 决定。最终，在 T_3 时，电流开始下降至零。在 T_3 的结尾处，栅极电压像 RC 电路一样会成指数倍的下降至 V_t。就开关来说，该转换过程现在已经完成了。但是接着 T_4 阶段，RC 成指数倍放电直至等于初始栅极驱动幅值的 10% 为止。如前所述，整个 $T_1 + T_2 + T_3 + T_4$ 期间都会有驱动功耗，而交叉只发生在 $T_2 + T_3$ 期间。

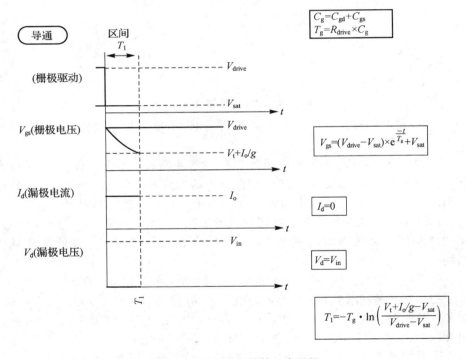

图 8.11　关断过程的第一个区间

　　由于逻辑级的阈值越来越低，我们不能再忽略驱动级的推挽式晶体管的饱和压降。我们称之为 V_{sat}（典型值为 0.2 V）。

　　V_{gs} 呈指数型下降。这里给出的公式满足所需边界的条件。

　　这里的 I_d 和 V_d 都不会改变——因为 V_{gs} 依旧足够高，因而 MOSFET 管完全导通。

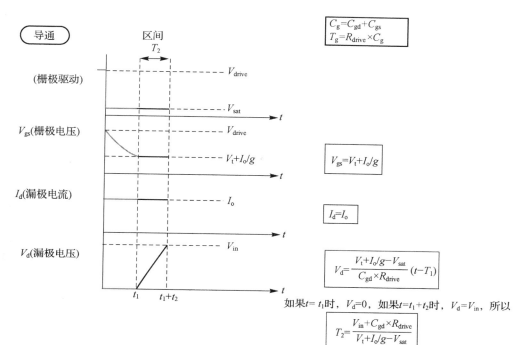

图 8.12　关断过程的第二个区间

在关断过程中,除非开关结点(以及有效的 V_d 值)完全等于 V_{in},漏极电流不会改变,因而正向偏置二极管(忽略它的正向压降)将允许其分得部分或者全部漏极电流 I_d。

V_{gs} 的值固定在 $V_t + I_o/g$(米勒区域),所以流经 C_{gs} 的电流为 0。

然而,漏极电压正在改变,因而通过 C_{gd} 把充电电流 "$C_{gd} * d(V_d)/dt$" 注入到栅极。

但是,从栅极有大小为 $(V_{sat} - V_{gs})/R_{drive}$ 的电流流出,因此这必然等于 C_{gd} 的充电电流。

同样,可以得出 $d(V_d)/dt$,因而可以得出 V_d 的公式。

电源与供电

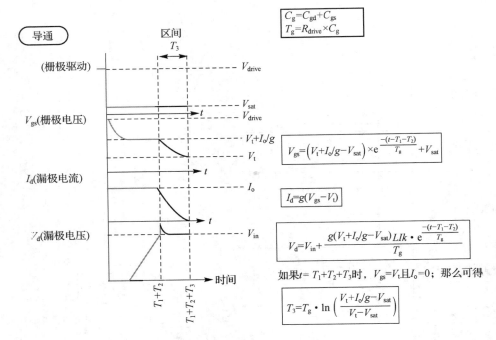

图 8.13 关断过程的第三个区间

V_{gs} 继续呈指数型下降，因为米勒区域已经结束了（V_d 已经停止摆动）。这里的公式也满足所需的边界条件。

在小"L_{IK}/R_{driver}"的近似下，我们可以假设通过 C_{gd} 的电流注入非常小，对 V_{gs} 的影响可以忽略不计。

寄生电感 L_{IK} 的上端电压维持在 V_{in} 处，但是其下端（V_d 节点）根据 $V = L_{IK} d(V_d)/dt$ 将会有一个小的尖峰电压。

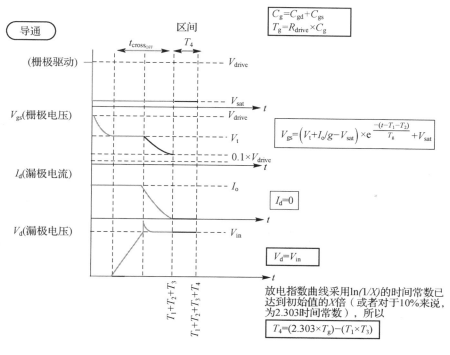

$$C_g = C_{gd} + C_{gs}$$
$$T_g = R_{drive} \times C_g$$

$$V_{gs} = \left(V_t + I_o/g - V_{sat}\right) \times e^{\frac{-(t - T_1 - T_2)}{T_g}} + V_{sat}$$

$$I_d = 0$$

$$V_d = V_{in}$$

放电指数曲线采用 $ln(1/X)$ 的时间常数已达到初始值的 X 倍（或者对于10%来说，为2.303时间常数），所以

$$T_4 = (2.303 \times T_g) - (T_1 \times T_3)$$

图 8.14　关断过程的第四个区间

V_{gs} 继续呈指数型下降（与 T_3 阶段的公式相同）。这里的公式也满足所需边界条件。

作为指数型曲线，通常会基于到达初始值的 10%（V_{drive} 下降）所花的时间来计算 T_4。

注意我们在 T_4 的计算过程中忽略了 V_{sat}。同时也要注意如果我们采用的 V_{sat} 值比 V_{drive} 大 10%，那么就无法定义 T_4（通过我们曾经定义它的方法）。

FET 管的开关损耗的交叉期仅仅在 $T_2 + T_3$ 期间发生。然而，$T_1 \sim T_4$ 驱动电路会继续给栅极提供电流，所以在计算总驱动功耗时必须考虑 T_4。

8.9　栅极电荷因子

一个最近用来描述 MOSFET 管上的寄生电容效应的方式是栅极电荷因子。在图 8.15 中，介绍了怎样对 Q_{gs}、Q_{gd} 和 Q_g 这些电荷因子进行定义。在图中表格内的右边列中给出了栅极电荷因子与电容之间的关系——假设后者为常量。既然极间电容是外加电压的函数，那么栅极电荷因子则代表一个更精确的方法。然而，到目前为止，关于导通和关断区间的整个分析都暗含了基于极间电容是常量的假设这个前提。采用来自 Vishay 公司的 Si4442DY 为例，有一种可能的方法来降低开关损耗预估的误差,如图 8.16 所示。

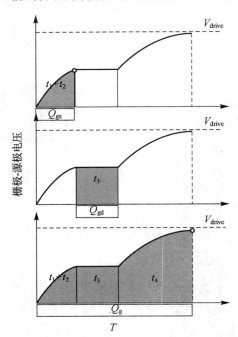

栅极电荷定义	电容方面
$Q_{gs} = \displaystyle\int_0^{t_1+t_2} I_{drive}\, dt$	从 $C = Q/V$ 应用在点圈上来看 $Q_{gs} = C_{iss} \times \left(V_t + \dfrac{I_o}{g} \right)$
$Q_{gd} = \displaystyle\int_{t_1+t_2}^{t_1+t_2+t_3} I_{drive}\, dt$	把 $I = C dV/dt$ 和 t_3 区域结合起来(注意:电压摆幅从 V_{in} 降至为 0) $Q_{gd} = C_{gd} \times V_{in}$
$Q_g = \displaystyle\int_0^{t_1+t_2+t_3+t_4} I_{drive}\, dt$	把 t_3 移开,在点圈上施加 $C = Q/V$,然后再把 t_3 导入。 $Q_g = C_{iss} \times (0.9 \times V_{drive}) + Q_{gd}$
注意:I_{drive} 是指流径 R_{drive} 的电流	注意:C_{oss}(或者为 C_{ds})不能由栅极电荷因子决定——因此需要分开查找图表

图 8.15　MOSFET 管的栅极电荷因子

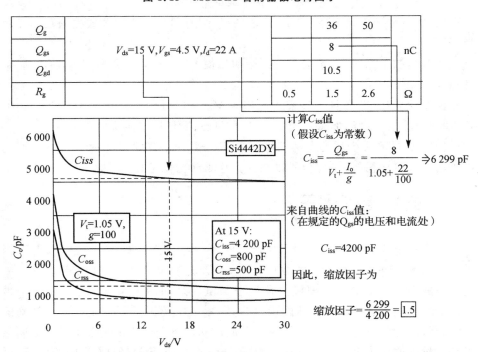

图 8.16　通过栅极电荷因子来预估有效的极间电容(采用 Si4442DY 来举例)

最终所用的电容容值是(在规定的 Q_{gs} 的电压和电流处)：

$C_{iss}=4\ 200\ pF\times$缩放因子$=6\ 300\ pF$　　$C_{gd}=C_{rss}=750\ pF$

$C_{oss}=800\ pF\times$缩放因子$=1\ 200\ pF$　　$C_{gs}=C_{iss}-C_{gd}=6\ 300-750=5\ 550\ pF$

$C_{rss}=500\ pF\times$缩放因子$=750\ pF$　　$C_{ds}=C_{oss}-C_{gd}=1\ 200-750=450\ pF$

基本上，使用栅极电荷因子可以告诉我们什么是有效电容(以及从 $0\sim V_{in}$ 之间的电压摆动)。例如，我们看到其有效的输入电容 C_{iss} 比从典型性能曲线读出的单点 C_{iss} 值大约大 50%(也就是 $6\ 300\ pF$ 代替 $4\ 200\ pF$)。该因子考虑到当电压下降时，电容容值会增加。需要注意的是，我们可以分别对每个电容计算出一个比例因子。但是更简单的方式是用 C_{iss} 首先找到一个通用的比例因子，然后对板上的所有电容进行同样处理。通过这种方式，可以得出图 8.16 所援引的有效电容容值。这些都是应该用于开关损耗计算的参数值(以直接从曲线图中读出的 C_{iss}、C_{oss} 以及 C_{rss} 值优先)。为了找到比例因子，如果我们关注 $C_{rss}(C_{gd})$，而不是 C_{iss}，那么将会发现计算出来的有效容值仅比从曲线图中读出的数值高 40%。因此通常来说，比例因子可能会固定在 $1.4\sim1.5$。

8.10　样例

通过一个 Si4442DY MOSFET 管来在进行开关切换，其电压为 15 V，电流为 22 A。总上拉驱动阻抗——MOSFET 管栅极通过它被幅值为 4.5 V 的脉冲驱动——为 2 Ω。在关断时，上拉到源极的总驱动阻抗为 1 Ω。估算驱动中的开关损耗和功耗。

从图 8.16 中可知，$C_g=C_{gs}+C_{gd}=6\ 300\ pF$。

8.10.1　导通切换

时间常数为

$$T_g=R_{drive}\times C_g=2\times6\ 300\ pF=12.6\ ns$$

电流转换的时间为

$$t_2=-T_g\times\ln\left(1-\frac{I_o}{g\times(V_{drive}-V_t)}\right)=-12.6\times\ln\left(1-\frac{22}{100\times(4.5-1.05)}\right)$$

$$t_2=0.83\ ns$$

电压转换时间为

$$t_3=V_{in}\times\frac{R_{drive}\times C_{gd}}{V_{drive}-\left(V_t+\frac{I_o}{g}\right)}=15\times\frac{2\times0.75}{4.5-\left(1.05+\frac{22}{100}\right)}$$

$$t_3=6.966\ ns$$

所以导通时其交叉时间为

$$t_{cross\_turnon}=t_2+t_3=0.83+6.966=7.8\ ns$$

因此,导通交叉损耗为

$$P_{\text{cross\_turnon}} = \frac{1}{2} \times V_{\text{in}} \times I_{\text{o}} \times t_{\text{cross\_turnon}} \times f_{\text{sw}}$$

$$= \frac{1}{2} \times 15 \times 22 \times 7.8 \times 10^{-9} \times 5 \times 10^{5}$$

$$P_{\text{cross\_turnon}} = 0.64 \text{ W}$$

8.10.2 关断切换

现在,时间常数为

$$T_{\text{g}} = R_{\text{drive}} \times C_{\text{g}} = 1 \times 6\ 300 \text{ pF} = 6.3 \text{ ns}$$

电压转换时间为

$$T_2 = \frac{V_{\text{in}} \times C_{\text{gd}} \times R_{\text{drive}}}{V_{\text{t}} + \dfrac{I_{\text{o}}}{g}} = \frac{15 \times 0.75 \times 1}{1.05 + \dfrac{22}{100}}$$

$$T_2 = 8.858 \text{ ns}$$

电流转换的时间为

$$T_3 = T_{\text{g}} \times \ln\left(\frac{\dfrac{I_{\text{o}}}{g} + V_{\text{t}}}{V_{\text{t}}}\right) = 6.3 \times \ln\left(\frac{\dfrac{22}{100} + 1.05}{1.05}\right)$$

$$T_3 = 1.198 \text{ ns}$$

所以导通时其交叉时间为

$$t_{\text{cross\_turnoff}} = T_2 + T_3 = 8.858 + 1.198 = 10 \text{ ns}$$

因此,导通交叉损耗为

$$P_{\text{cross\_turnoff}} = \frac{1}{2} \times V_{\text{in}} \times I_{\text{o}} \times t_{\text{cross\_turnoff}} \times f_{\text{sw}}$$

$$= \frac{1}{2} \times 15 \times 22 \times 10 \times 10^{-9} \times 5 \times 10^{5}$$

$$P_{\text{cross\_turnoff}} = 0.83 \text{ W}$$

这样,总交叉损耗为

$$P_{\text{cross}} = P_{\text{cross\_turnon}} + P_{\text{cross\_turnoff}} = 0.64 + 0.83 = 1.47 \text{ W}$$

请注意,到目前为止我们还没有使用过 C_{ds}!(由于该电容没有连接到栅极,所以)该电容不会影响 $V-I$ 交叠。但是依旧需要关注它!每个周期,它会在关断时充电,同时会在导通时把储存的能量转移到 MOSFET 管内。事实上,对于交叉损耗来说,这是需要增加的一个额外损耗,以便能够获得 MOSFET 管的整体开关损耗。注意,在低电压应用中,这个额外的损耗看起来是不重要的,但是在高电压/离线应用中,它会明显地影响效率。我们来计算本例中的该损耗:

$$P\_C_{\text{ds}} = \frac{1}{2} \times C_{\text{ds}} \times V_{\text{in}}^2 \times f_{\text{sw}} = \frac{1}{2} \times 450 \times 10^{-12} \times 15^2 \times 5 \times 10^5 = 0.025 \text{ W}$$

所以开关内整体开关损耗为

$$P_{sw} = P_{cross} + P\_C_{ds} = 1.47 + 0.025 = 1.5 \ \text{W}$$

驱动功耗为

$$P_{drive} = V_{drive} \times Q_g \times f_{sw} = 4.5 \times 36 \times 10^{-9} \times 5 \times 10^5 = 0.081 \ \text{W}$$

通常来说,需要注意的是,上述的驱动功耗方程的预估比实际驱动功耗要低20%,这可以通过它们每个子区间内的驱动电流和电压之间的乘积来确认。其原因在于米勒高原——由于在该区间内,有额外的电流(不是来自储存电荷 Q_g)流入驱动电阻。所以纠正后的驱动功耗预估应为 $1.2 \times 0.081 \ \text{W} = 0.097 \ \text{W}$。驱动电源电流为 $0.081/4.5 \ \text{mA} = 18 \ \text{mA}$。

8.11　开关损耗分析应用于开关拓扑

现在,我们尝试理解前面的分析在实际开关稳压器中的应用——特别是与拓扑有关的 V_{in} 和 I_O。

对于降压拓扑来说,我们知道当导通时,瞬态开关(和电感)电流是 $I_O \times (1 - r/2)$,这里 r 表示纹波电流比,I_O 是 DC-DC 转换器的负载电流。在关断时,其电流为 $I_O \times (1 + r/2)$。通常来说,在分析导通和关断时,可以忽略纹波电流比而直接让电流等于 I_O。所以 DC-DC 转换器的负载电流 I_O 就会与在对开关损耗分析时的 I_O 相同。同样,在升压和降压-升压拓扑中,开关损耗分析中的电流 I_O 实际上就是均值电感电流 $I_O/(1 - D)$。

现在来分析当开关断开时 MOSFET 管两端的电压(也就是开关损耗分析中的 V_{in})——对于降压拓扑来说,它几乎等于 DC-DC 转换器的输入电压 V_{IN}(现实中会有一个二极管的压差)。同样的,对于降压-升压拓扑来说,电压 V_{in} 几乎等于 $V_{IN} + V_O$,这里,V_O 是 DC-DC 转换器的输出电压。对于升压拓扑来说,电压 V_{in} 等于 V_O,也就是转换器的输出电压。注意,如果采用一个隔离的反激拓扑,那么关断时的实际电压为 $V_{IN} + V_Z$,这里 V_Z 是(放置在初级线圈两端的)齐纳钳位的电压。然而,在导通时,MOSFET 管两端的电压仅为 $V_{IN} + V_{OR}$(V_{OR} 是反射输出电压,如 $V_O \times n_P/n_S$)。在单端正向转换器中,在关断时其电压为 $2 \times V_{IN}$,而在导通时仅为 V_{IN}。需要注意的是,上述讨论都是基于系统处在 CCM 模式的前提下进行。

为了方便,把上述结果制成一个表,具体如表 8.1 所列。

表 8.1　开关损耗分析与实际拓扑之间的关系

	V_{in}		I_O	
	导通	关断	导通	关断
降压拓扑	V_{IN}		I_O	
升压拓扑	V_O		$I_O/(1-D)$	

	V_{in}		I_o	
	导通	关断	导通	关断
降压-升压拓扑	$V_{IN} + V_O$		$I_O/(1-D)$	
反激拓扑	$V_{IN} + V_{OR}$	$V_{IN} + V_Z$	$I_{OR}/(1-D)$	
正向拓扑	V_{IN}	$2 \times V_{IN}$	I_{OR}	
$V_{OR} = V_O \times n$, $I_{OR} = I_O/n$, 这里 $n = n_P/n_S$				

注意,如果系统处于 DCM 模式时,原则上在导通时没有开关损耗——因为此时没有电流流经电感。在关断时,切换时的电流为 $I_{PK} = \Delta I$,可以通过使用公式 $V = L \times \Delta I / \Delta t$ 来获得。

8.12　最坏情形时开关损耗的输入电压

我们必须回到最重要的问题——当输入电压范围宽的时候,哪点的输入电压对应着最坏的开关损耗?

通常,开关损耗方程为

$$P_{sw} = V_{in} \times I_o \times t_{cross} \times f_{sw}$$

从以上可知,不管哪种情形,该损耗取决于 V_{in} 和 I_o 的乘积。而到目前为止,能从表 8.1 可以知道具体的 V_{in} 和 I_o。所以能够对每个拓扑进行分析。

(1)对于降压拓扑来说,"$V_{in} \times I_o$" = $V_{IN} \times I_O$。所以显然最大损耗发生在 V_{INMAX} 时。

(2)对于升压拓扑来说,"$V_{in} \times I_o$" = $V_{IN} \times I_O/(1-D)$。所以最大损耗发生在 D_{MAX} 时,也是 V_{INMIN} 处。

(3)对于降压-升压拓扑来说,"$V_{in} \times I_o$" = $(V_{IN} + V_O) \times I_O/(1-D)$。同时我们知道 $D = V_O/(V_{IN} + V_O)$。所以把"$V_{in} \times I_o$"绘制成图可得图 8.17(典型的情形)。注意该曲线图关于 $D = 0.5$ 对称——也就是说该点为最小开关损耗。在该点之下,电压会显著增加,而在该点之上,电流会显著增加。不管哪种方式,开关损耗会随着远离 $D = 0.5$ 这点而增加。因此通常来说,首先要检查应用中的输入范围,以观察哪点离 $D = 0.5$ 最远。例如,如果在应用中,输入范围对应的占空比范围为 $0.6 \sim 0.8$,需要在 $D = 0.8$ 处计算开关损耗,也就是在 V_{INMIN} 处。然而,如果占空比,比如说是 $0.2 \sim 0.7$,那么就需要在 $D = 0.2$ 处做计算,也就是 V_{INMAX} 处。

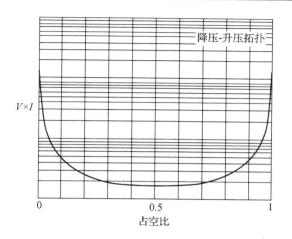

图 8.17　对于降压—升压拓扑来说,开关损耗变化与占空比之间的关系

8.13　开关损耗会怎样随寄生电容而变化

在图 8.18 中,采用 Si4442DY,同时改变 C_{iss} 的容值来观察会有怎样的结果产生。在右侧纵轴附近,有相应的(预估的)开关损耗。注意,在计算损耗曲线时,已经把 1.5 的比例因子加入到了左边纵轴上的 C_{iss} 的值中(尽管不明显)。

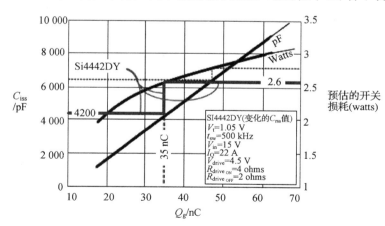

图 8.18　Si4442DY 的 C_{iss} 容值改变示意图

灰色的纵向虚线(采用"35nC"标注)表示实际的 Si4442DY。所以,在规定的条件下,其预估开关损耗为 2.6 W。如果把 C_{iss} 增加 50%,也就是从 4 200 pF 增加到 6 300 pF,可以看到 Q_g 会向上增加至 47 nC,但其损耗只有 2.8 W。

> **注意:**在实际计算中,采用 1.5 的比例因子,"4 200 pF"就是实际中的 6 300 pF,而"6 300 pF"就是实际中的 9 450 pF。

在图 8.19 中,采用 Si4442DY 器件,同时改变 C_{rss}——观察会有怎样的结果产生。灰色的纵向虚线(采用"35 nC"标注)表示实际的 Si4442DY。所以,在规定的条件下,其预估开关损耗为 2.6 W。如果把 C_{rss} 增加 50%,也就是从 500 pF 增加到 750 pF,可以看到 Q_g 会向上增加至 39 nC,但其损耗会增至 3.1 W。

换句话说,Q_g 会在一定程度上影响驱动功耗,但是对开关损耗来说却不一定会有影响——在选择 MOSFET 管时,更有效的途径是试着尽可能地减小 Q_{gd}(或者 C_{rss}),而不是仅仅寻找一个"低 Q_g"的 MOSFET 管。

> **注意:**在该样例中,预估其损耗为 1.5 W。同时有 2 Ω 的上拉电阻和 1 Ω 的下拉电阻。反之在图 8.18 中基本上把上拉和下拉电阻的阻值都翻了一倍。然而,开关损耗并没有翻倍——而只是 73% 多一点。

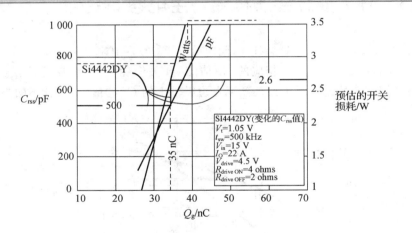

图 8.19　Si4442DY 的 C_{rss} 容值改变示意图

8.14　根据 MOSFET 特性来优化驱动能力

在图 8.20 中有两张图表。左边的为表示固定上拉电阻为 4 Ω 的损耗图。在 X 轴上仅仅改变下拉电阻。所以,如果 X 轴是在 2 点处,那么下拉电阻就是 4 Ω/2=2 Ω。如果 X 轴是在 4 点处,那么下拉电阻则为 4 Ω/4=1 Ω。我们会看到正如所预期的一样,随着下拉电阻的改善,其损耗会降低。同时也看到改变阈值电压后的影响。所以,较低的阈值电压会帮助降低开关损耗——假设下拉电阻不会太弱。在右边的图表里,类似的,显示的是把上拉电阻固定在 10 Ω 时的结果。从而能够在整个损耗中预估该改变上拉电阻后的影响。

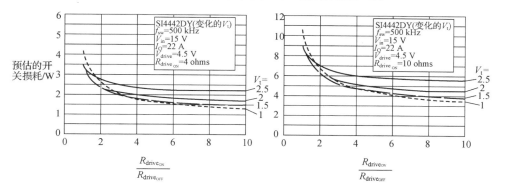

图 8.20　Si4442DY 的阈值电压以及驱动阻抗改变示意图(保持上拉电阻不变)

最后,在图 8.21 中保持上拉+下拉电阻阻值整体不变,只是改变上拉和下拉电阻的比值。这是从一个 IC 设计者的观点来看待——假设他或者她大致为驱动级分配一个基座,就是说简单地把上拉+下拉固定好。接下来问题就是:该如何在上拉和下拉部分分配现有的驱动能力。比如说,如果上拉+下拉=6 Ω,是把它们分成上拉电阻=4 Ω、下拉电阻=2 Ω 好还是说上拉电阻=3 Ω、下拉电阻=3 Ω 比较好,或者上拉电阻=2 Ω、下拉电阻=4 Ω 更好?等等。答案将取决于阈值电压。所以在决定进行对其比率进行优化之前,需要理解正准备使用的MOSFET 管。从图 8.21 中可以看到如果阈值电压高于 2 V,那么(通过牺牲下拉来)改善上拉电阻会有效,所以,比如说相比于上拉电阻=4 Ω、下拉电阻=2 Ω 的组合,上拉电阻=5 Ω、下拉电阻=1 Ω 的组合会更好。然而,如果阈值电压低于2 V,将会看到相反的结果——所以现在,(通过牺牲上拉来)改善下拉电阻会有效。

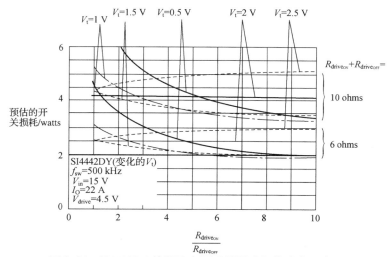

图 8.21　Si4442DY 的阈值电压以及驱动阻抗改变示意图
(保持总驱动电阻不变,也就是上拉+下拉电阻不变)

注意：有些厂商会提供范围相当宽（最小值到最大值）的阈值电压。甚至经常都不会提供典型值。但是，令人感到奇怪的是，有些厂商甚至连阈值都不提供！他们只是简单说明其 MOSFET 管有"4.5 V 的驱动能力"（比如说，大部分这样的 MOSFET 管都来自 www.renesas.com）。

第 **9** 章

功率因子校正

当我在 1989 年写我的第一本关于开关电源设计的书时,我本来是想要把这章留在最后来写。多年前我在大学修了控制理论的课程,但是它并没很好地与我现在面对的现实世界的应用联系在一起。所以我读遍了现今所有的关于反馈回路补偿的论文和书籍,但依旧感到迷惑。于是我停下来并回顾,并扪心自问:"什么才是真正需要实现的呢?"。我设定了一个具有很好补偿的开关电源的四个基本目标。然后,我阅读了来自 Dean Vereable 关于介绍逐步确定补偿极点和零点的位置以及在端点电阻和电容值下降的论文。我喜欢这个步骤,但是他的步骤不能完成我在电源设计中所需要的。所以,我借用了他的逐步分析的方法,并对其进行修正以实现我的目的。

接下来的章节是我大量工作的结晶,也是我引以为豪的。本章使得一个可怕的设计过程变成一个非常容易的、循序渐进的过程——应该只需要15 分钟就可以结束。我一直采用该方法来进行电源设计。

首先,我会采用波特图来简要回顾一下频域中的电子线路的行为,接着我会为开关电源拓扑选择一个合适的补偿方法和控制方法。我们将通过方程以及电阻和电容容值来进行。唯一一个可能会引起电流模式系统的不稳定的因素是来自需要进行斜坡补偿的电流反馈回路。

我希望本章可以为读者揭开神秘的面纱。

——Marty Brown

功率因子校正(PFC)在电源世界中正变得很重要。通过在世界级的电池中增加更多的发电量是一个非常昂贵且会消耗更多资源的方案。有种方法是采用广泛使用功率因子校正的方式从而可以产生额外大约 30% 的电量,以便更有效率地使用交流电源。发动机、电子电源以及荧光灯照明等消耗了世界总电量的40%,而它们都可以从功率因子校正中获益。从二十世纪九十年代中期至今,世界上许多国家都接受在他们的国家里所有的新一代产品市场进行功率因子校正的要求。新增的线路会增加 20%～30% 的成本,但是短期内能源的节省会比原始成本更有价值得多。

电源领域中的术语"功率因子"与该术语在传统上的使用需要稍微区分开，它是用于被动交流负载，如发动机中，通过交流电线来供电。相对电压来说，通过发动机所消耗的电流会有相移。导致所产生的功率会有一个很大的无功分量，几乎没有电源用在实际的生产工作。由于功率计不能量测相位，所以所量测的功率就等于缩放的电压乘以电流的结果。如果发动机是主要的负载，那么通常会用到电容组来使得相位进一步向零度靠近。

在开关电源中，其问题在于输入整流以及滤波网络。图 9.1 所示为典型的输入线路以及相关的波形。可以看到，只有当 AC 线的电压超过了输入滤波电容的电压时，输入整流器才会传导电流。这种情况通常会在交流电压波形的波峰的 15° 之内发生。结果是电流脉冲是所预期的均值电流的 5～10 倍高。这也可能导致交流电压波形变形以及三相电源线反馈线路的失衡。从而就会产生零线电流——而这个本来是在预期之外的。另外的一大缺点是当整流器没有导通时就没有电流消耗，因而会丢失电源系统中能量最为重要的一部分。

功率因子校正线路旨在增加整流器的导通角，从而使得交流输入电流正弦波的相位与电压波形相同。图 9.2 所示为输入波形。这就意味着来自电源线中的功率是有功功率，而不是无功功率。该网络的结果是来自电源线的峰值和 RMS 电流会比来自传统使用的容值输入线路的电流要小很多。

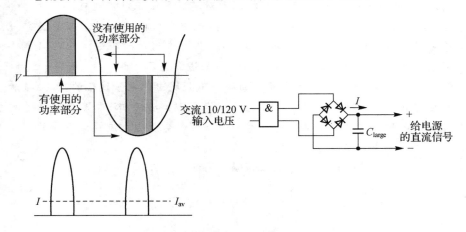

图 9.1 容性输入滤波的波形

电
源
与
供
电

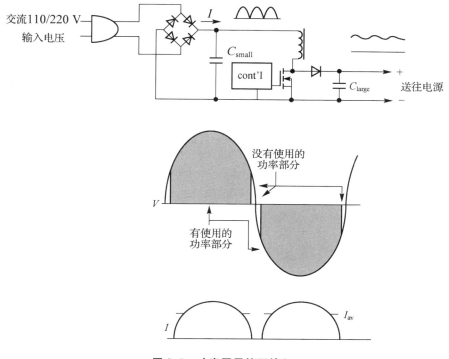

图 9.2　功率因子校正输入

　　主动性功率因子校正线路可以采用非变压器隔离开关电源拓扑的形式,比如降压、升压和降压－升压拓扑。不管 PFC 在何时工作($V_{in} > V_{out}$),图 9.3 中的降压拓扑总会产生一个低于输入电压的直流输出电压,换句话说,输出电压通常是在 $30 \sim 50V_{DC}$ 的范围。这样可能会在更高功率的负载——需要从 PFC 线路中消耗大量的电流时——带来问题。升压和降压-升压拓扑在该领域非常受欢迎,因为它们会产生一个比峰值输入电压更高的输出直流电压,也就是意味着更低的均值输出电流。具体如图 9.4 和图 9.5 所示。

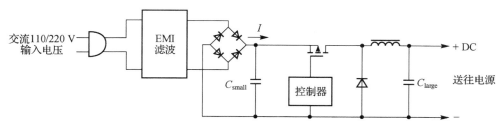

图 9.3　降压拓扑功率因子校正电路

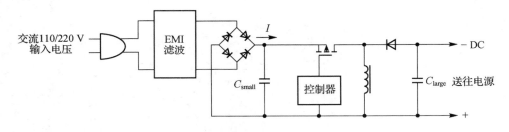

图 9.4　降压-升压拓扑功率因子校正电路

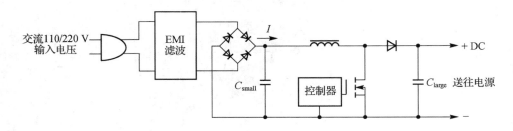

图 9.5　升压拓扑功率因子校正电路

降压-升压拓扑将会产生一个相对于整流器的地为负的输出电压。级联的电源和 PFC 电压感应网络必须在负电压下工作,但是直流输出电压可以和整流输入交流波形无关。其主要的缺点在于对上侧功率开关的需求以及对半导体的高击穿电压的需求。升压拓扑已经成为最为流行的拓扑。它有一个很容易驱动的下侧功率开关。唯一的约束就是直流输出电压必须比交流波峰电压的最高值还要高。这就意味着如果要让 PFC 线路在世界上所有的电网都有用,那么输出电压就必须大约为 $390V_{DC}$,同时把浪涌电压传输到负载上。否则,它就只需要最少的部分,因而花费也最低。

对功率因子校正的控制是争论的焦点和斗争的专利。有三种通用的控制方法:固定的导通时间、临界导通模式(就是离散模式)以及连续模式。基于固定的导通时间的线路最少,但是从输入电源中所能消耗的瞬间电流有限。临界导通模式没有输出整流器反向恢复损耗,但是其输出限制在 $300\sim600$ W。连续模式升压 PFC 线路可以有比输出更高的功率,但是却会遇到严重的整流器反向恢复损耗的影响,除非增加一些零切换损耗线路,但是会增加成本。

在该领域增加成本是很重要的,因为对于客人来说,功率因子校正的好处是无形的,但是客人并不想去支付任何他或者她根本不能直接看到的东西。一个例子是采用 PFC 校正的电子荧光灯镇流器的价钱是磁性荧光灯镇流器的两倍。只有工业方面的客户想得周全,看到 12 个月后每年的电费的巨大差异。

基本 PFC 控制器采用图 9.6 所示的形式,可能将包括临界和离散模式以及连续模式线路。在控制 IC 内有一个用于把输入全波整形电压波形与误差放大器相乘的乘法器子线路。这样就生成了一个限流信号,使得输入电流跟随电压的正弦波性。交流输入通过输入 EMI 滤波器来滤波,从而产生一个可以自由切换的 50～60 Hz 输入电流波形。

在设计 PFC 电路时,电感的工作模式是主要的考虑。离散模式通常用于功率低于 300～600 W 的情形。它有高峰值电流从而会限制其在更高输入功率下的使用。对于功率高于 300 W 的情形,通常会使用连续模式。这样会降低从功率开关和输出整流器看过去的峰值电流,同时更容易对输入 EMI 进行滤波——因为在输入开关电流波形上没有快速的切换。唯一的劣势在于由于在每个导通周期开始时功率开关必须强迫输出整流器关闭,从而会造成与二极管相关的开关损耗上升明显。输出整流器的选择(低 T_{rr})对于 PFC 的工作就变得至关重要。

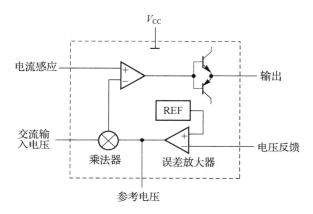

图 9.6　普通典型的功率因子控制 IC 示意图

9.1　如何指定功率因子与谐波

作者强烈推荐采用第三方 EMI 测试实验室来测试产品。用来测试上述讨论的因子的最低水准的仪器设备是非常昂贵的,且学习周期很长。

以下的讨论主要基于 EN61000 - 3 - 2,它是基于工业产品而发展起来的标准。EN60555 是 IEC - 555 的新版本,涵盖了家用电气所发射的谐波。了解这些类型对为交流电源设计一个功率因子接口非常重要。今天消耗少于 75 W 的产品以及未来会消耗 50 W 的产品不必遵循相关限制,只需要满足规定范围内的绝对最大值就行。表 9.1 中所列的限制可能会改变,所以请参考最新正式版本。这是一个正在发展的领域,所以需要明确的是,获得最新的规格是在产品发布的时候。

传输给负载的有功功率通过如下公式计算得出:

$$P_{in} = V_{in} \cdot I_{in} \cdot (功率因子) \tag{9-1}$$

式中

$$功率因子 = \frac{有功功率}{有功功率 + 无功功率} \tag{9-2}$$

根据严格的被动负载,功率因子是电压和电流波形之间产生的相位。尽管在电源中,它是输入整流器导通时电压波形所产生的失真。功率因子为 $0 \sim 1$, 1 表示所有功率全部用于负载(纯阻性负载)。电源中典型的电容输入滤波器的均值功率因子为 $0.5 \sim 0.7$。

在跑测试时,需要使用诸如 Voltech 公司的 PM1000、PM1200 或者 PM3000 等功率分析仪。同时需要使用音频频谱分析仪来测试交流电流上的谐波分量的幅值。总输入电压和电流分别为

$$V_{RMS(total)} = \sqrt{V_{fund(RMS)}^2 + V_{1(RMS)}^2 + V_{2(RMS)}^2 \cdots} \tag{9-3}$$

以及

$$I_{RMS(total)} = \sqrt{I_{fund(RMS)}^2 + I_{1(RMS)}^2 + I_{2(RMS)}^2 \cdots} \tag{9-4}$$

这里,小标 1、2、…是 50 Hz 或者 60 Hz 的谐波。在电源中,三次谐波是目前接下来最大幅值,所以也是最大的问题。从纯粹意义上来说,由于只有电流的基频会生成有功功率,所以谐波会引起问题。因此,减小谐波会有一个较好的功率因子。

表 9.1　IEC555－2 谐波电流限制

谐波	A 类 RMS I/A	D 类 RMS I/A
2	1.08	2.30
3	2.30	—
4	0.43	—
5	1.44	1.14
6	0.30	—
7	0.77	0.77
9	0.40	0.40
11	0.33	0.20
13	0.21	0.33
$8 < n < 14$	$0.23 \times 8/n$	
$11 < n < 39$	$0.15 \times 15/n$	$0.15 \times 15/n$

有一个用于 PFC 中的术语叫总谐波失真。它定义如下:

$$T.H.D = \frac{I_{1(RMS)} + I_{2(RMS)} \cdots}{I_{RMS(total)}} \tag{9-5}$$

这是用来衡量 PFC 线路性能的指标。

从功率分析仪或者频谱分析仪中，人们可以量测所需的幅值来验证是否与 PFC 规格兼容。EN61000 - 3 - 2 的极限都列在表 9.1 中。由于 A 和 D 类属于普通产品的范畴，所以它们在表 9.1 中都有体现。

这些极限必须通过监管机构指定的 LISN(线性阻抗稳定网络)来量测。从而使得输入电源有 50 Ω 阻抗，并提供了所有的基本测试。测试结果高度依赖于交流线的阻抗。

PFC 电路设计上的一些意见如下：

首先，EMI 滤波器是在任何 PFC 线路中所集成的一部分。它把输入电流波形中的开关谐波滤掉。没有 EMI 滤波器的产品在进行功率因子测试时就通不过 EMI/RFI 测试。其次，在量测过程中使用自耦变压器会影响输入线阻抗，从而影响你正尝试量测的数据的有效性。许多测试对象在没有使用 LISN 的情况下会通过测试，但是一旦使用 LISN 时就会通不过。此时，LISN 增加的阻抗会比典型的原始交流线的阻抗造成的波形失真更严重。第三，所有电压量测都必须是差分，并且采用指定的电流量测仪器。

9.2　通用输入、180 W、主动型功率因子校正电路

该例讲述了一个 180 W 离散模式升压 PFC 电路的设计流程。它能缩放并提供高达 200W 的输出功率。PFC 级设计成能在整个世界上的每个居民区的交流电源系统中都能工作，也就是无须跳帽，在 50 Hz 和 60 Hz 频率下，其 V_{RMS} 为 80~270 V。

9.2.1　设计规格

设计规格如下：
(1)交流输入电压范围：85~270V_{RMS}。
(2)交流线频率：50~60 Hz。
(3)输出电压：400V_{DC}±10 V。
(4)额定负载下的输入功率因子：>98%。
(5)总谐波失真(THD)：低于 EN1000 - 3 - 2 的限制。

9.2.2　设计前的考虑

额定功率低于 200 W 对于功率因子校正级有很多好处。主要好处在于它能工作在离散模式。在较高的功率 PFC 设计中，必须采用连续模式，而由于输出整流器的反向恢复时间，从而使得线路中会有很大的损耗。在固定频率离散模式 PFC 控制器中，仍然有一个时期会让线路工作在连续模式中(V_{in}<50 V

（约值））。通过采用临界导通模式控制器，设计者可以确保绝对不会有连续模式出现。

首先要考虑的是峰值交流输入电压。

110 V 输入时：

$$V_{in(nom)} = 1.414(110\ V) = 155.5\ V$$

$$V_{in(hi)} = 1.414(130\ V) = 183.8\ V$$

249 V 输入时（英式——最坏情形）：

$$V_{in(nom)} = 1.414(240\ V) = 339.4\ V$$

$$V_{in(hi)} = 1.414(270\ V) = 381.8\ V$$

输出电压应该高于最高的预期输入波峰峰值电压。PFC 级的输出电压现在选择为 $400V_{DC}$。

峰值电感电流的最大值将在最小期望的交流输入电压的波峰电压处出现。也就是：

$$I_{pk(max)} = \frac{1.414(2)(P_{out(rated)})}{(eff_{est})(V_{in(min)RMS})}$$

$$= \frac{1.414(2)(180\ w)}{(0.9)(85V_{RMS})}$$

$$= 6.6\ A$$

9.2.3　电感设计

在升压电感的设计中，人们可能会指定一个参考点作为最小期望的交流输入电压的波峰电压。采用该 PFC 控制方法来应对任何设置的工作条件（也就是固定的负载及交流输入电压、在整个半个正弦波形上导通时间脉宽为常数等）。为了确定在最小峰值交流输入电压时的导通时间，人们需要做如下的工作：

$$R = \frac{V_{out(DC)}}{\sqrt{2}V_{in-AC(min)}} = \frac{400\ V}{1.414(85V_{RMS})}$$

$$R = 3.3$$

在该点发生的最大导通时间为

$$T_{on(max)} = \frac{R}{f(1+R)} = \frac{3.3}{(500\ kHz)(1+3.3)}$$

$$= 15.3\ \mu s$$

升压电感的近似最大感值为

$$L \approx \frac{T_{on(max)}(\sqrt{2}V_{in-AC(min)})^2(eff)}{2P_{out(max)}}$$

$$\approx \frac{(15.3\ \mu s)(1.414)(85V_{RMS})(0.9)}{2(180\ W)} \approx 552\ \mu H$$

电感（变压器）的功率线圈不仅必须支援最大均值输入电流，而且还要支持

输出电流。所以,线圈的线规应该是:

$$V_{w(max-av)} = \frac{P_{out}}{eff(V_{in(RMS)})} + \frac{P_{out}}{V_{out}}$$

$$= \frac{180\ W}{(0.9)(8.5V_{RMS})} + \frac{180\ W}{400\ V} = 2.8\ A$$

适配该均值电流的线规是♯17 AWG。采用三股♯22 AWG(它们相加起来会具有相同的导线截面积)来实现,它们在线圈处理时更灵活,同时也会由于趋肤效应而帮助减小线圈的交流阻抗。同样,由于在相同线圈内有高电压存在,将使用四厚度绝缘线来降低间弧接管的威胁。

选择一个 PQ 风格的磁芯,主要的关注点在于在单极应用中不同磁芯风格对其气隙长度的要求。较大的气隙(>50 mil)会引起额外的电磁辐射进入周围环境从而导致 RFI 滤波比较困难。为了减小气隙,需要找到一个在给定磁芯尺寸的前提下具有最大磁芯截面积的铁氧磁芯。PQ 磁芯有这样的特性。参见Magnetics 公司提供的 WaAc 与功率图表。所选的 PQ 磁芯的型号为 P－43220－XX。(XX 表示气隙的长度,单位:mil。)

磁芯所需气隙长度大约为

$$l_{gap} \approx \frac{0.4\pi L I_{pk} 10^8}{A_c B_{max}^2}$$

$$\approx \frac{0.4\pi(552\ \mu H)(6.6\ A)10^8}{(1.70\ cm^2)(2\ 000\ G)^2} \approx 66\ mils$$

把气隙固定为 50 mil,它是一个定制的气隙。磁性元件不会有任何影响,通常仅会增加一点磁芯成本。具有该气隙的磁芯的电感因子大约是 1 600 mH/1 000 T(采用 AL 相对于气隙长度会减小的线性外推法)。

该电感的匝数为

$$N = 1\ 000 \sqrt{\frac{0.55\ mH}{160\ mH}} = 59\ 匝$$

检查该磁芯是否支持这么多的匝数(忽略辅助线圈的面积):

$$\frac{A_W}{W_A} = \frac{(59\ T)(471\ mm^2)}{47\ mm^2} = 59\%$$

所以可行。

辅助线圈在其输出峰值整流电压上有一个低频(100~120 Hz)变化,所以控制器的滤波电容需要足够大以便尽可能地减小控制器 V_{CC} 上的压降。反激模式的最高电压会在低输入电压处产生,其基本形式为

$$v_{aux} \approx \frac{N_{aux}(V_{out} - V_{in})}{N_{pri}}$$

图 9.7 所示为该交流波形。图 9.8 所示为 PFC 升压电感的结构。

MC34262 有一个 $16V_{DC}$ 的上侧驱动钳位电压,因此为了保持上侧驱动功耗

最小,整流后的辅助电压的峰值电压应该在 16 V 附近。采用如下公式来决定匝数:

$$N_{aux} = \frac{(59\ T)(16\ V)}{(400\ V - 30\ V)} = 2.5\ \text{匝}$$

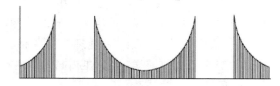

图 9.7　辅助线圈上的交流整流波形图

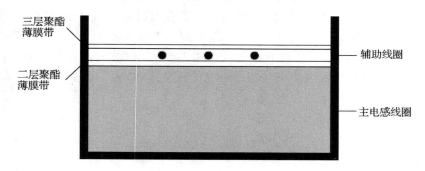

三层聚酯
薄膜带

二层聚酯
薄膜带

辅助线圈

主电感线圈

图 9.8　PFC 升压电感的结构

出于对低交流线性工作的考虑,该线圈采用三匝。将采用一股 ♯28 AWG 重绝缘漆包线。

用来对具有约 2 V 的纹波电压的电压进行滤波的电容容值为

$$C_{aux} \approx \frac{I_{dd}\,T_{off}}{V_{ripple}} = \frac{(25\ mA)(6\ ms)}{2.0\ V}$$

$$= 75\ \mu F\ \text{所以采用}\ 100\ \mu F\ @20V_{DC}$$

9.2.4　变压器结构

双线圈变压器首先采用三股 ♯22 AWG 四厚度漆包线在线轴上绕 59 圈。然后铺两层聚酯薄膜。接着绕三圈辅助线圈,最后铺三层聚酯薄膜。聚酯薄膜内层会阻止任何由于初级线圈和辅助线圈之间的高压而可能发生的电弧。

9.2.5　启动线路设计

采用一个被动电阻来起动控制 IC,同时给 MOSFET 管的栅极驱动提供电流。由于整流输入上的 370 V 峰值电压与电阻本身的击穿电压相差无几,所以需要采用两颗电阻串联。启动电阻将对 100 μF 旁路电容进行充电,同时在最坏情形下的来自辅助线圈的整流峰值电压可以使得 IC 正常工作之前,储存在电容

236

中的后续能量需要能够维持控制 IC 能在 6 ms 内正常工作。启动电压阈值迟滞最小为 1.75 V。需要检查在关断阈值到达之前旁路电容是否足够大以便能启动线路。

$$V_{drop} = \frac{I_{dd} T_{off}}{C} = \frac{(25 \text{ mA})(6 \text{ ms})}{100 \text{ } \mu\text{F}}$$
$$= 1.5 \text{ V}$$

所以可行。

在高输入电压下功率维持在 1 W 以下。为了能够实现,需要确定流过启动电阻的最大电流。

$$I_{start} < \frac{1.0 \text{ W}}{270 V_{RMS}} = 3.7 \text{ mA}$$

所以,电阻的总阻值为

$$R_{start} = \frac{270 \text{ V} - 16 \text{ V}}{3.7 \text{ mA}} = 68 \text{ k}\Omega\text{(最小值)}$$

采用 100 kΩ 或者两个 47 kΩ,1/2 W 的电阻。

9.2.6 电压倍增器输入电路设计

倍增器的输入(第三引脚)规定最大的线性限额的最小值为 2.5 V。该电压应该是正弦波的波峰(370 V)的最高预期交流输入电压的分压后的整流输入波形的峰值。如果在该点选择一个 200 μA 的敏感电流,那么电阻分压器就变成了:

$$R_{bottom} = \frac{2.5 \text{ V}}{200 \text{ } \mu\text{A}} = 12.5 \text{ k}\Omega\text{,采用 12 k}\Omega$$

所以实际的敏感电流是 2.5 V/12 kΩ = 208 μA。

上侧电阻就变成是:

$$R_{top} = \frac{370 \text{ V} - 2.5 \text{ V}}{208 \text{ } \mu\text{A}} = 1.75 \text{ M}\Omega$$

采用两电阻串联来实现,每个阻值为 910 kΩ。

这些电阻的额定功率为 $P = (370 \text{ V})2/1.76 \text{ M}\Omega$,也就是 0.8 W。每个电阻应该有 1/2 W 的额定功率。

9.2.7 电流检测电路设计

电流检测电阻的大小应该满足在低交流输入电压时能够使系统达到 1.1 V 电流检测阈值电压。该值为

$$R_{CS} = \frac{1.1 \text{ V}}{6.6 \text{ A}} = 0.3 \text{ } \Omega$$

在给第四引脚输入电流信号之前,需要增加一个 1 kΩ 和 470 pF 的尖峰滤

波器。

9.2.8 电压反馈电路设计

将为输出电压检测电阻分压器采用 $200\,\mu\mathrm{A}$ 的敏感电流,那么其下侧电阻为

$$R_{\text{bottom}} = \frac{V_{\text{ref}}}{I_{\text{sense}}} \frac{2.5\ \text{V}}{200\ \mu\text{A}} = 12.5\ \text{k}\Omega,采用\ 12\ \text{k}\Omega$$

所以实际的敏感电流是 $2.5\ \text{V}/12\ \text{k}\Omega = 208\,\mu\text{A}$。上侧电阻为

$$R_{\text{top}} = \frac{(400\ \text{V} - 2.5\ \text{V})}{208\ \mu\text{A}} = 1.91\ \text{M}\Omega$$

采用两电阻串联来实现,其阻值分别为 $1\ \text{M}\Omega$ 和 $910\ \Omega$,其额定功率为 $1/2\ \text{W}$。

电压误差放大器的补偿应该是一个 $38\ \text{Hz}$ 的单位增益频率的单极点衰减器。这就要求能够阻止 $50\ \text{Hz}$ 和 $60\ \text{Hz}$ 的基本线性频率。电压误差放大器附近的反馈电容为

$$C_{\text{fb}} = \frac{1}{2\pi f R_{\text{upper}}} = \frac{1}{2\pi (38\ \text{Hz})(1.82\ \text{M})}$$
$$= 0.043\,\mu\text{F}\ 或者\ 0.5\,\mu\text{F}$$

9.2.9 输入 EMI 滤波器设计

将使用一个二阶共模滤波器。其困难在于需要考虑该功率因子校正电路的输入传导 EMI 是其工作时的变化频率。最低工作瞬态频率会发生在正弦电压波形的波峰处。这也是磁芯需要最长的时间来完成其放电的过程。预估的工作频率为 $50\ \text{kHz}$,所以将假设它为最小频率。

先假设在 $50\ \text{kHz}$ 处有 $24\ \text{dB}$ 的衰减。这样,共模滤波器的转角频率为

$$f_{\text{C}} = f_{\text{sw}} \cdot 10^{\left(\frac{A_{\text{tt}}}{40}\right)}$$

这里,A_{tt} 是在开关频率下的衰减,是一个负值,单位 dB。

$$f_{\text{C}} = (50\ \text{kHz}) \cdot 10^{\left(\frac{-24}{40}\right)} = 12.5\ \text{kHz}$$

假设阻尼系数为 0.707 或者更大,同时在转角频率处有 $-3\ \text{dB}$ 的衰减,另外不会产生因振铃而导致的噪声。同时,由于监管机构采用 LISN 测试,还要假设输入线阻抗为 $50\ \Omega$ 以使得线性阻抗相等。分别计算共模电感的感值和"Y"电容容值。

$$L = \frac{R\zeta}{\pi f_{\text{C}}} = \frac{(50)(0.707)}{\pi (12.5\ \text{kHz})} = 900\,\mu\text{H}$$

$$C = \frac{1}{(2\pi f_{\text{C}})^2 L} = \frac{1}{[2\pi (12.5\ \text{kHz})]^2 (900\,\mu\text{H})}$$
$$= 0.18\,\mu\text{H}$$

现实世界中不会有如此大容值的电容。能够通过交流漏电流测试的电容的

最大容值是 $0.05\,\mu F$。这只是其计算结果的 27%，所以电感必须增加到原来的 360% 才能维持转角频率不变。这样，电感感值就会变为 $3.24\,mH$，由此产生的阻尼因子为 2.5，这是可以接受的。

　　Coiflcraft 公司有现成的共模滤波线圈（变压器），其最接近的型号是 E3493。采用这个滤波器进行设计，我们可以在 $500\,kHz$ 和 $10\,MHz$ 的频率之间获得最小 $-40\,dB$ 的衰减。如果后续在 EMI 的测试阶段发现需要增加额外的滤波器，那么可以通过使用一个三阶差分模式滤波器来进行滤波。

　　相关功率因子校正电路的线路图如图 9.9 所示。

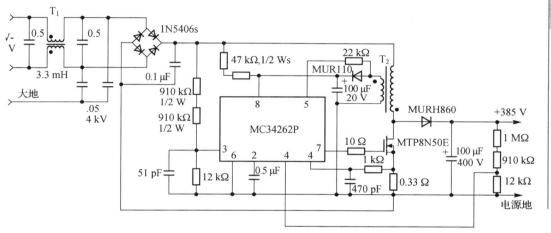

图 9.9　180 V(带 EMI 滤波的)功率因子校正电路的线路图

9.2.10　印制电路板的考虑

　　功率因子校正电路所在单元在世界各地均有销售。最严格的要求是由来自德国的 VDE 所发布的。这里，对于高达 $300V_{RMS}$ 的交流电源线的反相信号的爬距或者是弧所要走遍表面的距离是 $3.2\,mm$。这就意味着在 $H_1 \sim H_2$（火线与零线之间），以及它们的整流直流信号之间的距离必须是 $3.2\,mm$。同样，在输入共模滤波变压器的线圈和反激电感的高低引脚之间也需要最小为 $3.2\,mm$ 的表面。$400\,V$ 输出的与其他所有的几无电压的印制线之间的间距必须大于 $4.0\,mm$。地线与其他印制线之间的爬距必须大于 $8.0\,mm$。

　　所有携带电流的印制线应该尽可能的宽，尽可能的短。在电流检测电阻的地端应该在输入、输出以及低电平地之间采用单点接地的方法。

第 **10** 章

离线转换器的设计与磁性

Sanjaya Maniktala

AC-DC 转换器中的开关电源部分的设计相对于一个电子设计来说,更像一门艺术。线路只是整个设计的一个部分——因为产品的所有部分的物理设计也是需要考虑的。除了高电压开关电源设计之外,开关噪声以及介质隔离也是主要的关注点。

交流总线能传输几千瓦的功率给任何负载,所以有许多变压器隔离拓扑提供——取决于输出功率的要求。其决定因素是电源开关必须承受的峰值电流。比较好的情形是每个半导体开关的最大峰值电流少于 30 A。这样对于低于 100~150 W 的负载来说,离散反激拓扑是一个合适的选择。对于低于 300 W 的负载来说,单晶体管正向拓扑是一个好的选择,半桥拓扑比较适合于 800 W 以下的场合,而全桥拓扑则适合于超过 1 kW 的场合。

主要的关注点在于初级线路和输出线路之间的介质隔离。这需要在变压器的结构、PCB 布局布线上的间隙以及隔离反馈电路中做特殊处理。有许多由世界上的安全监管机构发布的规则用来指导该怎样进行。

由于对线圈与增加的线圈层间的绝缘聚酯薄膜之间有额外的间距要求,离线开关电源中的变压器很大。同样,在如此多的额外真空区的情形下——也就是非金属体积——诸如泄露电感等因素会迅速增加。噪声控制电路,如缓冲电路和钳位电路,现在需要被广泛使用。进行变压器的设计时,总是会要依赖于一位知识渊博的磁性设计师以及变压器的供应商共同设计。他的知识能够使电源的效率会有效提升,电源的噪声会消减,更不用说通过安全和噪声测试。

Sanjaya Maniktala 详尽地阐述了在 AC-DC 变压器设计方面的电子和物理方面的考量。本章也会让你更好地理解设计的需求。

——Marty Brown

离线转换器是从标准的 DC-DC 转换器拓扑中衍生出来的。例如,在低功率应用(通常小于 100 W)中广为流行的反激拓扑实际上是一个降压–升压拓扑,只是把单线圈电感改为多线圈电感。同样地,在中高功率的应用场合中广泛使用的正向转换器实际是一个降压衍生拓扑,只是在普通电感(线圈)上辅以一个变压器。反激电感实际上相当于电感和变压器。它像任何电感一样储存能量,但是它也提供电源隔离(安全方面的要求),就好像任何变压器所做的那样。在正向转换器中能量储存由线圈来实现,而变压器则提供必要的电源隔离。

　　由于 DC-DC 转换器和离线转换器相似,本章的大部分的基础研究事实上在第 3 章就包括了。基本的磁性定义也在那里有说明。因此,读者应该先阅读那章后再尝试读这章。

　　注意在反激和正向转换器中,变压器不仅会提供必要的电源隔离,而且还会提供另外一个重要的功能——就是由变压器的匝比来决定的固定匝比向下转换的步骤。匝比是输入(初级)线圈的匝数除以输出(次级)线圈的匝数。这样就产生了一个问题——为什么我们会感觉需要一个基于变压器的阶跃向下的转换级,而原则上开关转换器本身就可以随心所欲地进行向上或者向下转换? 如果进行一个简单的计算,那么理由就很明显了;我们会发现没有任何额外的"帮助",转换器将会要求不切实际的低占空比来从一个高输入电压向下转换到一个低输出。注意,在最坏情形下交流电源的输入(世界上的某些地方)可以高达 270 V。所以,当该交流电压通过一个传统的桥式整流器级来进行整流时,它就变为一个直流,其电压是 $\sqrt{2} \times 270$ V $= 382$ V,并输入到接下来的开关转换器的输入级。但是相应的输出电压可能非常低(5 V、3.3 V 或者 1.8 V 等),所以在任何一个典型的转换器中,当给定最小的导通时间限制时,直流传输率(转换率)的要求非常难满足,特别是当开关处于高频的情况下。因此,在反激和正向转换器中,可以直觉上把变压器看成是把一个相当粗糙的固定匝比的降压输入调节成一个更合理(更低)的值,从该点起,转换器开始做其他的事情(包括调节功能)。

10.1　反激转换器的磁性

10.1.1　变压器的线圈极性

　　图 10.1 中,匝比是 $n = n_P/n_S$,这里,n_P 是初级线圈匝数,而 n_S 则是次级线圈的匝数。

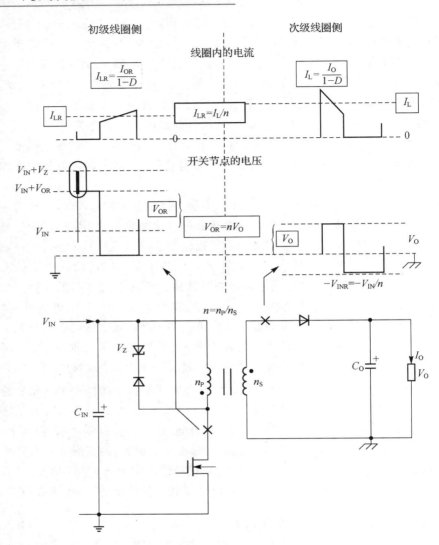

图 10.1　反激电路中的电压和电流

　　我们也在每个线圈的一端上画了一个点。变压器所有带点的一端被认为是互相等效。所有没有带点的一端很明显也是互相等效的。这就意味着当给定带点的一端的电压升压(至任何值)时,所有其他线圈的带点的一端的电压也会同样上升至相同值。这是因为尽管事实上它们没有物理(通电)互相连接,但是所有的线圈都共享相同的磁芯。同样,所有点端的电压也会同时下降。很明显的是,点只是相关极性的标注。因此,在任何给定的线路中,我们总是可以把变压器的点端和非点端交换,而无须对线路做任何改变。在反激拓扑中,线圈的极性是特意安排的,这样当初次线圈导通时,次级线圈不能这样做。所以,当开关导通时,图 10.1 中的 MOSFET 管的漏极上的点端电压会降低。因此,输出二极管的阳极电压也会降低,从而使得二极管反向偏置。我们应该能够回忆起降压-升压的基本目的(事实上也是如此)就是允许当开关导通时来自源极接收的能量(仅)累积到电感中,接着在关断时,在输出端收集所有的能量。需要注意的是,这是唯一用来区分降压-升压拓扑(和反激拓扑)和降压以及升压拓扑的属性。例如,在降压拓扑中,来自输入电源的能量在导通时会传输给电感和输出端,相比而言,在升压拓扑中,储存在电感中和输入电源中的能量在关断时传输到输出端。只有在降压-升压拓扑中才能把在导通和关断期间内的能量储存和收集过程进行完整的分离。所以现在就应该理解为什么反激拓扑被认为是一个降压-升压拓扑的衍生而已。

我们知道每个 DC-DC 拓扑中有一个所谓的"开关节点"。该节点表示电感电流的分流点——从它的主通路(也就是通过它,电感接收来自输入的能量)到它的自由通路(也就是通过它电感传输储存的能量给输出)。所以很明显,开关节点一定是开关、电感和二极管的公共节点。更进一步来说,我们会发现该节点的电压总是在摆动——因为随着开关翻转,需要对二极管进行正向和反向偏置切换。但是,图 10.1 所示采用变压器来替代传统的 DC-DC 电源,事实上现在就有两个开关节点——变压器的每端都有一个。在图 10.1 中采用"X"标记——一个"X"在 MOSFET 管的漏极,另外一个"X"在输出二极管的阳极。根据上述解释,由于点的缘故,这两个节点等效。由于在这两个节点上,电压都会变动,所以两个都被认为是(基于变压器的拓扑的)开关节点。注意:如果有,比如说三个线圈(比如一个额外的输出线圈),将会有三个(等效的)开关节点。

10.1.2　反激拓扑中变压器的行为及其占空比

经典的变压器行为暗示变压器线圈两端的电压以及流经它们的电流会根据其匝比而进行缩放,如图 10.1 所示。但是反激电感为什么会具有变压器行为可能不会立即呈现。

当开关导通时,电压 V_{IN}(整流后的交流输入)会施加到变压器初级线圈的两端。同时,等于 $V_{INR} = V_{IN}/n$(R 表示整流)的电压会施加到次级线圈的两端(使得输出二极管反向偏置的方向)。因此,当初级线圈正在导通时,次级线圈中没有电流。

先来计算 V_{INR} 的值。该隔离边界两端的电压转换会遵从每个线圈的感应电压方程。

$$V_P = -n_P \, d\Phi/dt \text{ 以及 } V_S = -n_S \, d\Phi/dt \qquad (10-1)$$

需要注意的是,两个线圈围住的是同一个磁芯,所以磁通 Φ 也是相同的,同样,每个线圈的磁通率 $d\Phi/dt$ 也是相等的。因此

$$V_S = -n_S \times V_P/(-n_P) \qquad (10-2)$$

或者是

$$V_S = n_S \times \left(\frac{V_P}{n_P}\right) = \frac{V_{IN}}{n} = V_{INR} \qquad (10-3)$$

所以

$$\frac{V_P}{n_P} = \frac{V_S}{n_S}$$

$$\frac{V_P}{V_S} = n \qquad (10-4)$$

上述方程表示了在电压方面经典的变压器行为。但是从方程中也可以看到,(在指定的瞬间里)任意线圈的电压/匝数比率会与给定的磁芯上的所有线圈相同——这就会最终导致电压缩放。

同时也要注意的是,任何变压器的电压缩放与线圈上有无电流流过无关。这是因为不管给定线圈对净磁通有无贡献,但是每个线圈组成了一个闭合的磁通,所以基本公式 $V = -N \times d\Phi/dt$ 会应用到所有的线圈中,从而也会应用到电压缩放中。

我们知道变压器导通时,能量会在变压器中累积。当开关断开时,该储存的能量(及其相关的电流)需要反激/释放。我们也知道为了能够实现上述过程,电压会自动尝试采用任意可能的方式进行自身调整,所以我们可以放心地假设在开关关断时间内二极管会在某种程度上导通。现在,假设已经到达一个"稳定状态",输出电容上的电压已经稳定在某个固定值 V_O 处。因此,次级方面的开关节点上的电压会箝位在 V_O 处(忽略二极管压降)。进一步说,由于次级线圈的其中一端被接到地,该线圈两端的电压现在就等于 V_O。根据变压器的行为,这就在初级线圈两端上反射了一个 $V_{OR} = V_O \times n$ 的电压。但是在此阶段开关是断开的。因此,在正常情况下,初级方面的开关节点的电压将会等于 V_{IN}。然而,现在该来自变压器的反射输出电压 V_{OR} 会要加入到初级线圈的开关结点中来。因此,初级线圈开关节点的电压最终会高达 $V_{IN} + V_{OR}$(我们暂时忽略图 10.1 线圈中的关断尖峰电压)。

注意:在导通时间内,初级线圈是用来决定所有线圈两端的电压的线圈。而在关断时间内,则是由次级线圈来做主。

根据伏秒定律,可以根据最基础的方程来计算占空比:

$$D = \frac{V_{OFF}}{V_{OFF} + V_{ON}} \qquad (10-5)$$

可以选择在初级线圈或者次级线圈上来进行此计算。不管哪种方式,都可以得到相同的结果,如表 10.1 所列。

应该很清醒地知道变压器的行为只适应于线圈两端的电压。同时,"线圈两端的电压"不必是"线圈上的电压"! 为了量测给定点的电压,需要知道谁是参考电压(也就是根据定义的"地")、哪些电压需要被量测或者说明。事实上,在初级线圈方面的参考电压(也就是根据定义的"地")叫做"初级地",而在次级线圈方面叫做"次级地"。在图 10.1 中通过不同的地符号来标注。

为了确定每个线圈电压变化端的(绝对)电压,可以使用如下的电平漂移法则:

为了获得任意线圈的电压变化端的绝对电压值,必须把在线圈的固定端的直流电压添加到线圈两端的电压中去。

所以,例如,为了获得 MOSFET 管漏极(初级线圈的变化端)电压,需要把 V_{IN}(线圈的另一端电压)添加到初级线圈两端电压上的电压波形上来。这就是怎样才能得到图 10.1 所示的电压波形的方法。

表 10.1　反激拓扑的直流传输函数的推导

	初级线圈	次级线圈
V_{ON}	V_{IN}	$V_{INR} \equiv V_{IN}/n$
V_{OFF}	$V_{OR} \equiv V_O \times n$	V_O
直流传输函数	$D = \dfrac{V_{OFF}}{V_{ON} + V_{OFF}}$	
	$D = \dfrac{V_{OR}}{V_{IN} + V_{OR}}$	$D = \dfrac{V_O}{V_{INR} + V_O}$
	$D = \dfrac{nV_O}{V_{IN} + nV_O}$	

回到实际怎样把电流从变压器的一端反射到另一端的问题,必须指出的是,尽管反激变压器的最终电流比例方程与实际变压器情形完全相等,但是这不是严格的经典变压器的行为。与传统变压器不同的是,在反激变压器中,初级线圈和次级线圈不是同时导通的。所以事实上,为什么它们的电流会相互牵连一直是个谜!

在反激变压器中的电流缩放实际上是遵循能量的考虑。磁芯中的能量通常会写成:

$$E = \frac{1}{2} L I^2 \qquad (10-6)$$

我们知道反激变压器的线圈会在不同时候导通,但是与每个电流相关的能量必须等于磁芯中的能量,因此必须互相相等(为了简化,忽略电流斜坡部分)。因此:

$$E = \frac{1}{2} L_P I_P^2 = \frac{1}{2} L_S I_S^2 \qquad (10-7)$$

这里,L_P 是在初级线圈上量得的电感感值——在次级线圈悬空时(没有电流流过),而 L_S 是在次级线圈上量得的电感感值——当初级线圈悬空时。但是我们也知道

$$L = N^2 \times A_L \times 10^{-9} \qquad\qquad (10-8)$$

这里，A_L 是电感指数，之前定义过。因此，在实例中可得

$$L_P = n_P^2 \times A_L \times 10^{-9}$$

$$L_S = n_S^2 \times A_L \times 10^{-9}$$

把它代入能量公式，就可以获得众所周知的电流缩放方程：

$$n_P I_P = n_S I_S \qquad\qquad (10-9)$$

或者

$$\frac{I_P}{I_S} = \frac{1}{n} \qquad\qquad (10-10)$$

可以看到这类似于伏秒/匝数定律，安匝也必须一直保持一定的比例。事实上，磁芯本身不关注在哪个给定时刻哪个线圈流过电流，只要变压器的净安匝没有突然改变。这就成了在第 1 章学到的变压器版本的基本定律——流经电感中的电流不能突然改变。现在看到了变压器的安匝值也不会突然改变。

总结一下，变压器的行为如下——当从初级线圈把电压反射到次级线圈时，需要通过匝比进行分压。相反，当从次级线圈流向初级线圈时，需要乘以匝比。对于电流来说，刚好相反——所以，当从初级线圈流往次级线圈时，需要乘以匝比，如果方向相反，则需要除以匝比。

10.1.3　等效的降压-升压模型

由于有很多的相似之处，同时由于变压器中的电压缩放的方式，所以把反激变压器当成一个等效的 DC-DC（基于电感的）降压-升压模型（在大部分时间内）会很便利。换句话说，把原始的固定比率的降压比分开并并入到等效的（反射）电压和电流中。从而，可以把反激变压器降格为一个简单的能量储存媒介，就好像任何传统的 DC-DC 降压-升压电感一样。换句话说，对于大部分应用来说，变压器变得“不相干”。其优势在于绝大部分用于传统的降压-升压拓扑的公式和设计流程现在可以应用于该等效的降压-升压模型。除了泄漏电感的问题（以及与之相关的任何问题——钳位以及因此它而造成的效率损耗、开关上的关断尖峰电压等等）之外。我们将在后续章节探讨该例外。但是，除此之外，如果采用该 DC-DC 模型，所有其他参数，例如电容、二极管以及开关电流等会更容易接受和计算。

等效的 DC-DC 模型本质上是通过把变压器隔离边界两端的电压和电流反射到一边而创立的。但是需要再次强调的是，关于占空比计算的情形（表 10.1），我们有两种选择：既可以把所有的参数反映到初级线圈上，也可以把所有的参数反射到次级线圈上。因而会得到图 10.2 所示的两个等效的降压-升压模型。可以使用初级方面的等效模型来计算原先的反激变压器的初级线路上的电压和电流，采用次级方面的等效模型来计算原先反激变压器的次级线路上

的所有电压和电流。

　　我们知道可以通过乘以或者除以匝比来获得边界两端的电压和电流。事实上,正如即将看到的,反射输出电压 V_OR 是反激变压器中最重要参数之一。顾名思义,V_OR 是从初级侧看去的有效输出电压。事实上,如果把图 10.1 上的反激变压器的开关波形和降压－升压拓扑的进行比较,将会意识到对于开关来说,它看起来就好像其输出电压实际上就是 V_OR 一样。

　　作为一个实例,假设有一个输出电压为 5 V,电流为 10 A,匝比为 20 的 50 W 的转换器。因此,V_OR 就是 (5×20) V＝100 V。现在,如果改变其设定的输出电压,比如说 10 V,同时把匝比降低到 10,这样 V_OR 依旧是 100 V。我们会发现初级线路上的电压波形在此过程中没有任何改变(假设效率不变)。进一步来说,如果在该过程中同时输出功率不变,也就是把负载电流改为在 10 V 时为 5 A,那么初级线圈内的所有电流也不会受影响。因此,开关对此一无所知。换句话说,开关实际上会认为这只是一个简单的 DC-DC 降压–升压拓扑,在负载电流为 I_OR 时,其输出电压为 V_OR。

　　正如之前提到过的,在"认为"它正在在额定电流 I_OR 下提供 V_OR 的输出的基于变压器的反激拓扑与事实上真正在额定电流 I_OR 下提供 V_OR 的输出的基于电感的拓扑之间的唯一不同在于反激变压器的泄漏电感。这是没有耦合到次级线圈的初级线圈的部分电感,因此不能在从输入到输出的有效能量传输中进行分担。我们可以从图 10.1 中进行确认,唯一的没有对次级线路做贡献的初级线路(开关)电压波形部分就是发生在刚完成关断切换后的尖峰电压,将很快可看到该尖峰电压来自未耦合的泄漏电感。

247

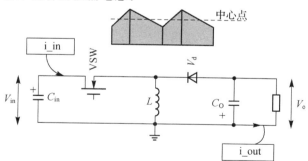

	初级线圈部分等效模型	次数线圈部分等效模型
V_in	V_IN	$V_\mathrm{INR} = V_{IN}/n$
i_in	I_IN	$I_\mathrm{INR} = I_\mathrm{IN} \times n$
C_in	C_IN	$n^2 \times C_\mathrm{IN}$
I	L_P	$L_\mathrm{S} = L_\mathrm{P}/n^2$
VSW	V_SW	V_SM/n

	初级线圈部分等效模型	次数线圈部分等效模型
V_O	$V_{OR} = V_O \times n$	V_O
i_out	$I_{OR} = I_O/n$	I_O
center	$I_{OR}/(1-D) = I_O/[n \times (1-D)]$	$I_O/(1-D)$
C_O	C_O/n^2	C_O
V_d	$V_D \times n$	V_D
占空比	D	D
纹波电流比	r	r

图 10.2　反激拓扑的等效降压-升压模型

注意,在等效降压-升压模型中,无功分量也可以被反射——虽然是匝比的平方。从能量方面的考虑,可以很容易理解该事实。例如,在原先的反激拓扑中的输出电容 C_O 将会充电至 V_O,所以它所储存的能量就是 $1/2C_OV_O^2$。在初级线路的降压-升压模型中,转换器的输出是 V_{OR},也就是 $V_O \times n$。因此,为了保持(DC-DC 模型中的)电容中储存的能量不变(就好像在反激拓扑中一样),根据 C_O/n^2,输出电容必须把能量反射到初级线路内。同时从图 10.2 中也要注意电感会怎样进行反射。这与 $L \propto N^2$ 的事实一致。

10.1.4　反激拓扑的纹波电流比

观察图 10.2 中的等效降压-升压模型,次级线路上的(均值电感电流 I_L)斜坡中心必须等于 $I_O/(1-D)$,就好像是降压-升压一样(因为均值二极管电流必须等于负载电流)。该次级线圈侧的电感电流会反射到初级线圈侧,所以初级线圈侧的电感电流斜坡中心是 I_{LR},这里 $I_{LR} = I_L/n$。类似地,初级线圈侧和次级线圈侧的电流摆动也会通过比例因子(匝比 n)相关。因此会看到两侧(初级和次级线圈侧的 DC-DC 模型)的电流斜坡的中心的摆率会相等。从而也刚好可以定义反激拓扑的纹波电流比 r——正如 DC-DC 转换器中定义的一样。这次只需要通过稍微不同的方式来设想 r——是(开关或者二极管的)斜坡中心,而不是 DC 电感电平(因为事实上没有电感存在)。同时对于 DC-DC 转换器,通常应该设法把它设置在 0.4 附近。

反激拓扑中 r 值与初级或者次级 DC-DC 等效模型中的相等。

10.1.5　泄漏电感

泄漏电感可以想象成把一个寄生电感与变压器初级线圈侧的电感进行串联。所以仅在开关断开时刻,流经这两个电感的电流会是 I_{PKP},也就是初级线圈侧的峰值电流。然而,当开关断开时,初级电感里的能量有一个现成的路径(通过输出二极管)来释放,但是泄漏电感中的能量没处释放。所以将会以大的尖峰电压的形式表现出来(图 10.1)。该尖峰电压(或者是它的比例值)不会在次级线圈侧出现,这是由于它不是像初级电感一样的耦合电感。

　　如果不设法收集这些能量,感化尖峰电压会很大,从而导致开关毁坏。既然确定不会把该能量传输给次级线圈侧,有两种选择——要么设法进行恢复并让其回到输入电容中,要么消耗掉它(耗散)。通常的做法就是直接采用图 10.1 所示的齐纳二极管箝位的方式来完成。当然,需要根据开关能够容纳的最大电压来选择齐纳电压。需要注意的是,有几个理由,特别是效率,人们通常更愿意把该齐纳二极管连接到初级线圈的两端(通过串联一个阻断二极管)。另外一种方案就是从把它连接在开关节点和初级地之间。

　　可能有人会问——泄漏电感真正在哪里? 大部分在变压器的初级线圈内——尽管部分在 PCB 印制线的部分以及变压器的终端,特别是与次级线圈有关的,我们将在下面看到。

10.1.6　齐纳箝位功耗

　　如果消耗掉泄漏电感中的能量,最重要的是要了解它会怎样影响效率。有时,直觉会感觉到每个周期的功耗刚好为 $1/2 \times L_{\mathrm{LKP}} I_{\mathrm{PK}}^2$,这里,$I_{\mathrm{PK}}$ 是指峰值开关电流,而 L_{LKP} 是初级线圈侧的泄漏电感。这肯定是(在开关关断时)储存在泄漏电感中的能量,但是考虑到泄漏电感,它不是最终消耗在齐纳钳位线路上的总功耗。

　　初级线圈与泄漏电感串联,所以在一个很小区间内,泄漏电感会设法通过途经齐纳二极管来进行复位,初级线圈被迫顺从并提供该串联电流。尽管初级线圈一定会设法(或者部分)采用次级线圈,但是部分能量也会流入齐纳箝位电路——直到泄漏电感完全复位(零箝位电流)为止。换句话来说,来自初级电感的部分能量表面上是被串联电感"抢走"了,同时它也和泄漏电感本身内部的能量一起会流入齐纳二极管。如下为一个揭示齐纳二极管功耗的具体计算公式:

$$P_Z = \frac{1}{2} \times L_{\mathrm{LK}} \times I_{\mathrm{PK}}^2 \times \frac{V_Z}{V_Z - V_{\mathrm{OR}}} \tag{10-11}$$

　　所以,泄漏电感中的能量 $1/2 \times I_{\mathrm{LK}} \times I_{\mathrm{PK}}^2$ 需要与 $V_Z/(V_Z - V_{\mathrm{OR}})$ 相乘(该额外的乘项来自于初级电感)。

　　需要注意的是,如果齐纳二极管太接近所选的 V_{OR} 值,箝位电路中的功耗会急剧上升。因此 V_{OR} 值总是需要非常小心地选择。这就意味着我们不得不很小心地选择匝比。

10.1.7　次级线圈侧泄漏电感也会影响初级线圈侧

　　为什么在上述的功耗公式中使用"L_{LK}"符号? 为什么不直接采用初级线圈侧的泄漏电感("L_{LKP}")? 原因是 L_{LK} 表示的是从开关端看去的总泄漏电感。所以,它只是 L_{LKP} 一部分——但是它也受次级线圈侧的泄漏电感的影响。这有点难以想象——因为根据定义,次级线圈侧的泄漏电感不应该耦合到初级线圈侧(反之亦然)。所以,它会怎样影响初级线圈侧的功能参数呢?其原因是正如初级线圈侧的泄漏电感会阻止初级线圈侧的电流立即流向输出一样(从而引起齐纳二极管功耗的增加),任何次级线圈侧的电感也会阻止(在开关断开后)电流释放立马成形。基本上,次级线圈侧的电感坚持要("礼貌"而又)缓慢地累积流经它的电流——鉴于其本身就是电感的事实! 然而,在名副其实的无约束路径中的电流累积到所要求的水准前,(由于开关正在断开),初次线圈侧的电流依旧需要在某种程度上自由流动! 因此,电感电流找出的路径是包含齐纳二极管的路径,(也是唯一的一条现成的路径)。所以,齐纳线路上会有显著的功耗——即使假设初级线圈泄漏电感为零。

简而言之,次级线圈侧的泄漏电感也会和初级线圈侧的泄漏电感一样产生相同的效果。

当初级线圈侧和次级线圈侧的泄漏电感都存在时,可以把(从开关和齐纳箝位线路方看过去的)初级线圈侧泄漏电感表示为

$$L_{LK} = L_{LKP} + n^2 L_{LKS} \qquad (10-12)$$

所以,正如其他被动元件一样,次级线圈侧的泄漏电感也会以匝比的平方来影响初级线圈侧,同时它会与初级线圈侧的泄漏电感串联并增加其感值。

对于给定的 V_{OR},如果输出电压"低"(例如 5 V 或者 3.3 V),匝比会大得多。因此,如果所选 V_{OR} 值很大,其反射的次级线圈侧泄漏电感甚至会变得比初级线圈侧的泄漏电感大。从效率的角度来看,这可能会变得相当有破坏性。

10.1.8　测量有效的初级线圈侧的泄漏电感

最好知道 L_{LK} 的具体值的方式就是通过测试! 通常来说,泄漏电感的测量是通过把次级线圈引脚短路,然后量测(开)初级线圈两端的电感。通过短路直接把所有的耦合电感排除掉。因而在此情形下,所量测的刚好就是初级线圈侧的电感。

然而,最好的量测泄漏电感的方法实际上是闭路量测——这样,把次级线圈侧的 PCB 印制线也包括在测试电路之内。如下为推荐的测量过程。

在给定应用的主板上,长度尽可能短的一块厚铜箔(或者厚的辫状铜线部分)被直接固定在 PCB 上的二极管焊盘的两端。类似的导体铜箔被放置在输出电容焊盘的两端。然后,如果量测(开)初级线圈引脚两端的电感,将量测有效的泄漏电感 L_{LK}(而不仅仅是 L_{LKP})。

我们将会看到来自次级线圈侧的印制线实际上会使得 L_{LK} 比 L_{LKP} 大数倍。如果需要的话,L_{LKP} 当然可以通过在变压器次级线圈引脚两端放置厚铜而被量测到。

上述进程中所用到的 PCB 可以仅仅是一块除了变压器以外没有任何元件的裸板。或者它也可以是一块完全组装了的 PCB 板（尽管有时候,我们可能需要切断连接 MOSFET 管的漏极和变压器之间的连线）。

如果想要精确估算次级线圈侧印制线的电感,可以采用的经验法则是每英寸为 20 nH。但是这里需要采用高频输出电流的完全电气路径——从次级线圈的一端开始,通过二极管和输出电容回到另一端为止。我们将会对计算或者量测后的结果感到惊讶——在低的输出电压应用中,甚至一英寸或者两个印制线长度会让效率急剧地减小 5%～10%。

10.1.9 样例——设计反激变压器

将要设计的是一个 74 W 通用输入（$90V_{AC}$ 或者 $270V_{AC}$）的反激拓扑,其目标输出为 5 V@10 A 和 12 V@2 A。假设开关频率为 150 kHz,需要设计一个合适的变压器。同时,采用性价比好的额定电压为 600 V 的 MOSFET 管。

1. 固定 V_{OR} 和 V_Z

在最大输入电压时,传送给转换器的整流后的直流电压为

$$V_{INMAX}=\sqrt{2}\times VAC_{MAX}=\sqrt{2}\times 270 \text{ V}=382 \text{ V}$$

在 600 V MOSFET 管的情形下,在最大输出电压时,至少需要 30 V 的安全设计余地。所以,在本设计实例中漏极不能超过 570 V。但是,从图 10.1 中可以看到,漏极电压等于 $V_{IN}+V_Z$。因此

$$V_{IN}+V_Z=382+V_Z\leqslant 570$$

$$V_Z\leqslant 570-382=188 \text{ V}$$

所以,我们选择标准的 180 V 齐纳二极管。

需要注意的是,如果把早些时候描述的齐纳功耗方程绘制成 V_Z/V_{OR} 的函数,将会发现在所有的情形下,功耗曲线上在大约 $V_Z/V_{OR}=1.4$ 附近会有一个拐点。所以在这里也挑选该值作为我们想要把其当成目标的最佳比。因此

$$V_{OR}=\frac{V_Z}{1.4}=0.71\times V_Z=0.71\times 180 \text{ V}=128 \text{ V}$$

2. 匝比

假设 5 V 的输出二极管有正向压降 0.6 V,其匝比为

$$n=\frac{V_{OR}}{V_O+V_D}=\frac{128}{5.6}=22.86$$

注意,12 V 输出有时可能通过一个后线性稳压器来调节。在那种情形时可能不得不让变压器提供（比最终预期的 12 V）要高 3～5 V 的输出——以便能提供让线性稳压器正常工作的必要的净空电压。该额外的净空不仅满足线性稳压器的压降限制,而且通常来说,它也使得调整后的 12 V 能够满足任何负载情形。

然而,也有一些现成的智能的交叉调节技术来免去 12 V 线性稳压器的需要,特别是如果 12 V 的稳压要求不是很严格,同时如果在输出上有最小的负载时。在本例中假设没有 12 V 后线性稳压器。因此,12 V 输出所要求的匝比是 128/(12＋1) ＝ 9.85,这里假设二极管压降为 1 V。

3. 最大占空比(理论值)

验证过所选的在最高输入时的 V_Z 和 V_{OR},现在需要考虑最低输入电压——因为从之前的关于降压－升压拓扑探讨(参见前面的章节中的"通用电感设计流程"小节)可以得知,V_{INMIN} 是在降压－升压电感/变压器设计中的出现最坏情形的点。

传输给转换器的整流后的最小直流电压为

$$V_{INMIN} = \sqrt{2} \times VAC_{MIN} = \sqrt{2} \times 90 \text{ V} = 127 \text{ V}$$

忽略转换器的输入端的纹波电压,因此,将采用该值作为转换器级的直流输入。所以最小输入电压时的占空比为

$$D = \frac{V_{OR}}{V_{OR} + V_{INMIN}} = \frac{128}{128 + 127} = 0.5(反激拓扑)$$

显然,这是个理论预估——暗示其效率为 100%。事实上,当通过另外的诀窍来更精确地估算 D 值时,会最终会忽略该值。

然而需要注意的是,这是工作 D_{MAX}。例如,当关断转换器时,(除非沿途遇到电流限制和/或占空比限制,)占空比会进一步增加以维持稳压功能。然后,取决于失去的用来确保稳压的交流周期数(保持时间规范),将需要为控制器选择合适的输入电容以及最大的占空比限额 D_{LIM}。通常来说,D_{LIM} 一般设置在 70% 左右,并且根据 3 μF/W 的经验法则来选择电容。例如,对于预估为最低为 70% 效率的 74 W 电源,我们将要消耗 74/0.7 W＝106 W 的输入功耗。因此,应该使用 106×3 μF＝318 μF(标准值 330 μF)的输入电容。然而,需要注意的是,该电容的额定电流纹波(以及它的生命预期)必须要验证。

4. 初级线圈侧和次级线圈侧的有效负载电流

让我们把全部的 74 W 输出功率集中输入到等效单端 5 V 输出负载上。这样 5 V 输出负载电流为

$$I_O = \frac{74}{5} \approx 15 \text{ A}$$

在初级线圈侧,开关会"认为"它的输出是 V_{OR},其负载电流为 I_{OR},所以

$$I_{OR} = \frac{I_O}{n} = \frac{15}{22.86} = 0.656 \text{ A}$$

5. 占空比

由于占空比(在理论 100% 的有效值上)稍微增加就可能导致工作峰值电流

以及相应的磁场显著地增加,因此,实际的占空比很重要。

其输入功率为

$$P_{IN} = \frac{P_O}{效率} = \frac{74}{0.7} \text{ W} = 105.7 \text{ W}$$

因此,其均值输入电流为

$$I_{IN} = \frac{P_{IN}}{V_{IN}} = \frac{105.7}{127} \text{ W} = 0.832 \text{ W}$$

该均值输入电流告诉我们其实际的占空比 D 为多少——因为 I_{IN}/D,也就是初级线圈电流斜坡的中心点,必须等于 I_{LR};也就是

$$\frac{I_{IN}}{D} = \frac{I_{OR}}{1-D}$$

解方程,可得

$$D = \frac{I_{IN}}{I_{IN} + I_{OR}} = \frac{0.832}{0.832 + 0.656} = 0.559$$

因此,我们获得了一个估算得更精确的占空比值。

6. 实际的初级和次级电流斜坡中心

次级线圈侧(集总)电流斜坡中心为

$$I_L = \frac{I_O}{1-D} = \frac{15}{1-0.559} \text{ A} = 34.01 \text{ A}$$

初级线圈侧电流斜坡中心为

$$I_{LR} = \frac{I_L}{n} = \frac{34.01}{22.86} \text{ A} = 1.488 \text{ A}$$

7. 峰值开关电流

知道了 I_{LR} 后,我们知道所选纹波电流比的峰值电流为

$$I_{PK} = \left(1 + \frac{r}{2}\right) \times I_{LR} = 1.25 \times 1.488 \text{ A} = 1.86 \text{ A}$$

例如,可能需要基于该估算值来对控制器的电流限额进行设置。

8. 伏秒

在 V_{INMIN} 处:

$$V_{ON} = V_{IN} = 127 \text{ V}$$

其导通时间为

$$t_{ON} = \frac{D}{f} = \frac{0.559}{150 \times 10^3} \text{ } \mu s \Rightarrow 3.727 \text{ } \mu s$$

所以,其伏秒为

$$E_t = V_{ON} \times t_{ON} = 127 \times 3.727 \text{ } \mu s = 473 \text{ } V\mu s$$

9. 初级线圈侧的电感

需要注意的是,当设计离线变压器时,有各种不同的理由——如降低高频铜

损耗、降低变压器尺寸等——来把 r 值设定在 0.5 左右。所以,(根据 $L \times I$ 定律,)初级线圈侧的电感感值必须是:

$$L_P = \frac{1}{I_{LR}} \times \frac{E_t}{t} = \frac{473}{1.488 \times 0.5} \, \mu\text{H} = 636 \, \mu\text{H}$$

10. 选择磁芯

与定制或者现成的电感不同,当设计磁性元件时,不应该忘记气隙的增加会戏剧性地改善磁芯的能量储存能力。如果没有气隙,一旦储存少量的能量就会导致磁芯饱和。

当然,依旧需要维持所设计的 L 值,以保持与 r 值一致。所以,如果气隙太多,那么也需要增加更多的匝数——这样会增加线圈上的铜损耗。在这点上,如果要容纳这些线圈,那么也会要增加空间容限。所以,需要做了一个实用的妥协,从而需要考虑如下的(应用于任何拓扑的一般铁氧磁芯的)公式:

$$V_e = 0.7 \times \frac{(2+r)^2}{r} \times \frac{P_{IN}}{f} \tag{10-13}$$

式中,f 单位为 kHz。

在本例中可得

$$V_e = 0.7 \times \frac{(2.5)^2}{0.5} \times \frac{105.7}{150} \, \text{cm}^3 = 6.17 \, \text{cm}^3$$

我们来寻找体积相等(或者更大)的磁芯。在 EI−30 中找到一个类似的磁芯。根据其数据手册,其有效长度和面积分别为

$$A_e = 1.11 \, \text{cm}^2$$

$$l_e = 5.8 \, \text{cm}^2$$

所以其体积为

$$V_e = A_e \times l_e = 5.8 \times 1.11 \, \text{cm}^3 = 6.438 \, \text{cm}^3$$

比所需的长一点点,但是足够接近我们的目标。

11. 匝数

电压依赖性方程:

$$B = \frac{L_1}{NA} \tag{10-14}$$

把 B 和 L 联系在一起。然而,我们也知道 r 值的声明等效于 L 值的声明——在给定的频率下(根据"$L \times I$"公式)。所以,把这些公式组合在一起,同时把 B 场的摆幅和(通过 r)的峰值联系在一起,就 r 值而言(以 MKS 单位表示),我们可以获得一个非常有用的电压依赖性方程:

$$N = \left(1 + \frac{2}{r}\right) \times \frac{V_{ON} \times D}{2 \times B_{PK} \times A_e \times f} \quad \text{(任何拓扑的电压依赖性方程)}$$

$$\tag{10-15}$$

所以，即使对材料、气隙等的磁导率一无所知，已经知道了面积为 A_e、能够产生特定 B 场的磁芯所需的匝数。也知道不管有没有气隙，对于大多数铁氧磁芯而言，B 场不应该超过 0.3T。所以，求解如上公式，获得 N 值为（这里的 N 是指 n_P，初级线圈的匝数）：

$$n_P = \left(1 + \frac{2}{0.5}\right) \times \frac{127 \times 0.559}{2 \times 0.3 \times 1.11 \times 10^{-4} \times 150 \times 10^3} \text{匝} = 35.5 \text{ 匝}$$

我们必须要验证它是否可以与线圈、绝缘带、边缘带、次级线圈以及套管等一起容纳在磁芯的空间里。通常对于反激拓扑来说，这不是问题。

需要注意的是，如果想要减少 N 值，唯一可能的方式就是允许更大的 r 值，或者减少占空比（也就是选择较小的 V_{OR} 值），或者允许更高的 B 值（采用新的材料!?），或者增加磁芯面积——但愿后者不会增加体积——因为这种途径相当于设计过火。但是可以肯定的是，仅仅改变磁导率和气隙是不会有帮助的!

次级线圈匝数是（5 V 输出）：

$$n_S = \frac{n_P}{n} = \frac{35.5}{22.86} \text{匝} = 1.55 \text{ 匝}$$

但是，我们希望匝数为整数。进一步说，把它约等于 1 不是一个好的建议——因为会有更多的漏电感。因此，更愿把它设置为

$$n_S = 2 \text{ 匝}$$

所以，在相同的匝比下（也就是 V_{OR} 没有改变）：

$$n_P = n_S \times n = 2 \times 22.86 \text{匝} \approx 46 \text{ 匝}$$

可以通过缩放定律为来获得 12 V 输出的匝数：

$$n_{S\_AUX} = \frac{12+1}{5+0.6} \times 2 = 4.64 \text{ 匝} \approx 5 \text{ 匝}$$

这里假设 5 V 二极管的压降为 0.6 V，12 V 二极管的压降为 1 V。

12. 实际的 B 场

现在再次使用电压依赖性方程来解 B 值：

$$B_{PK} = \left(1 + \frac{2}{r}\right) \times \frac{V_{ON} \times D}{2 \times n_P \times A_e \times f} \text{tesla} \qquad (10-16)$$

但事实上将不再使用该方程。可以看到 B_{PK} 与匝数成反比。所以在已知计算结果为 35.5 匝的前提下，如果有峰值 B 场为 0.3T，那么在 46 匝（且保持 L 和 r 不变的前提）下就会有

$$B_{PK} = \left(\frac{35.5}{46}\right) \times 0.3 = 0.2315 \text{tesla}$$

与峰值相关的摆动为

$$\Delta B = 2 \times B_{AC} = \frac{2r}{r+2} \times B_{PK} = \frac{1}{2.5} \times 0.2315 = 0.0926 \text{T}$$

注意，在 CGS 单位系统中，峰值就是 2315G，而 AC 分量是摆动的一半，也

就是 463G(因为 $r=0.5$)。

> **注意**:如上所述,如果以一个目标为 0.3T 的 B 场开始设计,可能会发现在把次级线圈绕到最接近的整数匝时会得到比预期小的 B 场。这不仅是意料之中的,而且是可接受的。然而,需要注意的是,比如说在上电或者掉电时,随着转换器设法继续调整,B 场会进一步增加。这就是为什么我们需要把最大占空比限额和/或电流限额设置如此精确的原因,否则开关可能会因为电感/变压器饱和而受损。具有快速反应电流限额和快速切换(尤其是具有集成 MOSFET 的)经济高效的反激拓扑设计通常可以允许峰值 B 场高达 0.42T,只要其工作磁场为 0.3T 或者更低。

13. 气隙

最后需要考虑材料的磁导率! L 与之相关,其值通过如下公式给出:

$$L = \frac{1}{z} \times \left(\frac{\mu \mu_0 A_e}{l_e} \right) \times N^2 H \tag{10-17}$$

这里,z 是间隙因数。

$$z = \frac{l_e + \mu l_g}{l_e} \tag{10-18}$$

需要注意的是,z 可以涵盖从 1(无气隙)到几乎任何值。例如,z 为 10 将会通过设置间隙因数为 10(其 AL 值也是根据该因数下降,其有效磁导率——$\mu_e = \mu \mu_0 / z$ 同样如此)来增加无气隙磁芯的能量处理能力。如此大的气隙肯定可以有所帮助,但由于我们依旧对基于 r 的选择来维持 L 值感兴趣,所以将不得不大量增加线圈的匝数。正如之前所提到过的,在某个时刻,我们刚好有可能不能把这些线圈安放在现有的空间内,同时更糟糕的是,铜损耗也会急剧增加。所以 z 值在 10～20 范围内对于采用铁氧材质的气隙变压器是一个好的妥协。基于我们的需求,看看最终结果会是怎样。

$$z = \frac{1}{L} \times \left(\frac{\mu \mu_0 A_e}{l_e} \right) \times N^2 = \frac{1}{636 \times 10^{-6}} \times \left(\frac{2000 \times 4\pi \times 10^{-7} \times 1.11 \times 10^{-4}}{5.8 \times 10^{-2}} \right) \times 46^2$$

所以

$$z = 16$$

最后,解出气隙长度:

$$z = 16 = \frac{5.8 + (2000) l_g}{5.8} \Rightarrow l_g = 0.0435 \text{ cm(或者 0.435 mm)}$$

> **注意**:通常来说,如果采用中心抽头变压器,不管每个中心点有无接地,其中心的总气隙必须与以上计算的结果相等。但是如果在两边都插入间隔(说的是在 EE 或者 EI 类型的磁芯),由于总气隙需要满足其所设计值,因此外部线圈上的间隔厚度必须是上述计算值的一半。

10.1.10　选择线径和铜箔厚度

在一个电感中,电流会相对平稳。然而在变压器里,其中一个线圈中的电流会完全停止,从而让另外一个线圈来接管。是的,只要安匝不变,磁芯不会关心(其至根本不知道)在给定时刻电流是从哪个线圈流过——因为只有净安匝会决定磁芯中的磁场(和能量)。但是就线圈本身而言,电流现在变成了具有陡峭边沿的脉冲信号,因此会有显著的高频分量。基于此,在给反激变压器的线圈选择合适的线厚度时,就必须考虑趋肤深度。

> **注意:**在 DC-DC 电感中已经忽略了该参数,但是在高频(或者具有高 r 值)的 DC-DC 设计中,可能需要使用到这些概念。

在高频时,电子之间的电场会变得足够强从而会导致它们之间会相当坚决地互相排斥,因而会引起电流涌上导体的外部(表面)(图 10.3 所示的指数曲线)。该拥塞经常会根据 $\sqrt{f}$ 而恶化。因此会存在这样的一种可能性——尽管可采用粗线来设法降低铜损耗,但是线(其内部结构中)的部分截面可能没有电流。电流中的阻抗与电流流经的面积成反比,否则就能够流动。所以该电流拥塞会导致铜的有效阻抗增加(相较于它的直流分量值)。电流中的阻抗就是所谓的交流阻抗(图 10.3 的下半部分)。它是频率的函数,所以趋肤深度也如此。为了取代这样的浪费变压器中珍贵的空间以及浪费效率的做法,必须设法使用有更优参数的线,从而使得其截面面积会被更好地利用。其后,如果需要传输更多的电流且不是单个线的截面面积所能处理的,需要并联几股这样的线。

那么一根给定的线可能处理多少电流呢?这纯粹取决于热累积以及维持整体变压器的温升的需要。对此,一个好的准则/经验法则就是反激变压器的电流密度为 400 圆密耳(cmil)每安培,这也是在后续分析中所要达到的目标。

> **注意:**北美采用 c_{mils}/A 来表示电流密度需要稍微习惯一下。它事实上是面积每单位安培,而不是安培每单位面积(我们通常会想到电流密度)!所以,一个较高的 c_{mils}/A 值实际上就是一个较低电流密度(反之亦然)——同时会产生一个较低的温升。

我们定义趋肤深度 δ 为从导体的表面到其电流密度降至其 $1/e$ 时的距离。需要注意的是,表面上的电流密度与没有高频效应下的通过整个铜线的电流值相等。作为对指数曲线一个好的近似,也可以想象表面的电流密度维持不变直到达到趋肤深度为止,其后突降至零。它遵循指数曲线的一个有意思的性质——指数曲线下从 $0 \sim \infty$ 的面积等于通过 $1/e$ 点的矩形面积(图 10.3)。

电
源
与
供
电

258

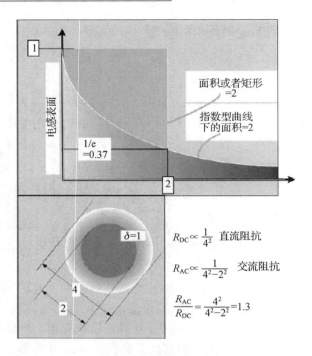

图 10.3　趋肤深度与交流阻抗

　　因此，当使用圆导线时，如果选择的直径是趋肤深度的两倍，那么导线内部没有一点处于趋肤深度之外。所以导体内没有一处没有被利用到。在这种情形下，可以认为该线的交流阻抗等于直流阻抗——只要是采用该方法选择的线厚，就无须继续考虑高频的影响。

　　如果使用铜箔，其厚度也需要大约是趋肤深度的两倍。

　　在图 10.4 中有一个简单的诺模图来选择线径和厚度。该图的上半部分是基于通常 400 cmil/A 的要求下的电流承受能力。但是通过阅读，可以明显发现其可以为任何其他所需的电流密度进行线性缩放。诺模图中的竖格表示线径。在图中描述了基于 70 kHz 的开关频率的一个实例。类似地，对于之前的样例，应该为 150 kHz 的操作采用 AWG 27 线。但是其电流承载能力在 400 cmils/A 时仅为 0.5 A（同时在更低的 800 cmil/A 的电流密度下仅为 0.25 A！）。因此，既然初级电流的斜坡中心电压可以迭代并预估为 1.488 A，那么需要 3 股 AWG 27 线（拧在一起）来获得 1.5 A 的组合电流（比我们所需要的稍好）。

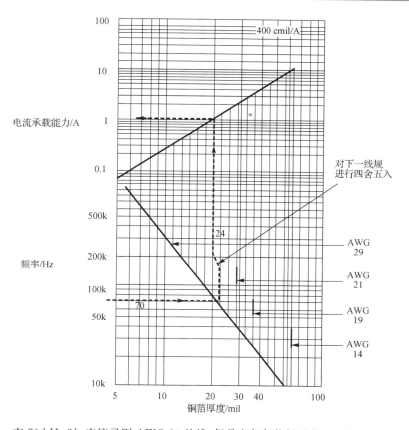

在 70 kHz 时，应该寻则 AWG 24 的线，但是它仅仅能够承载 1 A 的电流。

所以，例如，如果需要 2 A 的电流，那么就需要并联两个 AWG 24 的线。

图 10.4　基于趋肤深度的考量，用于选择线径和厚度的诺模图

回到样例中的次级线圈侧，我们记得已经把所有电流集总为一个 5 V 输出，其等效负载为 15 A。但是在现实中它仅为 10 A，它的 2/3 而已。所以其电流的斜坡中心——其计算结果大约是 34 A——实际是 $(2/3) \times 34\,A = 22.7\,A$。也就是说，其余额 $(34 - 22.7)A = 11.3\,A$ 将以 $(5.6/13) \times 11.3\,A = 4.87\,A$ 的形式被反射到 12 V 线圈中。所以 12 V 输出电流斜坡中心为 4.87 A。可以通过使用以下所陈述的关于 5 V 线圈设计的相同方法来选择 12 V 线圈。

对于 5 V 线圈，因为我们只需要两匝，同时需要大电流承受能量。所以可以考虑使用铜箔。该 5 V 次级线圈侧的电流斜坡中心电流大约为 23 A。通过沿着 AWG 27 垂直线向下投影，可以发现此频率下合适的厚度 (2δ)。从而可以获得 14 mil 厚。但是由于它是铜箔，所以依旧不知道流经它的电流是否会遵循 400 cmil/A 的准则。我们需要进一步验证。

一个圆密耳等于 $0.7854\,mil^2$。因此，400 cmil 就是 $400 \times 0.7854 = 314\,mil^2$

（注意：$\pi/4=0.7854$）。所以对于 23 A 来说，需要 $23\times314=7222$ mil²。但是铜箔厚度是 14 mil。因此，需要铜箔有 $7222/14=515$ mil 宽——也就是大约半英寸。观察图 10.5 中 EI－30 的线轴，它可以容纳 530 mil 宽的铜箔。所以这刚好可以被接受。需要注意的是，如果现有的宽度不能满足，可能需要找另外的磁芯——具有更长（拉伸）的特性。像那样的磁芯有美国的"EER"磁芯。或者也可以再次考虑采用几股并联的圆线。问题是把 46 根（AWG 27）拧成一股将会很笨重，也很难缠绕，同时会增加泄漏电感。所以，我们可能喜欢使用，比如说 11～12 股 AWG 27 线拧成一股，然后把这（电气特性都是并联的）四股并行放置以便在变压器上形成一层。因此，对于两匝的次级线圈可能会绕两层。

10.2　正向转换器的磁性

本节所述流程将明确应用于单开关的正向转换器上。然而，双开关正向转换器的通用流程依旧保持不变。

10.2.1　占空比

正向转换器的占空比为

$$V_O=V_{IN}\times D\times\frac{n_S}{n_P} \tag{10-19}$$

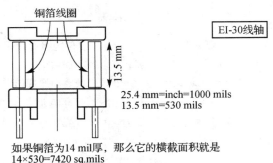

EI-30线轴

13.5 mm

25.4 mm=inch=1000 mils
13.5 mm=530 mils

如果铜箔为14 mil厚，那么它的横截面积就是
14×530=7420 sq.mils

如果它承载的电流为 23 A，那么电流密度为

7420/23＝323 sq. mils/A.

也就是说 $323\times(4/\pi)＝411$ cmils/A→（比 400 cmils/A 稍微要好些）

图 10.5　检查一个 23 A 铜箔是否满足 EI－30 线轴的要求

相比于降压拓扑的占空比，它们之间的唯一不同在于 n_S/n_P。正如之前所述的，由于变压器的行为，它具有原始的固定比率的降压功能。因此，我们可以设想其输入电压 V_{IN} 反射到次级线圈侧。该反射的电压 $V_{INR}=V_{IN}/n$（这里 $n=n_P/n_S$）将会施加在在次级线圈侧的开关节点上。从这里开始，将有一个 DC-DC 降压级生效，其输入为 V_{INR}，输出为 V_O（图 10.6）。因此，这里不会涵盖正向转换器的线圈设计,它的设计会与任何降压转换器的设计所采用的流程相同。然而,正向转换器的变压器又是另外一回事!

> **注意:**关于线圈设计,应该记住的是对于大电流电感的设计,正如其在典型的正向转换器一样,其计算的线径可能太厚(而且硬),从而很容易就超出了磁芯/线轴的空间范围。如果是那样的话,把几个较薄的线径拧在一起,从而使得线圈更灵活,而且更容易处理。进一步说,既然线圈和电感设计通常与高频趋肤深度的考量无关,所以可以选择绝大多数实用直径的线来进行设计,只要有足够的净铜横截面积来确保温升在 $40\sim50\ ℃$。

与反激变压器不同,正向转换器的次级线圈和初级线圈会同时导通。这就会导致磁芯内几乎所有的磁通消散。但是,不管负载如何,初级线圈电流波形中有一个分量却保持不变。这就是磁化电流分量——图 10.6 中左边采用灰色表示的部分。在零负载时,这是流过初级线圈和开关的总电流(假设占空比不变)。只要尝试消耗负载电流,那么次级线圈的电流就会增加,初级线圈内的电流也是如此。每个电流都会随着负载电流成比例增加,而其增量也是互成比例——其比例常数为匝比。但是,更重要的是,它们的符号相反——也就是说,从图 10.6 中可以看出,电流流入变压器初级线圈侧的带点的一端,同时它会从次级线圈侧的带点的一端流出。因此,变压器磁芯中的净磁通在零负载时保持不变(假设 D 是固定值)——因为磁芯不能"看到"流经其线圈上的净安匝的任何改变。所有磁芯内的条件,如磁通、磁场、储存的能量、甚至是磁芯损耗等,仅仅与磁化电流有关。当然,线圈本身又是另外一回事——它们首当其冲,不仅有实际的负载电流,而且有其陡峭的边沿以及由此导致的脉冲电流波形的高频分量。

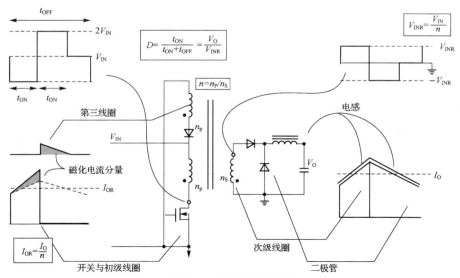

图 10.6 单端正向转换器

　　磁化电流分量不会通过变压器的行为耦合到次级线圈中去。从这个意义上来说,它就像一个"并联的泄露电感"。我们需要从整体开关电流中减去该分量,也只有这样才能发现初级线圈和次级线圈中的电流是根据其匝比进行缩放的。换句话来说,磁化电流是不会缩放的——它只会停留在初级线圈侧。

　　但是事实上,磁化电流是唯一可以把任何能量储存在变压器中的电流分量。所以从这个意义上来说,它就像反激变压器!但是,如果想要获得一个稳定的状态,甚至每个周期内变压器(以及输出线圈)都需要"复位"。但是不幸的是,磁化能量有效地"去耦"了,其原因在于输出二极管的方向,所以不能把它传送到次级线圈侧。如果不对该能量进行任何处理,那么它肯定会像反激拓扑中的泄露电流一样通过尖峰脉冲来毁掉开关。由于效率的方面的考量,我们不想毁掉它。因此,通常的方案就是采用一个图 10.6 所示的"第三线圈"(或者"能量恢复线圈")进行连接。需要注意的是,相对于初级线圈来说,该线圈是在反激配置中。它只会在开关断开时导通,从而使得磁化能量反馈到输入电容中。由于二极管压降以及第三线圈的阻抗,将会有一些与该循环能量相关的损耗。然而,需要注意的是任何真正的泄露电感中的能量也会通过第三线圈重新流入到输入中。所以,不需要额外的钳位电路。

　　对于各种不同的微妙的理由,比如说能确保在各种条件下预见变压器复位,以及其他各种与产品相关的理由等,第三线圈的匝数通常会与初级线圈保持一致。因此,通过变压器的动作,当开关断开时,初级线圈侧开关节点(MOSFET管的漏极)上的电压必须上升至 $2 \times V_{IN}$。因此,在一个通用输入离线单端(也就是单开关)正向转换器中,需要采用额定电压至少为 800 V 的开关。

　　只要变压器一复位(也就是第三线圈中的电流归零),漏极电压会突降至 V_{IN}——也就是说在初级线圈两端没有电压——因此,同样在次级线圈两端也没有电压。输出级的二极管(也就是连接至图 10.6 中的次级地的二极管)就可以释放线圈内的能量。注意在变压器复位以后,MOSFET 管的漏极上会在 V_{IN} 的均值附近有一小会的振铃。这是由于各种不同的尚未证明的寄生参数(没有在本图中显示)所造成的。然而,振铃确实会对 EMI 辐射有很大的影响。

　　需要注意的是,甚至在变压器复位之前,次级线圈还不会立即导通——这是因为在第三线圈导通时,输出二极管(也就是连接到次级线圈的变化端的二极管)已经反向偏置。

　　同样要注意的是,这样一个正向转换器的占空比在任何情况下都不可以超过 50%。其原因在于必须无条件地确保变压器复位将会在每个周期内一直发生。既然不能直接控制变压器上的电流波形,就不得不留有足够的时间来使得第三线圈上的电流降至为零。换句话说,不得不容许变压器中伏秒平衡自然发生。然而,由于第三线圈中的匝数与初级线圈的匝数相等,那么当开关导通时,第三线圈两端的电压也会等于 V_{IN},同样在开关断开时,它也会等于 V_{IN}(反向相反）。因此，当 t_{OFF} 与 t_{ON} 相等时，就会产生复位。这样，如果占空比超过 50%，t_{ON} 一定会超过 t_{OFF}，因此变压器复位将永远不会发生。这样就会最终损坏开关。因此，只有把 t_{OFF} 变得足够大，占空比必须永远保持在 50% 以下才行。

我们可以看到正向转换器变压器一直工作在 DCM 模式（其线圈通常在 CCM 模式，r 值为 0.4）。进一步来说，由于变压器内的磁通对于所有负载来说都会保持不变，我们可以逻辑推断没有任何部分的经它流向输出的能量必须储存在变压器中。因此，问题真正在于——一个正向转换器变压器的功率处理能力取决于什么因素？我们直觉意识到可以给任何输出功率使用任何尺寸的变压器！那么，什么因素决定变压器的尺寸呢？我们将很快看到它取决于有多少铜可以挤进现有的磁芯面积空间内（更重要的是，如何能够更好地利用该区域），同时不会导致变压器太热。

10.2.2　最坏情形下的输入电压端

在设计中会涉及一个最基础的问题是——哪个输入电压代表着设计中的最坏的情况——在那点需要开始进行磁性设计（从磁芯饱和的角度来看）？对于正弦转换器线圈，这应该是很明显的——对于任何降压转换器来说，在 V_{INMAX} 时，需要把它的纹波电流比设置在 0.4 附近。但是涉及变压器，我们在得出合适的结果之前需要做一些分析。

需要注意的是，正向转换器的变压器工作在离散模式（DCM），但是占空比却取决于工作在 CCM 模式中的线圈。因此，变压器的占空比也会受 CCM 占空比 $D = V_O / V_{INR}$ 的控制，尽管事实上它是工作在 DCM 模式中。这个相当巧合的 CCM+DCM 的互相作用会导致一个有趣的现象——不管输入电压是多少，正向转换器变压器的两端的伏秒是一个常数。下述的计算公式通过完全消除 V_{IN} 来很清楚地显示出该结论的正确。

$$E_t = V_{IN} \times \frac{D}{f} = V_{IN} \times \frac{V_O}{V_{INR} \times f} = V_{IN} \times \frac{V_O \times n}{V_{IN} \times f} = \frac{V_O \times n}{f} \qquad (10-20)$$

所以事实上，电流或者磁场的摆幅在高电平输入或者低电平输入时，或者说是在任何输入时（只要线圈工作在 CCM 中）都是相等的。既然变压器工作在 DCM 中，其峰值就等于它的摆幅，因此其峰值也与 V_{IN} 无关。当然，峰值开关电流 I_{SW_PK} 是磁化电流 I_{M_PK} 的峰值以及反射到初级线圈侧的次级线圈侧的电流波形的峰值之和，也就是

$$I_{SW\_PK} = I_{M\_PK} + \frac{1}{n}\left(I_O\left(1 + \frac{r}{2}\right)\right) \qquad (10-21)$$

所以，尽管开关的电流限额在 V_{INMAX} 处（由于这是反射的输出电流分量的最大峰值产生之处）必须设置得足够大以便容纳 I_{SW_PK}，但是就变压器磁芯而言，峰值电流（以及相应的磁场）就只是 I_{M_PK}，与 V_{IN} 无关！同时也要注意的是，就线

圈而言，峰值电感电流不再等于（在 DC-DC 降压拓扑中的）（反射的）峰值开关电流——尽管峰值二极管电流依旧不变。是的，如果我们把磁化电流从开关电流中减去，那么将会根据匝比和次级线圈侧的电流成比例进行缩放（反射），然后该波形的峰值将等于峰值电感电流。

作为一个推论，变压器中的磁芯损耗与输入电压无关。另一方面，铜损耗在低输入时总会增强（除了 DC-DC 降压拓扑之外）——原因很简单，均值输入电流必须增加以便持续满足基本的功率要求 $P_{IN} = V_{IN} \times I_{IN} = P_O$。

尽管可以采用任何指定的输入电压来假设磁芯在整个输入范围内都不会饱和，但是既然最坏情形的铜损耗发生在 V_{INMIN} 处，就可以推断出正向转换器变压器的最坏情形发生在 V_{INMIN} 处。对于线圈而言，它依旧是在 V_{INMAX} 处。

10.2.3　窗口的利用率

观察图 10.7 中关于 ETD－34 磁芯和线轴的典型线圈排列，可以看到塑料线轴占据了磁芯空间的一部分——从而把可用窗口 Wa 从 171 mm² 降低到 127.5 mm²——也就是说，降低到原先的 74.5%。进一步来说，如果把各侧需要用到的 4 mm 裕量带（用来满足关于初级线圈和次级线圈之间的间隔与爬电要求的国际安全规范）也考虑在内的话，就只剩下 78.7 mm² 的可用窗口了——一共减少了 78.7/171＝46%。除此之外，观察图 10.8 的左边，可以看到对于给定的绕线，只有 78.5% 的"物理占据"（或者在变压器内占据的）面积会实际导通（有覆铜）。所以总体来说，这将导致可用空间会降至 $0.46 \times 0.785 = 36\%$。

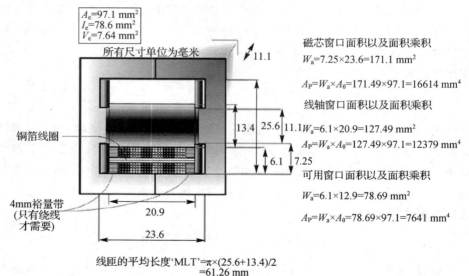

A_e=97.1 mm²
l_e=78.6 mm²
V_e=7.64 mm²

所有尺寸单位为毫米

磁芯窗口面积以及面积乘积
W_a=7.25×23.6=171.1 mm²

$A_P=W_a \times A_\theta$=171.49×97.1=16614 mm⁴

线轴窗口面积以及面积乘积
11.1W_a=6.1×20.9=127.49 mm²
$A_P=W_a \times A_\theta$=127.49×97.1=12379 mm⁴

可用窗口面积以及面积乘积
W_a=6.1×12.9=78.69 mm²
$A_P=W_a \times A_\theta$=78.69×97.1=7641 mm⁴

铜箔线圈

4mm 裕量带
（只有绕线
才需要）

线匝的平均长度'MLT'=π×(25.6+13.4)/2
=61.26 mm

图 10.7　对 ETD－34 线轴的分析图

我们需要意识到还有更多的空间也因为夹层绝缘（以及 EMI）等而会损失掉。因此，最终来说，估计只有 30%～35% 的可用磁芯窗口面积可以用来覆铜。这就是为什么需要引入窗口利用率因子 K（以后将把它设为 0.3 的估算值）。所以

$$K = \frac{N \times A_{CU}}{W_a} \tag{10-22}$$

以及

$$N = \frac{K \times W_a}{A_{CU}} \tag{10-23}$$

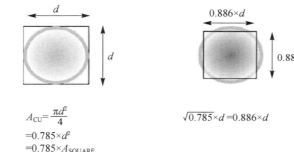

绕线所占据的面积　　　　　相同面积的方线作为绕线

$$A_{CU} = \frac{\pi d^2}{4}$$
$$= 0.785 \times d^2$$
$$= 0.785 \times A_{SQUARE}$$

$$\sqrt{0.785} \times d = 0.886 \times d$$

图 10.8　绕线实际占据面积以及采用相同导通横截面的方线作为绕线的实际面积

这里，A_{CU} 表示的是铜线的截面积，W_a 是整个磁芯的窗口面积（注意，对于 EE、EI 类型的磁芯，这是两个窗口之一的唯一面积！）。

10.2.4　磁芯尺寸及其功率吞吐量

电压依赖性方程的最初形式为

$$\Delta B = \frac{V_{IN} \times t_{ON}}{N \times A} \tag{10-24}$$

消去 N ——初级线圈的匝数，可得

$$\Delta B = \frac{V_{IN} \times t_{ON} \times A_{CU}}{K \times W_a \times A} \tag{10-25}$$

进行一些变形和演算：

$$\Delta B = \frac{V_{IN} \times I_{IN} \times t_{ON} \times A_{CU}}{I_{IN} \times K \times W_a \times A} = \frac{P_{IN} \times \left(\frac{D}{f}\right) \times A_{CU}}{I_{IN} \times K \times W_a \times A} \tag{10-26}$$

$$= \frac{P_{IN} \times \left(\frac{D}{f}\right) \times A_{CU}}{I_{SW} \times D \times K \times W_a \times A}$$

$$\Delta B = \frac{P_{IN}}{\left(\dfrac{I_{SW}}{A_{CU}}\right) \times K \times f \times W_a \times A} = \frac{P_{IN}}{(J_{A/m^2}) \times K \times f \times AP} \quad (10-27)$$

这里，J_{A/m^2} 是指电流密度，单位为 A/m^2，A_P 就是所谓的面积乘积项（$A_e \times W_a$）。为了更方便，采用 CGS 单位系统，可得

$$\Delta B = \frac{P_{IN}}{(J_{A/m^2}) \times K \times f \times A_P} \times 10^8 \ G \quad (10-28)$$

这里，A_P 的单位也是 cm^2。最后，通过采用如下公式把电流密度转换为 cmils/A。

$$J_{cmils/A} = \frac{197,353}{J_{A/m^2}} \quad (10-29)$$

从而可得

$$\Delta B = = \frac{P_{IN} \times J_{cmils/A}}{197,353 \times K \times f \times AP} \times 10^8 \ G \quad (10-30)$$

解出面积乘积项为

$$A_P = = \frac{506.7 \times P_{IN} \times J_{cmils/A}}{K \times f \times \Delta B} \quad (10-31)$$

让我们对公式做一些替代。假设一个典型的电流密度为 600 cmil/A，利用率因子 K 为 0.3，ΔB 等于 1500G，那么就可以得到如下基本的横截面标准：

$$A_P = 675.6 \times \frac{P_{IN}}{f} \quad (10-32)$$

注意：在一个典型的正向转换器中，人们习惯把变压器的 B 场的摆幅设为 $\Delta B \approx 0.15T$。这会降低磁芯损耗，同时会留有足够的安全设计余地以避免在比如说高输入上电时会撞到 BSAT 上。需要注意的是，在反激拓扑中磁芯损耗会少很多，因为 ΔI 只是总电流的一部分而已（通常 40%）。但是既然正向转换器的变压器总是工作在 DCM 模式，因此 B 的摆幅现在就更加显著了——等于它的峰值，也就是 $B_{PK} = \Delta B$。所以，如果把峰值磁场设为 3000G，ΔB 也将是 3000G，大约是设成相同峰值的反激拓扑的两倍。这就是为什么我们必须在正向转换器中把峰值磁场降低至 1500G 左右的原因。

10.2.5　样例——设计正向变压器

我们将设计一个 200 kHz 正向转换器，其 AC 输入范围为 90～270 V，输出为 5 V/50 A，预计效率为 83%。

1. 输入功率

输入功率为

$$P_{IN} = \frac{P_O}{\text{效率}} = \frac{5 \times 50}{0.83} \ W \approx 300 \ W$$

2. 磁芯的选择

使用之前所涉及的标准来进行：

$$A_P = 675.6 \times \frac{P_{IN}}{f} = 675.6 \times \frac{300}{2 \times 10^5} \text{ cm}^2 = 1.0134 \text{ cm}^2$$

图 10.7 所示的 ETD—34 的面积乘积项为

$$A_P = W \frac{\left(\frac{25.6 - 11.1}{2}\right) \times 23.6 \times 97.1}{10^4} \text{ cm}^4 = 1.66 \text{ cm}^4$$

理论上,这可能会比所需值大一点点。但是它是在该范围内最接近标准尺寸的值。后续将看到它实际刚刚好。

3. 趋肤深度

趋肤深度是

$$\delta = \frac{66.1 \times [1 + 0.0042(T - 20)]}{\sqrt{f}} \text{ mm}$$

这里,f 的单位是 Hz,T 是线圈的温度,单位为 ℃。因此,假设最终温度为 $T = 80$ ℃(比 40 ℃ 的最大环境温度高出 40 ℃),可知在 200 kHz 下,有

$$\delta = \frac{66.1 \times [1 + 0.0042 \times (60)]}{\sqrt{2}} \text{ mm} = 0.185 \text{ mm}$$

4. 热　阻

EE—EI—ETD—EC 类型的磁芯的热阻的经验计算公式是：

$$R_{th} = 53 \times V_e^{-0.54} \text{ ℃/W}$$

这里,V_e 的单位是 cm³。因此,既然 $V_e = 7.64$ cm³,那么对于 ETD—34 来说,

$$R_{th} = 53 \times 7.64^{-0.54} = 17.67 \text{ ℃/W}$$

5. B 场的最大值

对于预估为 40 ℃ 的温升来说,其最大允许的功耗为

$$P \equiv P_{CU} + P_{CORE} = \frac{degC}{R_{th}} = \frac{40}{17.67} = 2.26 \text{watt}$$

把该损耗分成相等的两部分——铜损耗和磁芯损耗(典型的第一截假设)。所以

$$P_{CU} = 1.13 \text{watt}$$
$$P_{CORE} = 1.13 \text{watt}$$

单位体积内允许的磁芯损耗为

$$\frac{\text{磁芯损耗}}{\text{体积}} = \frac{1.13}{7.64} \Rightarrow 148 \text{ mW/cm}^3$$

采用表 3.5 中的“B 系统”,可得

$$\frac{\text{磁芯损耗}}{\text{体积}} = C \times B^p \times f^d$$

这里，B 的单位是高斯，而 f 的单位是赫兹。因此，解出 B 值为

$$B=\left(\frac{磁芯损耗}{体积}\times\frac{1}{C\times f^{\mathrm{d}}}\right)^{\frac{1}{p}}$$

如果（从铁氧体软磁性材料中）选择等级为"3C85"的铁氧材质，从表 3.6 中可以得知，$p=2.2$，$d=1.8$，$C=2.2\times10^{-14}$。因此

$$B=\left(148\times\frac{1}{2.2\times10^{-14}\times2^{1.8}\times10^{5\times1.8}}\right)^{\frac{1}{2.2}}=720\,\mathrm{G}$$

我们注意到这里的"B"实际上就是传统的 B_{AC}。所以，可以得出总的允许摆幅为

$$\Delta B=2\times B=2\times720\,\mathrm{G}=1440\,\mathrm{G}$$

6. 伏　秒

更早些时候，采用如下形式的电压依赖性方程：

$$\Delta B=\frac{100\times Et}{Z\times A}$$

这里，A 是有效区域，单位为 cm^3。一个典型的正向转换器的占空比在低输入时设置在 0.35 附近以便能够满足 20 ms 保持时间的要求，而无需额外要求不规则的输入电容。其整流后的输入是 $90\times\sqrt{2}\,\mathrm{V}=127\,\mathrm{V}$。因此，（在任何线电压下的）外加伏秒为

$$Et=V_{\mathrm{IN}}\times\frac{D}{f}=127\times\frac{0.35}{2\times10^{5}}\,\mu\mathrm{s}=222.25V\,\mu\mathrm{s}$$

7. 匝　数

既然 $\Delta B=1440\,\mathrm{G}$，那么可以从如下方程中解出 N 值：

$$\Delta B=\frac{100\times Et}{Z\times A}\,\mathrm{G}$$

$$n_{\mathrm{P}}=\frac{100\times Et}{\Delta B\times A}=\frac{100\times222.25}{1440\times0.97}匝=15.9\,匝$$

需要注意的是，这就说明它与所需电感无关。无论（初级）电感感值多少，都需要这么多的匝数。是的，改变电感感值将会影响峰值磁场以及开关电流，因为它改变了 B 和 I 之间的比例常数。然而，B 依旧保持不变，与电感无关！

假设二极管两端的正向压降为 0.6 V，那么所需匝数为

$$n=\frac{n_{\mathrm{P}}}{n_{\mathrm{S}}}=\frac{V_{\mathrm{IN}}}{V_{\mathrm{INR}}}=\frac{V_{\mathrm{IN}}}{\left(\dfrac{V_{\mathrm{O}}+V_{\mathrm{D}}}{D}\right)}=\frac{127\times0.35}{5+0.6}=7.935$$

因此，次级线圈的匝数为

$$n_{\mathrm{S}}=\frac{15.9}{7.935}=2.003\,匝$$

需要注意的是，这将与一个整数值的结果有显著的不同。在这种情况下，可

能会采用最接近(比它数值大)的整数匝来缠绕,然后重新计算初级线圈匝数、新的磁通密度摆幅以及磁芯损耗——类似于在反激拓扑中所做的工作。但是此时,可以简单地采用

$$n = 8(匝比)$$
$$n_P = 16 匝$$
$$n_S = 2 匝$$

8. 次级线圈铜箔厚度与损耗

前文介绍的趋肤深度的概念事实上是以空间中自由放置的单根铜线为代表而讲述的。为了简化,我们忽略来自附近线圈的磁场可能会影响电流分布的事实。现实生活中,人们甚至希望整个环形区都用于高频电流,但是不是。每一个线圈都有各自的磁场,当它们影响到邻近的线圈时,电荷的分布就会改变,从而会(在各自的磁场内)产生涡流。这就是所谓的邻近效应。它会极大地增加交流阻抗,从而使得变压器中的铜损耗增加。

为改善该情形,首先需要做的就是有相反的磁力线进行相互抵消。在正向转换器中,事实上这会自动发生,因为次级线圈会和初级线圈同时会以相反的方向有电流流过。然而,即使那样能够证明,但也不完全足够,特别是在较高功率下正向转换器会普遍存在。所以要使得这些邻近损耗进一步降低需要采用图10.9 所示的交错操作。

基本上,通过把该区域分开,同时设法把初级和次级线圈之间层级尽可能的相互邻近,这样可以增加本地毗邻磁场的抵消作用。事实上,当从一层变到另外一层时,我们会设法避免安匝累积。需要注意的是,安匝会与引起邻近损耗的本地磁场成正比。然而,太多的交错操作并不现实——因为需要几层用作初级线圈与次级线圈之间的绝缘、终端以及(如果有需要的话)在每个接口上更多的EMI 屏蔽等——所有的这些将会增加成本并最终导致更高的,而不是更低的泄漏电流。因此,大部分中等功耗的离线电源只会把初级线圈分成两部分,各自放置在单个次级线圈的一端。

另外一种降低损耗的方法就是降低导体的厚度。有几种方法来实现。例如,如果采用单股绕线来实现一个线圈,然后把绕线分成几组并行的较细的绕线,采用这样的方式,其整体直流阻抗不会改变,同时会发现交流阻抗会在其下降之前会先上升。另一方面,如果采用铜箔线圈,同时降低其厚度,那么交流阻抗会在它再次上升之前降低。

在图 10.9 中同样定义了 p——每部分的层。需要注意的是当交错时 p 该怎样重新分配。

但是该如何实际估算这些损耗?Dowell 把一个非常复杂的多方面的问题降低到一个简单的、单方面的问题。根据他的分析,可以看到每层都有一个最佳厚度。可以预期的是,该结果将比 $2 \times \delta$ 薄得多,这里 δ 是指之前章节中定义的

趋肤深度。

Example：

$n_P = 12$ tums，$n_S = 12$ tums

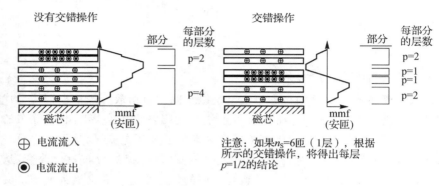

图 10.9　交错操作时大约有多少损耗会减少的示意图

> **注意：**在反激拓扑中，为了简化而忽略了邻近效应。但是在任何情况下，由于初级和次级线圈不会同时导通，所以交错操作毫无帮助。但是在反激拓扑中依旧会采用交错操作，类似与正向转换器。但是其目的是增加初级和次级线圈之间的耦合，从而降低泄漏电感。然而，这也会增加容性耦合——除非在初级—次级接口处放置了接地屏蔽。通常来说，屏蔽在降低从耦合到输出的高频噪声，同时在抑制共模传导 EMI 方面有帮助。但是，它们也会增加泄漏电感——这在反激拓扑需要特别注意。同时需要注意的是屏蔽必须非常薄，否则它们自身就会产生非常大的涡流电流损耗。进一步来说，初级—次级屏蔽端不应该连接在一起，否则它们将会在变压器上构成一个短路回路。

在图 10.10 中，为具有铜箔线圈的变压器的 Dowell 方程绘制成一个（不定向的）平方电流波形。需要注意的是，原始的 Dowell 曲线实际上是 F_R 对 X 的图形。但是现在绘制的是 F_R/X 与 X 的图形，这里

$$F_R = \frac{R_{AC}}{R_{DC}} \tag{10-33}$$

以及

$$X = \frac{h}{\delta} \tag{10-34}$$

h 是指铜箔的厚度。之所以不采用 F_R 对 X 的图形是因为 F_R 仅仅是交流对直流阻抗之比。我们真正感兴趣的不是 F_R，而是 R_{AC} 的最小化。所以"最优 R_{AC}"的点不一定是 F_R 最小值的那一点。

让我们设法通过一个独立的铜箔（类似于在图 10.3 中所做的）来进行理解。

如果缓慢地增加铜箔的厚度,一旦铜箔厚度超过 2δ,交流阻抗就不会再改变了,因为高频电流流过的横截面积被限制在铜箔两侧的 δ 以内。但是 R_{AC} 和 F_R 之间的关系就不必这么明显。因此,既然 $F_R = R_{AC}/R_{DC}$,同时 $R_{DC} \propto 1/h$,那么 $R_{AC} \propto F_R/h$。这就是说我们需要(为铜箔)最小化参数。进一步来说,既然我们总是喜欢写任何关于趋肤深度的频率有关的内容,那么我们就不再绘制 F_R/h,而是 F_R/X 与 X 的图形,如图 10.10 所示。

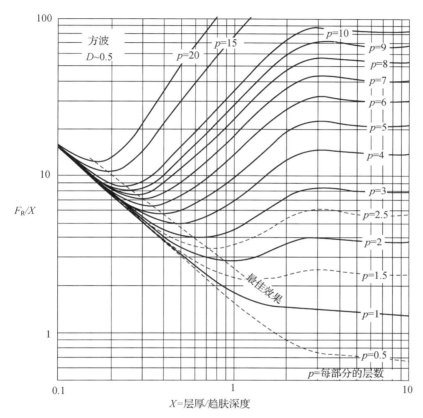

图 10.10　随着铜箔厚度的改变,找出交流阻抗的最低值

　　注意在图 10.10 中,$p=1$ 和 $p=0.5$ 的曲线并没有最佳值。针对于此,当增加 X(厚度)时,F_R/X(交流阻抗)可以变得更小点。F_R 事实上会比 1 大得多。然而,例如观察 $p=1$ 的情形,如果 X 超过 2 时,也就是说,铜箔的厚度等于趋肤深度的两倍,交流阻抗并没有显著的降低。如果需要的话,可以使铜箔变得更厚,但是这只会对次级线圈上损耗有稍微的改善。进一步来说,在这个过程中也可能拿掉初级线圈(以及其他任何的次级线圈)的可用区域,这样可能会导致更高的整体损耗。尽管我们也会小心不让铜覆满所有可用空间,特别是对线圈进行绕线时。这个不仅表明会增加 F_R,而且会增加 R_{AC}。

现在,让我们学以致用,回到进行的实例中来。开始在 ETD－34 线轴上采用两倍的铜箔——来实现 5 V 次级线圈。由于它会与初级线圈之间交错,所以只有一匝会"属于"每个分开的部分。这样次级线圈上每部分的层为 $p=1$。将计算其损耗,如果可以接受的话,我们将保持该结果。

通过采用一个合理的电流密度(这里大约 400 cmils/A 就足够了)来开始。并使用如下公式:

$$h=\frac{I_{\mathrm{O}}\times J_{\mathrm{cmils/A}}\times 10^{2}}{\text{宽度}\times 197,353}$$

这里,h 是铜箔厚度,单位为 mm,I_{O} 是负载电流(本例为 50 A),同时宽度为铜带的可用宽度(ETD－34 是 20.9 mm)。

作为选择,可以直接从图 10.10 中进行推导,从而为 1.4 的 F_{R}/X 估算值而选择 2.5 的 X 值。这样

$$h=X\times\delta=2.5\times 0.185=0.4625\ \mathrm{mm}$$

ETD－34 的每匝的平均长度(MLT)是 61.26 mm(图 10.7),铜的(热)阻率(ρ)是 $2.3\times 10^{-5}\ \Omega\cdot\mathrm{mm}$,所以可知次级线圈的阻抗如下,单位为欧姆。

$$R_{\mathrm{AC\_S}}=\left(\frac{F_{\mathrm{R}}}{X}\right)\times\frac{\rho\times MLT\times n_{\mathrm{S}}}{\text{宽度}\times\delta}=(1.4)\times\frac{2.3\times 10^{-5}\times 61.26\times 2}{20.9\times 0.185}=1.02\times 10^{-3}$$

需要注意的是,既然 FR/X 设置为 1.4,那么相应的 F_{R} 就是

$$F_{\mathrm{R}}=1.4\times\frac{h}{\delta}=1.4\times\frac{0.4625}{0.185}=3.5$$

这是一个相当高的值,但是正如所解释的一样,它实际上会很有帮助,因为 R_{AC} 会降低。现在,次级线圈上的电流波形看起来像一个典型的开关波形,其中心电流等于负载电流(50 A),同时其纹波电流比通过输出线圈来设置。其 RMS 值为

$$I_{\mathrm{RMS\_S}}=I_{\mathrm{O}}\times\sqrt{D\times\left(1+\frac{r^{2}}{12}\right)}\ \mathrm{A} \tag{10-35}$$

现在还不知道在 $90V_{\mathrm{AC}}$ 下线圈的纹波电流比 r 是多少。该 r 值可能会在 V_{INMAX} 处设成 0.4,而不是在 V_{INMIN}。尽管如此,还是很容易计算出如下的新 r 值。占空比与输入电压成反比。因此,假设 D 在 $270V_{\mathrm{AC}}$ 处是 0.35,那么在 $90V_{\mathrm{AC}}$ 处,它就会是 0.35/3＝0.117。进一步来说,对于降压级来说,r 值会根据 $(1-D)$ 而变动。因此,在 $90V_{\mathrm{AC}}$ 处的 r 值是

$$r=\frac{1-0.35}{1-0.117}\times 0.4=0.294$$

所以,次级线圈中的 RMS 电流是

$$I_{\mathrm{RMS\_S}}=I_{\mathrm{O}}\times\sqrt{D\times\left(1+\frac{r^{2}}{12}\right)}=50\times\sqrt{0.35\times\left(1+\frac{0.294^{2}}{12}\right)}=29.69\ \mathrm{A}$$

最终,次级线圈中的热功耗为

$$P_S = I_{RMS\_S}^2 \times R_{AC\_S} = 29.69^2 \times 1.02 \times 10^{-3}\ W = 0.899\ W$$

如果该损耗不可接受,可能需要寻找一个可以允许更宽铜箔的线轴。或者可以考虑并联几个更薄的铜箔来增加 p 值。比如说,如果采用四组并行(更薄的)铜箔并联(组与组之间绝缘),将会在次级线圈上获得 4 个有效层,并且每部分的层都会变成 2。

10.2.5.9　初级线圈和损耗

对于次级线圈而言,最终将会选择厚度为 0.4625 mm(也就是 0.4625 × 39.37＝18 mil)的铜箔。假设每个铜箔的两侧都被 2 mil 的聚酯薄膜覆盖。既然 1 mil 等于 0.0254 mm,那么也就是在铜箔上增加了 4×0.0254 mm 厚度。另外,在初级和次级边界之间会有三层聚酯薄膜。所以总而言之,由次级线圈和绝缘体所占据的厚度 h_S 是:

$$h_S = (n_S \times h) + (n_S \times 4 \times 0.0254) + (12 \times 0.0254)\ mm$$

或者

$$h_S = n_S \times (h + 0.102) + 0.305\ mm$$

所以,在本例中

$$h_S = 2 \times (0.4625 + 0.102) + 0.305 = 1.434\ mm$$

ETD－34 在其内部已经有 6.1 mm 的线轴。那么现在就只剩下了(6.1－1.434)mm ＝ 4.67 mm。因此,分开后的初级线圈每部分的线圈高度仅为 2.3 mm。我们应该最终会验证在这样的空间,是否可以容纳得下所选择的初级线圈。

需要注意的是,对于初级线圈而言,可以利用的宽度仅为 12.9 mm(因为在每侧都有一个 4 mm 的裕量带——对于次级线圈而言,由于我们有一个采用绝缘带包裹的铜箔,所以无需该裕量带)。需要找到最佳的方案来把这八匝线圈放置到可用的区域,并且损耗最小。

> **注意**:在规定的电压内且已有安全认证的前提下,无需强制使用特定厚度的绝缘层。比如说,如果 1 mil 甚至 1/2 mil 的已经认证的绝缘层符合产品的要求,就可以直接使用来帮助降低成本,并且(或者)在某种程度上改善性能。

首先,先要理解这里的线圈绕线的基本概念。对于一根独立的绕线,如图 10.3 所示,如果增加绕线的直径,那么用于高频电流的横截面积就是 $(\pi \times d) \times \delta$。同时,由于阻抗与横截面积成反比,从而可以得出 $R_{AC} \propto 1/d$。同样的,$R_{DC} \propto 1/d^2$。这样 $F_R \propto d$。因此,$R_{AC} \propto 1/F_R$。这实际上就意味着较高的 F_R(更大的直径)会降低 AC 阻抗!这是在情理之中的,因为如果直径增加,用于高频电流的环形面积就会增加。然而,当要处理非独立的绕线时,这就行不通。因为通过增加直径,将不可避免地增加层数,而 Dowell 方程告诉我们这样会导致损耗会增加,而不是减少。

　　在图 10.11 的左上部分有一个 Dowell 原始曲线,从中可以看到 F_R 是怎样根据 X(也就是 h/δ)而变化的。每条曲线的参数都是每部分的层数(也就是 p)。需要的注意的是,Dowell 曲线只是涉及到铜箔而已。它们不关注初级或者次级线圈上实际的匝数(也就是从电场方面的观点来看),而仅仅关注每部分的有效层数(从磁场的角度来看)。所以,当我们考虑直径为 d 的绕线所形成的层时,需要把这个转换成等效的铜箔。回到图 10.8 右边,将会看到采用铜箔替代直径为 d 的绕线后,其厚度会稍微薄一些(也就是说采用相同的铜,但是是方形)。另一种可选择的是,比如说,如果想要获得 $X=4$ 的铜箔,我们需要先采用直径 $1/0.886=1.13$ 乘以 X 的绕线。最后,如上文所指,所有的铜最后会合并到一个等效的铜箔层(从磁场的角度来看)。

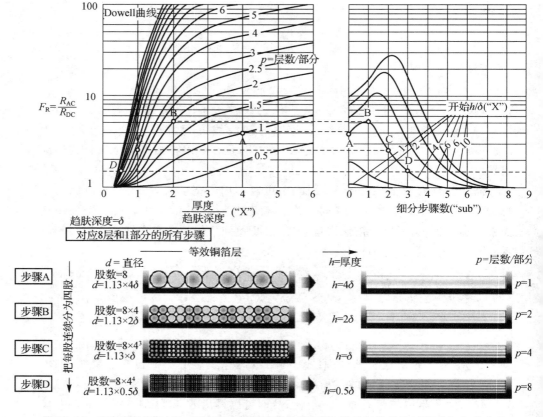

图 10.11　理解"细分"过程,保持直流阻抗不变的情况下,等效铜箔转换过程是如何发生的

　　在图 10.11 中也进行了一定的"实验"——作为布线优化的备用方案。假设把几圈直径为 $1.13 \times 4\delta$ 的绕线紧挨着放置,同时也假设在一个特定的线圈内它们构成了每部分的一层。因此,这就等效于一个单层铜箔,其厚度为 4δ,也就是

$X=4$。现在采用 Dowell 曲线，F_R 大约是 4（在图 10.11 中用"A"标注的点）。假设把每股绕线分成四股，这样每股的直径就是原来的一半。因此，其横截面依旧保持不变，因为：

$$A=4\times\frac{\pi\times\left(\dfrac{d}{2}\right)^2}{4}=\frac{\pi\times d^2}{4} \tag{10-36}$$

然而，等效铜箔的厚度就是原来的一半——2δ（也就是 $X=2$）。同时，从 Dowell 的观点来看，每部分就有两层。通过查阅 Dowell 曲线，可以知道现在的 F_R 大约是 5（标注为"B"）。因为整个过程中固定 R_{DC} 的值，所以 $R_{AC}\propto F_R$。因此，现在为了降低 R_{AC}，那么降低 F_R 的值是必由之路。所以 F_R 为 5 肯定比为 4 时更糟糕。接着，再次以相同的方式进行细分。那么每部分就又有四层，每层 $X=1$，这样 F_R 就会降至 2.6 左右（标注为"C"）。再次细分，这样每部分就有八层，每层 $X=0.5$，从而使得 F_R 大约为 1.5（标注为"D"）。这是一个可以接受的 F_R 值。

注意，所有的这些步骤的信息都收集并绘制在图 10.11 的右边部分，其横轴表示连续细分步骤的数量（每次都把一股线细分为四股相同直流阻抗的绕线）。这些步骤称为（细分步骤的）"细分因子"（sub）。这里，细分因子可以在 0（没有细分）～1（1 次细分）、2（两次细分）等之间变动。同时也要意识到在每个步骤下，X 和 p 会根据如下关系而改变。

$$X\to\frac{X}{2^{\text{sub}}}$$

$$p\to p\times 2^{\text{sub}}$$

举个例子，在四次细分后铜箔厚度将降低 16 倍，同样层数也会增加相同的倍数。这样再观察 Dowell 曲线来找到新的 F_R 值。

然而，直接应用 Dowell 曲线来切换功率稳压器会有一些问题。第一，原始曲线仅仅涉及厚度与趋肤深度之比——同时，我们知道趋肤深度与频率有关。所以，这也暗示着 Dowell 曲线会为 F_R 提供一个正弦波。进一步来说，Dowell 曲线没有假设电流中有任何直流分量。所以采用 Dowell 曲线来进行功率转换的工程师通常首先会把电流波形分成交流和直流分量，然后仅把从曲线中获得的 F_R 值应用到交流分量中，同时分别计算直流损耗（$F_R=1$），最后把它们相加，得出公式如下：

$$P=I_{DC}^2\times R_{DC}+I_{AC}^2\times R_{AC}\times F_R \tag{10-37}$$

然而，在本例中我们更愿意采用最近使用的实际（无方向的）电流波形的方法。通过把其分成傅里叶分量，然后相加得出有效的 F_R 值。该损耗将根据在基波（一阶谐波）上与 δW 相比较的铜箔厚度来表示。同时，在计算该有效 F_R 时也要考虑直流分量。这就是为什么在计算次级线圈损耗时，可以用如下简单的公式来计算的原因。

$$P = I_{RMS}^2 \times R_{AC} = I_{RMS}^2 \times (F_R \times R_{DC}) \qquad (10-38)$$

在这种情况下,尽管没有明确说明,但 F_R 实际上就是有效的 F_R(采用包含直流电平的方波进行计算得出)。然而,注意图 10.11 中的图表依旧是基于原始的正弦波的方式,而且这里的目的仅仅只是为了显示通过原始曲线的细分技术。

但是,在图 10.12 中,最终修正了 Dowell 原始的正弦波形曲线。一旦构建这些曲线时就需要采用傅里叶分析,这样设计者才能把它们直接应用到典型的(非定向的)功率转换的电流波形中去。将采用这些曲线来为我们正在进行的数值实例的初级线圈进行计算。

然而,有一个问题可能依旧会是读者感到困惑——为什么不使用之前用于次级线圈中的 F_R/X 曲线(图 10.10)?其原因在于情形已经不同了。图 10.10 中曲线是方波的 Dowell 曲线,除此之外,其纵轴上使用的是 F_R/X,而不是 F_R。这仅在我们改变 h 值同时观察什么时候可以获得 R_{AC} 的最低值时才会有用。但是对于初级线圈来说,将会在每次迭代中固定其线圈的高度。在每次迭代中将使用细分技术,因此会保持直流阻抗不变。所以(对于指定的迭代步骤上的)最小的 R_{AC} 将会在 F_R 的最小值处出现,而不是在 F_R/X 的最小值处。

细分方法最初出现在图 10.11 中,除此之外,我们将在图 10.12 中使用修正后的曲线。

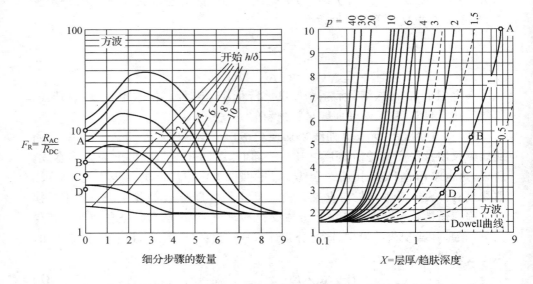

图 10.12　修正后的 Dowell 曲线表示方电流波形以及对应的采用细分方法的 F_R 曲线

1. 一次迭代

我们计划试着把八匝放在同一层中。通常层数越少越好。记得在线轴上有 12.9 mm 的可用宽度。所以如果把八匝堆在一起(之间没有任何空隙),那么就需要每个绕线的直径为

$$d = \frac{\text{宽度}}{\text{每层的匝数}} = \frac{12.9}{8} = 1.6125 \text{ mm}$$

检查现有的 2.3 mm 的高度,可知足够容纳该尺寸的绕线。其渗透率 X 等于(采用等效铜箔转化)。

$$X = \frac{0.886 \times d}{\delta} = \frac{0.886 \times 1.6125}{0.185} = 7.723$$

p 值等于 1。从图 10.12 的任何一个图表来看,可以看到这种情况下的 F_R 大约是 10(标注为"A")。进一步来说,从左边的图表来看,我们需要把"$X = 7.7$"的曲线(设想它靠近 $X = 8$ 曲线)细分 7 次才能使得 F_R 比 2 低。这样就可知每股绕线的直径:

$$d \to \frac{d}{2^{\text{sub}}} = \frac{1.6125}{2^7} = 0.0125 \text{ mm}$$

相应的 AWG 可以根据如下公式来进行计算并四舍五入:

$$\text{AWG} = 1.8154 - 20\log(d)$$

所以,可得

$$\text{AWG} = 1.8154 - 20\log(0.0125) \Rightarrow 56\text{AWG}$$

但是,这是非常薄的绕线,可能现实中没有这样的绕线! 通常来说,从一个产品的角度来看,不应该使用任何比 45 AWG(0.046 mm)更薄的绕线。

2. 二次迭代

一次迭代所出现的问题是采用的非常厚的具有非常高的 F_R 值的绕线。所以需要做几次细分才能使得 F_R 降至低于 2 的值。但是,如果一开始就选择直径低于 1.6125 mm 的绕线又会怎样呢?需要引入一些线与线之间的间距的概念,这样才能在线轴的两端把八匝绕线均衡地平铺。然而,这样很浪费! 我们应该记得如果一层已经分配好了,也可能利用它来降低直流阻抗——问题只会在我们任意增加层数时才会出现。因此,在本例中,在初级线圈内试着使用并行的两组较薄的绕线。我们依旧想要维持为一层(没有间距)。这就意味着在一层中并排摆放着 16 根绕线。然后定义"束"(bundle)为组成初级线圈的并排摆放的绕线数量(将会对它们进一步细分)。所以本例中

$$\text{bundle} = 2$$

开始使用的绕线直径为

$$d = \frac{\text{宽度}}{\text{每层匝数}} = \frac{12.9}{16} = 0.806 \text{ mm}$$

渗透率 X 是

$$X = \frac{0.886 \times d}{\delta} = \frac{0.886 \times 0.806}{0.185} = 3.86$$

p 依旧等于 1。从图 10.12 的任何一个图表来看,可以看到这种情况下的 F_R 大约是 5.3(标注为"B")。进一步来说,从左边的图表来看,可以看到我们需

要细分 5 次才能使得 F_R 比 2 低。这样就可知每股绕线的直径：

$$d \rightarrow \frac{d}{2^{sub}} = \frac{0.806}{2^5} \, mm = 0.025 \, mm$$

这仍然比实际中 0.046 mm 的 AWG 限额薄。

3. 三次迭代

那么，现在采用 3 组绕线并排放置来组成初级线圈。这就意味着一层上会并排有 24 根绕线。

$$bundle = 3$$

开始使用的绕线直径为

$$d = \frac{宽度}{每层匝数} = \frac{12.9}{24} = 0.538 \, mm$$

渗透率 X 是

$$X = \frac{0.886 \times d}{\delta} = \frac{0.886 \times 0.538}{0.185} = 2.58$$

p 依旧等于 1。从图 10.12 的任何一个图表来看，可以看到这种情况下的 F_R 大约是 3.7（标注为"C"）。进一步来说，从左边的图表来看，可以看到我们需要细分 4 次才能使得 F_R 比 2 低。这样就可知每股绕线的直径：

$$d \rightarrow \frac{d}{2^{sub}} = \frac{0.538}{2^4} = 0.034 \, mm$$

但是依旧太薄！

4. 四次迭代

现在并排 4 组绕线来设计。这就意味着一层上会并排有 32 根绕线。

$$bundle = 4$$

开始使用的绕线直径为

$$d = \frac{宽度}{每层匝数} = \frac{12.9}{32} = 0.403 \, mm$$

渗透率 X 是

$$X = \frac{0.886 \times d}{\delta} = \frac{0.886 \times 0.403}{0.185} = 1.93$$

p 依旧等于 1。从图 10.12 的任何一个图表来看，可以看到这种情况下的 F_R 大约是 2.8（标注为"D"）。进一步来说，从左边的图表来看，可以看到需要细分 3 次才能使得 F_R 比 2 低。这样就可知每股绕线的直径：

$$d \rightarrow \frac{d}{2^{sub}} = \frac{0.403}{2^3} \, mm = 0.05 \, mm$$

这个直径与 AWG 44 对应，因而是可接受的厚度。

需要注意的是，随着细分的进行，每部分的层数也会根据如下公式而增加：

$$p \rightarrow p \times 2^{sub}$$

所以,三次细分后可知

$$p \rightarrow p \times 2^{sub} = 1 \times 2^3 = 8 \text{(每部分的层数)}$$

也就是八层。渗透率也有类似的行为,现在变成是

$$X \rightarrow \frac{X}{2^{sub}} = \frac{1.93}{2^3} = 0.241$$

F_R 现在是 1.8 左右,可以从图 10.12 中的右边部分的图表中确认(在 $X = 0.241$、$p = 8$ 的情况下)。

原来的一束绕线的股数现在分成了

$$\text{股} = 4^{sub} = 4^3 = 64$$

所以最后,初级线圈是由四束并联的绕线组成的,每束绕线由 64 股组成,并排摆放在一层上,其 F_R 大约是 1.8。

如果想获得一个稍微低一点的 F_R 值,可以继续这样的过程。但是在某些时候,会发现 F_R 值会再次增加。对我们来说,将采用低于 2 的 F_R 值并用它来进行损耗估算。

需要注意的是,由于把绕线捆在一起形成束,它们会按照一定的方式进行摆放,而这有可能会与原来所假设的情形有偏差,所以往往需要进一步地微调。更深入地说,采用的绕线直径指的裸线会比有包皮的绕线的直径稍微小一些。通常需要注意的是,如果在平铺了几层后,还剩下几匝——看起来似乎要增加一层才能完成,最好的方式是减少初级线圈的匝数并维持母线已完成的层数——因为从磁场的观点来看,即使额外的几匝也会算作新的一层,这样会增加邻近损耗。

由于两部分初级线圈可以被看成是相等的且都具有相同的 F_R 值,可以计算它们组合后的损耗。那么整个初级线圈内的交流阻抗如下,单位是 Ω。

$$R_{AC\_P} = (F_R) \times \frac{\rho \times MLT \times n}{\pi \times \frac{d^2}{4} \times \text{束数} \times \text{股数}} = (1.8) \times \frac{2.3 \times 10^{-5} \times 61.26 \times 16}{\pi \times \frac{(0.05)^2}{4} \times 4 \times 64}$$

所以,其损耗为

$$P_P = I_{RMS\_P}^2 \times R_{AC\_P} = \left(\frac{I_{RMS\_S}}{n}\right)^2 \times R_{AC\_P} = \left(\frac{29.69}{8}\right)^2 \times 0.08 = 1.102 \text{ W}$$

进一步把初级线圈分为五束,然后再细分三次,将会得到 8 层 64 股,每股直径为 0.04 mm,其 F_R 值为 1.65——看起来比最后所得到的 1.8 要好一些。但是由于绕线是如此之薄,直流阻抗就会增加,同时功耗也会增加至 1.26 W。

10.2.5.10　变压器总损耗

因此,变压器的总功耗为

$$P = P_{CORE} + P_{CU} = P_{CORE} + P_P + P_S = 1.13 + 1.102 + 0.899 = 3.131 \text{ W}$$

预估温升为

$$degC = R_{th} \times P = 17.67 \times 3.145 = 55.3\ ℃$$

　　我们所看到的是一个典型的实际情形！温升比所预期的要高 15 ℃！然而，55 ℃可能依旧可以接受（从不具有特殊的变压器材质的情况要获得安全认证的观点来看）。不可否认的是，还有进一步优化的空间。然而，如果下次再做的时候，必须注意磁芯损耗只是总损耗的 1/3，不是当初所假设的一半。

　　同样需要注意的是，相关文献中的方法可能会预测一个较小的温升。但是事实上这些通常是基于 Dowell 方程的正弦波形的形式，而且我们知道通常它会严重低估其损耗。

第11章

"真正正弦波"逆变器设计实例

Raymond Mack

处理这部分的事情以及开关模式电源的初级线圈部分丝毫不比用螺钉旋具在交流电源插座上戳的危险低。如果你不理解正在做什么,可能会有生命危险,或者至少会有些爆炸产生。除了图形类比外,当探究开关电源时,必须采取正确的预防措施。

有一次,我把仪器在测试台上架好,同时确信我已经准备好了所有所需的仪器设备后,我开始设计 AC-DC 转换器。刚开始一切顺利——直到我去检查主功率开关的漏极电压。在一毫秒内,随着一道很亮的闪光以及砰地一声响,示波器电压探棒的对地夹具瞬间蒸发。在几声咒骂后,我意识到我忘记了把大地隔离装置插入到示波器的交流电源插头上去。幸运的是,我如此白痴,设计出了如此意外的情况,示波器居然没坏。我获得了两个终身教训:确保你的寿险是最新的并且始终在你的工具箱里放着几个地面隔离插头。现在,我们的示波器一直与大地隔离,不管我处理哪种类型的线路。

在过去的岁月中,我养成了另外几种习惯:不要赤脚工作,知道工作台上的接地点在哪,以及知道工作台的短路开关在哪。并不是害怕什么,更多的是当你从事电源方面的工作时对自身健康的尊重。这与在你家后院用安装有丙烷炸弹(对不起,是油罐)的热表面烤架上进行烧烤并没有什么不同。

本章是第5章和第6章的补充。其主旨在于介绍怎样在开关电源和世界上各种不同的交流电网之间进行接口设计。AC-DC 整流级有三四项主要功能:给开关电源的输入产生一个大的直流电压、对从输入到交流电源的电源供应进行滤波、对由开关电源引起的到交流电源上产生的噪声滤波、保护电源免遭交流电源的逆向瞬态的攻击以及可能会实现交流输入电路的功率因子校正。对于一个小的、经常需要最小化的 AC-DC 电源来说,这需要花费大量的工作。

　　本节的设计对于最终的产品的稳定工作以及安全和排放监管机构对你的产品在全世界范围内销售是否放行是很重要的。它可能是整个设计周期中最令人沮丧的部分。你的产品会放在一个坦白说丝毫不懂也不在乎你的产品的工程师面前。他有他的测试标准进行测试。这些都是通过/不通过的测试,你可能不得不返回工作台并且在设计中增加噪声控制元件或者稍微调整产品的物理设计。

　　加利福尼亚最近通过了一项限制在产品处于关机或者休眠模式时,从交流线上消耗电流量的法律。这样就不得不禁止使用那些廉价的变压器墙(壁疣)。只有离线开关电源才能满足这些标准。所以注意本章是很重要的!

　　Ray Mack 概述了该线路部分的功能和设计。在网站上有许多资源能够帮助你进行输入整流器级的设计。

——Marty Brown

　　我们将在本章中设计一个"真正的正弦波"不间断电源。对于设计来说,"真正的正弦波"意味着总谐波失真不超过 20%。该产品是为了提供从线性电源到电池电源之间瞬时切换功能以及为那些需要正弦波操作的器件提供电源。本章的描述是为了介绍设计一个复杂的开关电源系统的迭代属性,所以会看到每个主要的决策点都会几个失误的步骤。

　　必须记住的是,本设计的所有线路都是直接连接到交流电源上的。这表明会存在有生命威胁的情况发生。当测试和分析本设计时,总是需要使用一个合适的隔离变压器来把线路和交流电源进行隔离。

11.1　设计要求

　　以下所述为本设计的要求:

　　(1)115 V_{AC},60 Hz,最大输入功率为 650 V·A。

　　(2)B 级 FCC EMI 认证。

　　(3)115V_{AC},60 Hz,300 V·A 伪正弦波输出,低于 20% 总谐波失真(THD)。在 0.5~1.0 功率因子负载上工作。

　　(4)300W—h 功率能力。

　　(5)即时切换——零下降周期。

11.2 设计描述

低谐波失真的要求就意味着我们需要许多步骤来近似出一个正弦波。图 11.1 所示为方波转换器中所用到的两个波形的频谱。第一个频谱是方波的频谱。其幅值等于等效正弦波的 RMS 值。第二个波形采用四步来实现一个合理的用于采用全波整流的电子负载的正弦波近似。其 RMS 值等于等效正弦波的 RMS 值,而峰值则与等效正弦波的峰值相等。感性负载——如马达——需要一个比较干净的正弦波来尽可能地减小损耗。现实世界里几乎没有容性负载,但是像计算机这样的电子负载有点接近。一个支持感性负载的设计大部分也可能支持容性负载,且具有同样的效率。

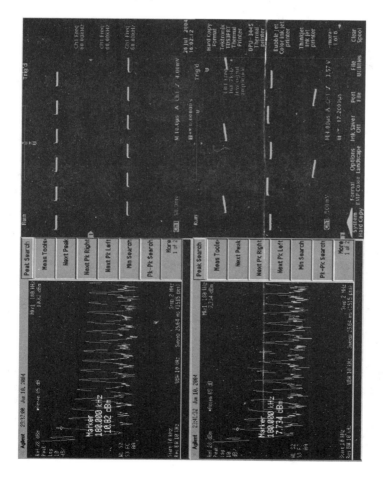

图 11.1 方波转换器使用的两个波形谱

设计的第一步就是采用一个任意波形发生器来模拟一个加强的正弦波,并且量测 THD。图 11.2 所示为其测试的波形和两个测试波形的相关频谱。频谱分析仪有一个较低的 9 kHz 的限制,所以测试波形是 60 kHz。实际的设计将会采用比例因子为 1000 来对线路进行缩放。

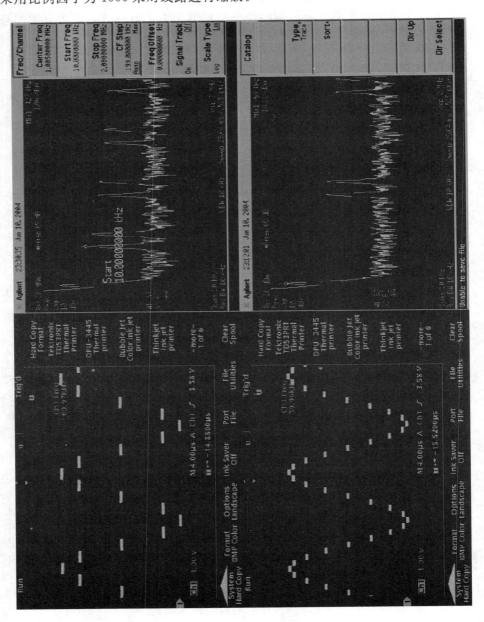

图 11.2　测试波形及相应频谱

三个采样后的正弦波的频谱显示了基频和采样频率两侧的假频上的能量。图 11.1 中的四步波形是在 240 kHz 上进行采样(每个周期采样 4 次),所以第一假频频率实际发生在 180 kHz 和 300 kHz 处。对于一个简单的方波来说,它们是相同的频率。图 11.2 中的第一个波形是在 480 kHz 处进行采样(每个周期采样八次),所以假频频率发生在 420 kHz 和 540 kHz 处。图 11.2 的第二个信号是在 960 kHz 处进行采样(每个周期采用 16 次),所以假频频率发生在 900 kHz 和 1020 kHz 处。在图 11.2 中的信号频谱中任何地方都没有 60 kHz 基频的谐波失真。所有在较高频率下的能量都与采样频率有关。随着频率增加,每个假频上的能量就会降低。表 11.1 列出了对于八步信号来说,每个高达 3 MHz 的假频相对于基频的能量。总谐波失真(THD)是 4.6%,在 20%THD 的目标之内。这就意味着我们可以无需滤波就可以直接驱动负载。16 步波形有大约 1% 的 THD。

我们必须做的下一个决定是怎样从主电源切换到电池电源。可以使用一个中继来切换主电源和电池电源。中继不是一个特别快的器件,所以需要储存电容来维持足够多的能量以应对中继切换周期所需的能量要求。该周期不长,但是数十毫秒是正常的。我们也需要电子来控制中继。如果采用电子来提供开关功能,那么可能使用的元件和中继方案同样多,且成本差不多。另外一个关注电子方案是中继存在稳定性的问题。电流会引起在正常关闭的触点和正常打开的触点上的触点会超时氧化。电子方案的优势在于一旦输入电源储存电容的电量耗尽,可以从输入电源和电池中产生电流来给输出供电。比较简单和廉价的传输线路采用二极管来把电池组和主电源之间进行隔离。输出功率转换线路将会上拉至从电池组输出的 15 A 上。一个肖特基二极管有大约 0.5 V 正向压降,所以功耗大约是 8 W。一个电子方案的功耗可能接近 2 W。对电池组的分析揭示了增加电子传输的复杂性并没有优势——因为在电池组中有丰富的储备能量。

表 11.1 八步波形的相关的谐波失真与假频

频率/kHz	相应的功率
420	0.020
540	0.013
900	0.004
1020	0.003
1380	0.002
1500	0.002
1860	0.001
1980	0.001
2340	0.000
2460	0.000

密封的铅酸电池是该应用中唯一的有成本效益的技术。该市场是非常具有竞争性的,所以对于等效的电池来说,制造商给出的价钱大体相等。大多数人肯定想最好要 24 V,有时候需要高达 48 V,来尽可能地减小电流的消耗。我们必须基于峰值电流来对电池的容量降级。一个 20 A·h 的电池可以持续供应 1 A 的电流达 20 小时。而同样的电池如果要供应 20 A 时,则只能持续 36 分钟。一个 300 W·h 的需求则意味着 20 h 的电池的额定功率必须是 500 W·h。表 11.2 列出了几种配置以及总成本(量大的情况下的 Digi−Key 价格)。

有 4 种电池组可以以大致相同的成本来提供所需的能量。最贵和最便宜地电池组也仅差 3.30 $,因此我们根据复杂度和可靠性来选择适合的系统。看起来 36 V 的系统是最好的——因为它有很大的能量裕量。由于它采用 3 个相等的电池,而其中最便宜的是混合了 12 V 和 6 V 的电池,所以其制造也是花销较小的。

当充满电时,铅酸电池中的每个电池都有一个 2.40～2.42 V 的悬浮电压。我们的系统会要求电池组两端有 44 V 以保持充电。允许充电线路有 6 V 的压降就意味着充电线路和功率转换线路需要 50 V。同样的,当铅酸电池中的每个电池的电压降至低于 1.95 V·h,它会迅速地放电。这样就把其最低功率转换电压设为 35.1 V。

表 11.2　电池组成与总成本(2004 年)　　　　　　　　单位:美金

电池电压	总电压	容量/A·h	W·h	总成本
6	120	4.2	504	141.75
6	72	7.2	518	135.64
6	42	12	504	115.45
12	72	7.2	518	97.34
12	48	12	576	106.82
12	36	17	612	98.64
12	24	28	672	99.90
12/6	42	12	504	96.60

最初的设计目标是尽可能地多使用现成的元件来进行设计。预调节器的电流水平排除在输出滤波器上采用一个现成的电感来实现。接着采用了 72 V 电池来进行第二次设计。通过快速的分析发现,它的占空比会在 50% 到将近 100% 之间变动。电流水平是降低了,但是占空比的改变使得需要 600 μH@7 A,而不是 470 μH@12 A。这样的电流水平使得两个电感都需要定制。

正常的输出电压是 120V_{AC}。最高的电源电压需要响应 170 V 的峰值交流输出电压。第二个电源电压是 120 V,可以使用一个升压转换器或者变压器转换器对电池电压进行提升。正如第五章中所提到的,由于开关不是在输入和输出之间的电流的路径上,所以升压变压器不能在失效的情况下进行限流。正向或者推挽式转换器可以通过关断开关控制来关断输出。

有两种选择来输出两个电压。第一个就是采用一个单端输出并同时采用PWM 线路来改变在 120～170 V 的电压。另外一种方式是使用转换器来同时产生两个电压,同时在两个电压之间设计一个电子开关。对于第一种方法,PWM 控制回路必须足够快才能在 2 ms 的时间周期内跟踪到电压在 120～170 V 的改变,而在这之间电压需要有一个峰值。设计一个迅速响应的控制回路是可行的,但是很可能会非常复杂。

第二种方法采用了更多的元件,但是控制回路就相对简单很多。我们的设计是从功率变压器上的分开的线圈上产生两个电压,分别是 120 V 和 170 V。可以仅仅控制其中的一个电压,这样就必须确保两个电压之间相差总是接近 50 V。一种方式是控制 170 V 电源,同时把 120 V 箝位在比 170 V 低 50 V 的位置。由于 120 V 电源需要在真正的正弦波应用中提供大量的能量而往往会趋向于比 120 V 低,所以这可能是一个比较合理的方案。在电子应用中,170 V 电源将会负责能量的主要部分。

最后需要考虑的是输出驱动。输出部分是一个标准的 H 桥,用来生成交互的交流信号。这里的 H 桥和开关电源中的 H 桥的最大不同在于其电压和电流很可能脱相。脱相操作一定是针对小于功率因子的负载。电流与电压之间的脱相的需求将要求使用 MOSFET 管,从而使得电流在导通开关里能够双向流动。

11.3　预调节器的具体设计

图 11.3 所示为输入功率转换电路的线路图,只有显示机械功率开关的1/3。第一部分是控制电源线的电源。第二部分把电池和输出电路断开,而第三部分则是把电池的低压端断开。输入电压和差分模式电容用来在一个合理成本范围内尽可能地增加功率因子的值。一个经济的电感在降低低阶谐波上没有什么效果。在美国,目前还没有谐波的要求,所以无须降低谐波。我们可以通过减小输入储存电容的尺寸以及增加纹波电流来降低谐波分量。

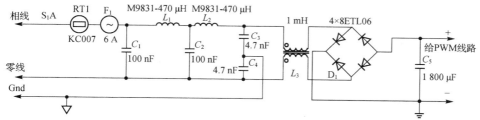

图 11.3　输入功率转换电路

　　图 11.4 所示为用来把输入电压降至 50 V 的输入稳压器。在悬浮时,峰值电池电压是 43.6 V。对于电池充电线路而言,50 V 会产生足够的净空电压。维持较低的输入电压可以降低最终的功率转换线路的范围。在对电池组充电时,输入电压和悬空电压之间的差异越小就会越能降低损耗。电池充电器是一个耗散型稳压器,所以输入电压越高,就越浪费功率。把输入稳压器的最大占空比设为 90% 可以允许最低电压为 56 V,同时 187 V 的最大输入电压将会把最小占空比设为 26%。我们可以采用最小的 108 VAC 输入电压来对储存电容进行计算。

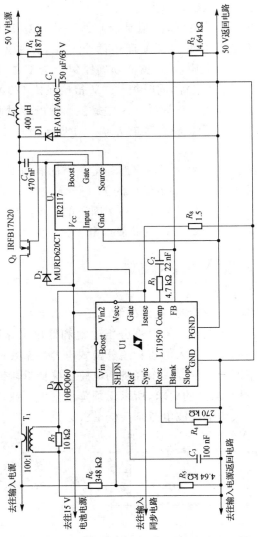

图 11.4　把输入电压降至 50 V 的输入稳压器

我们采用箝位方程来决定最小的输入储存电容容值。能量可以近似地估算为当 AC 断电后足够维持半个周期时间(8.3 ms)的能量。需要同时供应对全放电电池组的充电电流(4 A)以及全输出功率的电流(7.5 A)。这样就会产生 575 W×0.0083 s=4.8 J。

$$C×峰值电压^2=箝制能量+C×最小电压^2 \qquad (11-1)$$

$$C×152^2=4.8+C×56^2 \qquad (11-2)$$

$$19,968C=4.8 \qquad (11-3)$$

所以

$$C=240 \ \mu F \qquad (11-4)$$

目前没有这样的能够处理 4.5 A 的纹波电流的 240 μF 电容。我们将不得不使用诸如松下公司的 1800 μF/200WV 的代表——ECOS2DP182EX 等电容来满足纹波电流的要求。对于预调节器来说,纹波电流会很小,但是谐波抑制会更加困难。新的分析表明,当箝制时间为 7.5 个周期时,低输入电压 56 V 时的纹波电压为 13 V。占空比只需要 26%~50%,所以无需斜坡补偿。把最大占空比设置为 50%,从而使得在输入电容放电到 100 V 之前一直被箝制。

接着,我们采用第 5 章的"通用设计方法"中的算法来设计预调节器。我们需要选择一颗控制 IC,从而能够为 MOSFET 开关来驱动上侧驱动。控制 IC 也需要有一个外置电流感应输入,所以使用电流变压器。对降压转换器 IC 的搜索表明没有任何一颗元件会工作在 200 V 输入的情况下。大量的主要的降压转换器都是工作在具有内部开关的负载类型的应用中。而对离线 IC 的搜索表明绝大多数的设计都是古老的设计,需要进行大量的设计。一个正向或者反激控制 IC 也可以用于此设计。LTC1950 满足所有的要求:用于驱动上侧驱动线路的栅极驱动;满足电流变压器的电流感应输入以及内部斜坡补偿。

我们想把所有的 PWM 线路同步到输出波形以便控制 EMI。这不一定会降低 EMI,但是可以确信的是它会使得 EMI 保持恒定。控制 IC 的频率范围为 100~500 kHz。我们想要使用一颗晶振来控制频率,这样需要一个很方便地从标准晶振频率中相除而得出的频率。122,880 Hz 等于 250 乘以 480 Hz,所以 12.288 MHz 是一个标准频率。491,520 Hz 等于 1024 乘以 480 Hz,所以 4.9152 MHz 也是标准频率。这两种频率都需要一个除 10 线路以及多次二分。4.9152 MHz 可以产生 153 kHz 的开关频率,所以会比 12.288 MHz 的晶振产生的 122 kHz 稍微要好。153 kHz 的周期是 6.54 μs。

占空比的范围仅仅是 2:1,所以变压器的驱动是可行的,但是上侧驱动 IC 可能比较便宜且更直接。IR2117 是一个好的选择。它仅能驱动 250 mA 的峰值电流,所以将不得不验证开关时间是否足够。上侧驱动所需电流能力取决于 MOSFET 管的栅极电荷。IRFB17N20 是合理的选择,因为它有较低的导通阻抗,同时它是 r_{ds} 为 200 V 的 MOSFET 管中最便宜的器件。它有 30 nC 的栅极电荷。其开关时间为 120 ns(30 nC/250 mA)。对于升压线路来说,一个 470 nF 的电容可以满足所有的电流要求。

电流感应变压器可以是特殊设计,或者可以使用单匝的环来作为标准的初级线圈。次级线圈不会承载有明显的电流,所以一个小环(大约 1 mH)就应该足够了。R_7 需要足够大,以便产生足够的伏秒来对磁芯复位。R_8 是在实验室中通过经验法则得出并用来产生在 7 A 的峰值电感电流下所需的电压。一个合理的以 100:1 开始的假设是 1.5 Ω。反馈电阻需要把 50 V 的输出分成 1.23 V。实际值是任意的。我们给 R_2 选择 4.64 kΩ,所以 R_1 必须是 187 kΩ。关机引脚上的电阻分压器把关机电压设为 100 V。

下一步就是选择纹波电流以及设计电感。该设计是一个级联系统,所以一部分线路的瞬态响应使用会比其他部分更长。输入部分的负载比输出负载的变化少,所以我们可以使用少量的纹波电感电流。纹波电流低就会有长的响应时间。500 mA 的纹波电流是合理的。我们可以采用电感方程来计算电感的感值:

$$L = V \times di/dt = (187\ V - 50\ V) \times (0.26 \times 6.54\ \mu s)/0.50\ A = 466\ \mu H$$

$$(11-5)$$

我们的原型设计将采用 4 个或并联或串联的 390 μH 电感(来自 Digi-Key 的米勒部分),从而使得电感在电流为 11 A 时,其值为 400 μH,而如果电流更低,那么电感为 780 μH。纹波电流在完全输出时将会是 600 mA,而不是 500 mA,该纹波电流在轻负载的情况下会是 300 mA。一颗 150 μF/63 V 松下 EE-UFC1J511 能够处理 690 mA 纹波电流,并且其阻抗为 0.178 Ω。纹波电压将是 70 mV。

HFA16TA60C 是一颗合适的整流二极管。在全负载时其均值电流为 8.5 A,同时我们需要两百多伏 PRV 才会有足够的裕量。该二极管可以阻断 600 V 并且有 16 A 的均值电流。当反向偏置时,D_2 几乎有完全的 187 V 输入,所以一颗 MURD620CT 200 V FRED 是合适的。封装内的第二个二极管与之并联。在磁芯复位时,D_3 有一个短而大的电压脉冲,所以一个 10BQ060 60 V 肖特基二极管足够了。

我们无需辅助电源来运行控制 IC。电池组会给控制 IC 提供即时电源。当电池完全放电时,单个电池没有足够的电压来驱动开关,而两个电池完全充电时,它们供应的电压又太多。我们将使用两个电池,同时降低供给 IC 控制电压的电压。本设计无需软启动操作,因为负载将通过电池供电,直到输出电压等于电池电压为止。

11.4 输出转换器的具体设计

对于输出转换器来说,推挽式操作是一个比较合理的选择——因为它会从相应的恒定的输入电压中产生其输入。倍频技术允许使用更小尺寸的电感和滤波电容。国际半导体公司的 LM5030 非常适合此应用。它满足所有的要求:外部同步、内部斜坡补偿以及大的栅极驱动能力。我们将把最大占空比(输入端)设为 40%,从而使得有控制的空间以确保器件不会同时导通。最低电压是 35.1 V 的电池电压减去 0.7 V 的开关二极管的压降,也就是 33.4 V。最大电压等于 50 V 预调节器电压减去 0.7 V 开关二极管的压降,也就是 49.3 V。它将把占空比的最小值设置为 28%。输出端的占空比将会是输入端的两倍或者是 56～80%。

交流输出电流的 RMS 值为 2.5 A。然而,170 V 电源的均值电流会是 900 mA,而 120 V 电源的均值电流是 1.25 A。相应地,它们的峰值电流分别是 3.5 A 和 2.5 A。最大整流二极管电压将在最小占空比处产生。170 V 电源的最大输入电压等于 303 V 加上整流器的压降。而 120 V 电源的最大输入电压则等于 214 V。两种电源的 PRV 值将等于输入电压的两倍。对于 170 V 电源来说,有一种降低二极管应力的方法就是把一个 50 V 电源和一个 120 V 电源串联,而不是采用单个 170 V 电源。这种配置将迫使两个电源更紧密。把最大占空比增加至 45%,同时把两个电源并联会产生 190 V 和 79 V 两个 PRV 值。最小占空比变为 63%。对于 120 V 电源来说,HFA08TA60 是一个比较合理的二极管,但是 HFA16TA60 实际上会比较便宜,同时可以允许在两个位置上使用。对于 50 V 电源来说,MURD620CT 是一颗合理的二极管。对于两种类型的二极管,在 1 A 正向电流下,其正向压降都为 1.2 V,所以变压器的电压分别需要为 80 V 和 191 V。图 11.5 所示为为功率转换线路而设计的线路。

即使在满负载的情形下,输出电流也很低,所以可以先采用 600 mA 纹波电流。在 300 mA 输出电流处,对应在负载中大约是 25V·A 处,电源将切换至离散模式。50 V 电源的电感感值需要为

$$L = V \times \frac{\mathrm{d}i}{\mathrm{d}t} = (79 \text{ V} - 50 \text{ V}) \times \frac{(0.63 \times 3.27 \text{ } \mu\text{s})}{0.60 \text{ A}} = 100 \text{ } \mu\text{H} \quad (11-6)$$

120 V 电源的电感感值为

$$L = V \times \frac{\mathrm{d}i}{\mathrm{d}t} = (190 \text{ V} - 120 \text{ V}) \times \frac{(0.63 \times 3.27 \text{ } \mu\text{s})}{0.60 \text{ A}} = 240 \text{ } \mu\text{H} \quad (11-7)$$

把电源串联,从而使得两个电源中的峰值电流都相同,所以两个电感的额定峰值电流均为 3.8 A。

最低输入电压为 34.4 V。开关电流是 12 A,所以 IRFB33N15D 的压降为

0.7 V。电流感应电阻的压降为 0.5 V。这样最低变压器电压为 33.2 V。

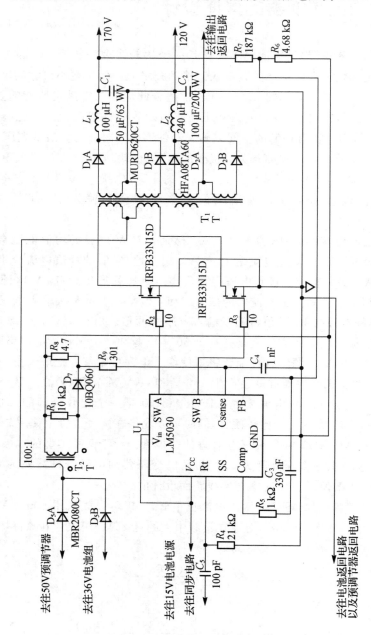

图 11.5 功率转换电路的线路图

对于 50 V 电源来说,变压器的线圈匝比为 80/33.2＝2.41,而对于 120 V 电源来说,其匝比则为 191/33.2＝5.75。

合理的线圈设置可能是在初级线圈上每侧四匝♯10 绕线(总共 8 匝)。50 V 电源的次级线圈上可能是每侧九匝♯18 绕线。而 120 V 电源的次级线圈可能会是每侧 23 匝♯18 绕线。在进行原型设计时这是一个合理的分布。

再次强调的是,第一次设计的决定需要校正。因为 LM5030 有 500 mV 电流感应电压,所以电阻将会产生将近 6 W 的功耗。这就表明电流感应变压器是一个更合理的设计。

在 25 ℃时,IRFB33N15D 的漏极额定电流为 33 A。在 150 ℃时,它依旧可以处理 12 A 的峰值电流。由于最大漏极电压将会是 50 V 电源输入电压的两倍,那么漏极额定电压必须是 150 V。一个 100 V 的器件没有任何设计的余地。

本应用中的输出纹波电压并不是特别重要。松下 100 μF/200WV EEU－EB2D101 器件有足够的纹波电流和较低的耗散因子。对于 50 V 电源来说,150 μF/63WV EEU－FC1J151 是一个不错的选择。对于 D_5 而言,MBR2080CT 是一个很好的功率传输二极管。在满负载时,其均值电流将会是 11 A,仅需要 60 V 的 PRV 值就可以有足够的设计余地。在任何时候封装中只有一颗二极管导通。

11.5 H 桥的具体设计

输出 H 桥是一个标准设计,如图 11.6 所示。如果采用 200 V MOSFET 管开关,会有足够的设计余地。上侧开关可以通过如我们在输入预调节器中所用的 IR2117 来驱动。

对于 IR2117 驱动来说,1 μF 升压电容应该是薄膜电容,这样它们才会有最小的漏电流。由于上侧驱动导通有时间限制,电解电容并不可行。对于 170 V 电源来说,上侧驱动可以采用一个 60 V P 沟道 MOSFET 管——因为它仅需要承受 50 V 电源的电压。因为由 R_1 自身提供的电流不足以把 Q_5 导通,所以 C_3 会提供加速电流来使它导通。R_1 必须是一个 500 mW 的电阻。对于 170 V 电源来说,因为占空比只有 25%,所以该电阻仅仅会有大约 250 mW 的功耗。而 R_2 则会为 Q_5 提供一条断开的通路。

电源与供电

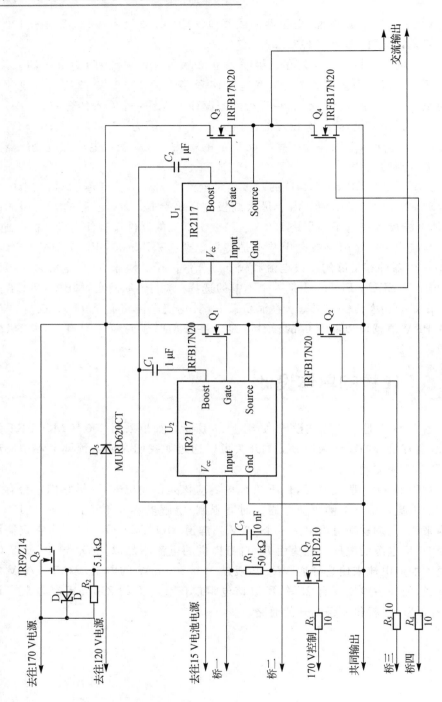

图 11.6 输出 H 桥

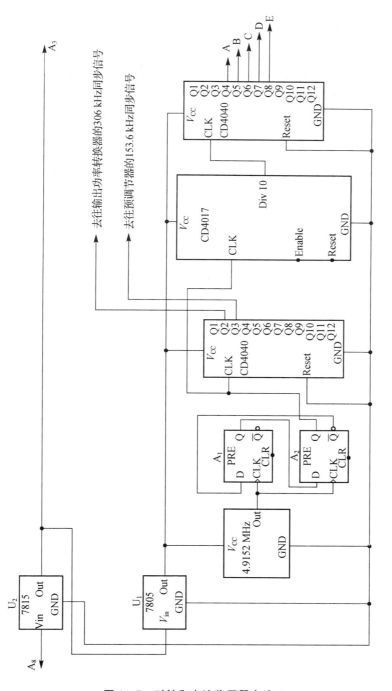

图 11.7 时钟和电池稳压器电路

11.6　桥驱动的具体设计

图 11.7 所示为时钟分频电路、逻辑电源、电池稳压器以及功率转换线路的同步信号生成器。图 11.8 所示为驱动 H 桥的逻辑。

在零电压周期的中间,下侧开关(Q₂ 和 Q₄)的驱动必须持续导通 1.04 ms (每半个周期的 1/8)。这个时序允许引导电流在零时间器件从一个下侧开关向另一个流动,从而确保下侧开关和上侧开关之间没有交叠。上侧开关和下侧开关必须无交叠驱动以确保没有电流短路贯通。

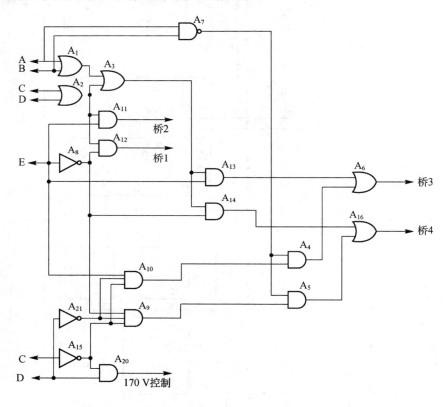

图 11.8　H 桥的驱动逻辑

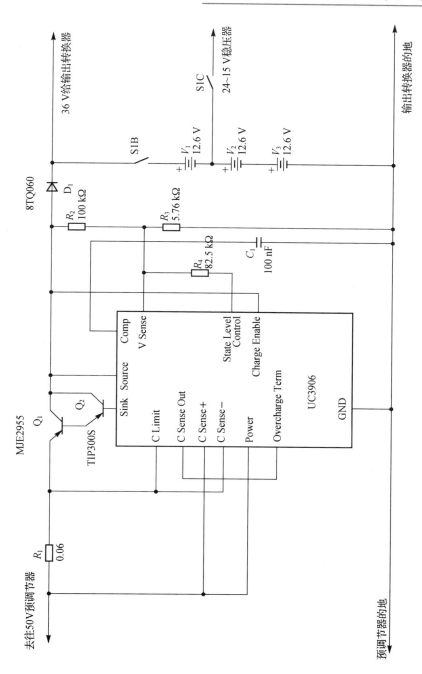

图 11.9 电池及其充电电路

  图 11.9 所示为电池和充电线路的电路图。充电线路的设计遵循 TI 公司的应用笔记 U－104 所推荐的设计方法。由于 IC 仅能提供 25 mA 的驱动,所以 Q_1 和 Q_2 实现了一个达林顿通元的功能。当电源失效时,D_1 就用来把 IC 和电池断开。它确保没有任何 IC 会把电池反向偏置。

  我们应该会注意到在图 11.4 和图 11.5 中的线路中,从控制 IC 的接地引脚到输出滤波电容之间有一个很长的连接。这是一个提醒——每个线路的左边部分的电流感应电阻和元件应该连接到 IC 的接地引脚,而接地引脚应该与线路中的电源部分的 PGND 之间进行单点小连接。电源线电路和 50 V 电源预调节器应该设计在一块 PC 主板上,而输出线路需要设计在第二块 PC 主板上。替代方案是把输入线路设计在 PC 主板的一边,而把输出电路设计在具有很宽电源印制线的另一边。中间则用来连接电池和充电器。

第 **12** 章

热分析与设计

如果电源变热,读者根本不用感到意外。有时候它们会变得很热。读者已经想尽一切办法来获得最大的效率。现在需要面对的是解决由此而产生的热能。

市场总是想要免费的、无需测试的但是效率为 100% 的开关电源。而作为电源工程师的你只能不得不习惯于辜负着市场的期望。

进一步小型化的电子驱动以及越来越多的表面贴片封装元件的使用带来了一个真正的挑战。对那些不能使用散热器的发热器件的使用意味着必须采用更多的非传统的散热方法。

在现实领域中的经验法则是元件的温度每增加 10 ℃,那么它的寿命就会减半。所以作为一个设计者的目标就是保持元件的温度尽可能低以求产品的寿命尽可能的长。

本章采用对散热系统进行数学建模方法来阐述机械散热组件的一些设计方法。作者以一种能够理解的方式来讲述,以便帮助读者实现设计。

——Marty Brown

对于电源的整体设计而言,合适的散热设计是必不可少的。过热故障可能占据了所有的故障中的最大的部分。因此,设计者必须理解其基本的设计原则。

热分析其实与欧姆定律一样。有诸如电压、阻抗、节点以及分支等相似的参数。对于主要的电子应用中,如果对散热系统足够了解,散热"线路"是非常基础的线路,而且其参数值可以在几分钟内就可以计算出来。如果有温度测试探棒,热分量可以很容易进行测试和计算。

在设计散热系统时有两个主要的目标:首先是绝对不允许任何元件超出其最大工作结点温度($T_{J(max)}$);其次是在严格受限的空间和重量内尽可能保持元件的温度低。如果第一个目标没有达到,那么就会引起元件瞬间失效。第二个目标会影响系统的生命周期。MIL-217——一个用于高可靠性应用中的可靠性预测工具——做了如下概括:"室温每升高 +10 ℃,元器件的寿命减半"。在大部分应用中,设计者应该关心是否有元件的壳温超过了 +60 ℃。

12.1　散热建模

散热系统分析实际上就是欧姆定律的变形。它有等效的线路元素并且可以直接映射到电子领域中的元件中去（表 12.1）。

这些元素总会形成一个回路，整个模型中，功率源提供动力。每个线路元素和节点对应着在实际物理设计内一个物理结构或者表面。功率源对应的是线路中发热元素——它可以产生可计算的或可量测的功率。功率半导体是电源中典型的主要发热元素。功率可能通过使用从示波器测出的图形化的电压乘以相应的电流后通过标准化所得出的一秒内（功率＝能量/秒）的能量来衡量，或者如果是直流应用的话，就可以采用数字电压表（DVM）直接量测电压和电流。功率单位是 W。

300

表 12.1　热领域和电子领域之间的元素类比

电子参数	等效的热参数
电压源	功率（热）源
阻抗	热阻
节点电压	元件温度
电流环路	热环路
电路参考地	环温

热阻可以描述两种物理情形：第一种就是在表面边界之间热流所遇到的阻力，例如安装有散热器的功率晶体管。第二种情形就是热从热发射表面到热辐射表面之间的蔓延。这两种情形都可以简单地采用单个散热元素——热阻——来表示。热阻采用希腊字母 θ 表示。其单位是每瓦摄氏度（℃/W），表示在给定的功耗下边界上的温度差异。与半导体有关的一些热阻概念如下：

（1）功率元件封装：

$R_{\theta JA}$：从结点到空气中的热阻。

$R_{\theta JC}$：从结点到外壳中的热阻。

$R_{\theta CS}$：从外壳到散热器中的热阻。

$R_{\theta SA}$：从散热器到空气中的热阻。

（2）二极管：

$R_{\theta JL}$：从结点到导线中的热阻。

$R_{\theta LA}$：从导线到空气中的热阻。

所有半导体与外壳相关的参数都会由半导体制造商公布。如果有人去买一个散热器时，散热器厂商就会提供散热器到空气相关的参数。如果各管各，那么就很容易量测出任何模型中的这些阻抗。

每一种散热模型都是以周围空气温度作为地，除非散热媒介是水或者冰——在这种情况下，需要使用到该媒介的环温。这必定是由于功耗产生器件不可能比它周围最冷的媒介的温度还低，同时还因为热往往是从温度高的部分往温度低的部分流动。

模型中的节点是沿热流路径的各部分的表面。它们可以是晶体管外壳、散热器表面、半导体基座等（图 12.1）。这些表面计算出来的温度实际上可以通过在它们各自表面上采用温度探棒进行量测。如果功耗不清楚，但是所有的热阻都知道，可以向后推断模型，通过简单地量测每个热边界的温差，从而确定基座上的功耗。

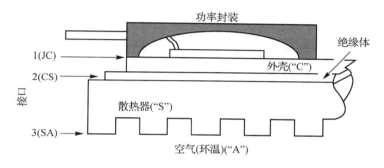

图 12.1　功率封装的散热模型图

12.2　散热器上的功率封装（TO－3、TO－220、TO－218 等）

图 12.2 所示为该物理情形的建模。散热方程：

$$T_{j(max)} = P_D(R_{\theta JC} + R_{\theta CS} + R_{\theta SA}) + T_A \tag{12-1}$$

由于散热器是主要的散热器件，所以假设所有的功耗都会从其他所有的热元素中流过。

可以在一个室温下进行温度测试，但是设计者必须清楚通常产品是用外壳封装，所以它的内部温升必须增加到温度测试的结果中。另外一个考虑是产品可能经受的最高外部环境温度。在沙漠中——本书所写之地——白天的温度在背阴处可能达到＋43 ℃，而在汽车里会超过 55 ℃。

表 2.2 有给出不同功率封装的典型热阻值。

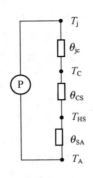

图 12.2　散热器上的变压器的散热模型

表 12.2　普通通孔功率封装的热阻

封装	最小值	最大值	最小值	最大值
TO—3	*	30.0	0.7	1.56
TO—3P	*	30.0	0.67	1.00
TO—218	*	30.0	0.7	1.00
TO—218FP	*	30.0	2.0	3.20
TO—220	*	62.5	1.25	4.10
TO—225	*	62.5	0.12	10.0
TO—247	*	30.0	0.67	1.00
DPACK	71.0	100.0	6.25	8.33

　　对于这些类型的封装来说,散热预估都是最小值和最大值。热阻值高度依赖于封装内基座的尺寸,所以需要查阅数据手册来确定精确的最大值。

　　绝缘焊盘也会增加外壳到散热器的热阻值。选择合适的绝缘焊盘可以尽可能减小该热阻。有两种通用技术分别是云母和硅。也有一些陶瓷技术,但是这些都是应用在非常特殊的场合。另外,有些绝缘体如云母等需要散热油脂以便获得更好的热接触。

12.3　不在散热器上的功率封装(独立式的)

　　没有安装在合适的散热器上的功率封装的功率耗散可能有望比封装的最大指定功率的 5% 还要少。所以当一个 100 W 器件是独立式时,那么它仅仅会产生 1～2 W 功耗。这也包括了使用 PC 主板的镀铜作为散热器。这样,当成本是最重要的考虑时,就应该非常谨慎地使用。

　　图 12.3 所示为一个独立式的功率封装,而图 12.4 所示为其模型。这样散热方程就变成了:

$$T_{j(max)} = P_D R_{\theta JA} + T_A \qquad\qquad (12-2)$$

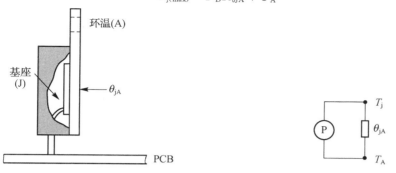

图 12.3　独立式的功率封装示意图　　图 12.4　独立式的功率粉状的散热模型

我们可以看到,根据结点到空气之间的热阻的典型值,系统无需太多的功率就可以导致结点的温度很高。如果设计者可能把该功率封装安装到任何金属表面以增加其辐射表面面积,它仅仅会改善结点温度。

12.4　径向引线二极管

电源中的二极管通常会消耗大量的功率。它们是输入整流器和输出整流器。在双极型开关电源的中心,输出整流器的功耗与双极型功率开关一样多,所以它们对系统中的热量的贡献很大。图 12.5 所示为其物理情形。

我们可以看到,散热参数定义了不同的物理状况。对于径向引线二极管来说,只有从基座,经过导线,才能传导热。这样热阻的改变将是导线长度的函数,这个在数据手册中有公布。散热表达式(图 12.6(a))为

$$T_{j(max)} = P_D R_{\theta LA} + T_A \qquad\qquad (12-3)$$

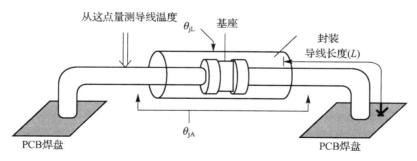

图 12.5　一个贴装二极管的物理图

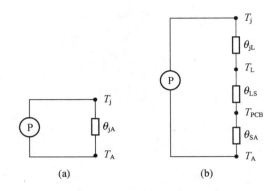

图 12.6　轴向引线二极管的散热模型

这是典型的在 PC 主板安装的元件应用,在该应用中,只有 PC 主板印制线会把热量从二极管传导出去。导线到空气之间的热阻的典型值大概为 $30\sim40\,^{\circ}\mathrm{C}/\mathrm{W}$,而且它会根据导线长度而变化。

有一些用于径向引线二极管的散热器会被焊接到引线上。有些晶体管散热器制造商也会提供。在这种情形下,散热方程(图 12.6(b))就变成了

$$T_{\mathrm{j(max)}} = P_{\mathrm{D}}(R_{\theta\mathrm{jL}} + R_{\theta\mathrm{SA}}) + T_{\mathrm{A}} \tag{12-4}$$

这些散热器对有裕量的散热情形有用。另一种方案就是采用在功率晶体管封装,如 TO－220、TO－218 等里面的整流器,并把它们放置在散热器上或者采用具有较低正向压降的二极管——如肖特基二极管——的不同的技术来实现。

12.5　表面贴装零件

表面贴装零件现在已经被广泛使用。它们只能通过焊接到 PCB 上的导线来散热。铜岛的厚度和表面面积变成了散热器系统。表面贴装元件内的热阻会高得多,因此没有多少余地和空间来进行设计。表 12.3 为通常的表面贴装封装的热阻的正常值。如果要精确值的话,请查阅各自的数据手册。

选择一个适合于所要实现的功能的封装至关重要。对于电流低于 50 mA 的开关信号,SOT23、SOD123、其他简单的具有翼形引线、J 型引线的封装以及焊锡球引线封装是非常紧凑又实惠的。对于电流为 100 mA 到数安培的情形,封装就必须有一个调整片或者多个导线直接连接到基座上。这些通常是漏极、集电极以及阴极。通用的封装是 SOT223、DPAK、SMB 以及 SMC。这些封装会提供非常低的阻抗通道来把热量从基座中散发到 PC 的主板中。

表 12.3　典型的表面贴装封装的热阻

封装	J－A[1]	J－C[2]
SOD123	340	150
SOT23	556	75
SOT223	159	7.5
SO－8	63	21
SMB		13
SMC		11
DPAC	80	6
D2PAK	50	2

1. 参考焊盘尺寸的热阻。

2. 非常大的焊盘尺寸的热阻。

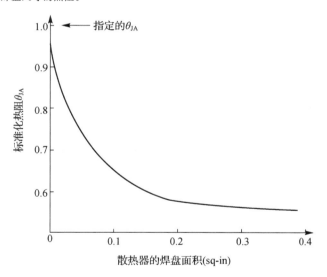

图 12.7　与 θ_{JA} 相比的焊盘尺寸增加所导致的影响的实例

　　在表面贴装 PCB 的应用中，通常不止一个问题需要考虑。散热、信号以及 EMI/RFI 都必须考虑。在开关电源里，必须耗散最大热量的印制线也是具有最大 dv/dt 值且最容易与周围印制线耦合的节点。

　　对采用表面贴装封装技术的散热系统的布局布线依旧没有一个成形的流程。半导体制造商依旧不会提供每个功率封装的足够信息以便让工程师能够自信地进行散热设计。图 12.7 中的图表是基于 SOT223 封装的标准图形。该曲线仅是 PCB 的顶层且铜厚为 2－oz 时的情形。像图 12.7 所示的曲线需要正确地规划 PCB 散热岛的大小。

12.6　一些散热应用的实例

这些实例将带领读者进行一个典型热分析应用,但是会与通常的应用有所不同。这些变化在定义一个设计的边界很有用。

12.6.1　确定应用中的最小散热器(或者最大允许热阻)

对于在功率元件的热限额被超过的应用场合中,需要确定最小的散热器时,该方法很有用。如下为消费性电子产品市场中设计一个散热器系统的方法。

该元件是在一个开关电源中的 FDP6670(Fairchild 公司的 MOSFET 管)。采用对流散热。

$$P_D = 10 \text{ watts}$$
$$T_{A(max)} = +50 \text{ ℃}$$
$$\theta_{JC} = 2.0 \text{ ℃/W}$$
$$\theta_{SA} = 0.53 \text{ ℃/W(铁镍耐热耐蚀合金,型号:53-77-5)}$$
$$T_{J(max)} = 175 \text{ ℃}$$

其散热模型如图 12.8 所示。

对方程 12-1 变形,解出散热器的热阻。

$$\theta_{SA(max)} < (T_J - T_A)/P_D - \theta_{JC} - \theta_{CS} \qquad (12-5)$$

假设 θ_{CS} 值为 1.0 ℃/W。没有要求结点处在它的最高温度处地保守设计将会使得最大允许温升为 150 ℃。其结果是:$\theta_{SA(max)} = 7.0$ ℃/W

PC 主板安装的散热器的选择是:铁镍耐热耐蚀合金,型号为 7021B～7025B,低成本金属片式散热器。

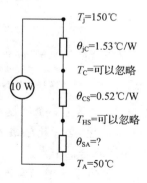

图 12.8　设计实例 12.6.1 的散热模型

12.6.2　确定在最大指定环温且没有散热器下通过三端稳压器耗散的最大功率

三端稳压器的过流保护完全依靠散热系统。当基座达到了大约 165 ℃ 时，稳压器就会关机。下例展示了一个 μA7805 器件无需散热器的散热能力。

目标三端稳压器是 μA7805KC(TO220)(TI 公司)，其参数如下：

（1）$T_{J(max)}$：150 ℃。

（2）$T_{A(max)}$：+50 ℃。

（3）$V_{in(max)}$：10.0V_{DC}。

（4）$I_{out(max)}$：200 mA。

$$\theta_{JA} = 22 \ ℃/W$$

稳压器的功耗为

$$P_D = (V_{in(max)} - V_{out})I_{out(max)} \tag{12-6}$$

也就是

$$P_D = 1.0 \ W$$

图 12.4 为其散热模型，同时把方程 12-2 变形如下：

$$T_{A(max)} = T_{J(max)} - P_D\theta_{JA}$$
$$T_{A(max)} = 150 \ ℃ - (1.0 \ W)(22degC/W)$$
$$T_{A(max)} = 128 \ ℃ \tag{12-7}$$

所以，μA7805KC 将在其额定的最大结点温度范围下工作。

12.6.3　在已知导线温度的前提下确定整流器的结点温度

这对验证二极管的结点温度是否在其安全工作范围之内非常有用。

这是一个齐纳二极管、并联稳压器的应用。该二极管的型号为 1N5240B（10°$V_{(nom)}$，±5%）。

$I_{Z(max)}$：50 mA

$T_{A(max)}$：+50 ℃

T_L：+46 ℃（在 T_A = +25 ℃ 处量测）

导线长度 3/8 英寸(1.0 cm)每(175 ℃/W)

最坏情形下的功耗为

$$P_D = 1.05(10 \ V)(50 \ mA) = 525mW \ 或者 \ 0.525 \ W$$

该情形比较适合图 12.7(b)所示的散热模型。由于之前我们就知道所有的元素都在导线节点温度之上，所以无需知道模型中所有的元件参数。以所测导线温度为基础的温升的散热表达式为：

$$T_{J(rise)} = P_D\theta_{JL} \tag{12-8}$$

也就是

$$T_{J(rise)} = (0.525\ W)(170\ ℃) = 92\ ℃ 温升$$

在规定的最大本地环温下的结点温度是：

$$T_{J(max)} = T_{J(rise)} + T_{A(max)}$$

$$T_{J(max)} = 142\ ℃ \tag{12-9}$$

数据手册中显示规定的最大结点温度是 $+200\ ℃$，所以结点温度在安全工作区域。

参考文献

[1]Askianazi, G. J. Lorch, and M. Nathan. "Ultrafast GaAs Power Diodes Provide Dynamic Characteristics with better Temperature Stability than Silicon Diodes." PCIM, April 1995, pp 10 – 16.

[2]Hammerton, C. J. "Peak Current Capability of Thyristors." PCIM, November, 1989, pp 52 – 55.

[3]Coulbeck, L., W. J. Findlay, and A. D. Millington. "Electrical Trade-offs for GTO Thyristors." Power Engineering Journal, February 1994, pp18 – 26.

[4]Bassett, Roger J. and Colin Smith. "A GTO Tutorial: Part I." PCIM, July 1999, pp35 – 39.

[5] Bassett, Roger J. and Colin Smith. "A GTO Tutorial: Part II-Gate Drive." PCIM, August 1989, pp21 – 28.

[6]McNulty, Tom. "Understanding Power MOSFETs." Harris Semiconductor, Application note AN7244. 2, September 1993.

[7]Travis, Bill "Power MOSFETs & IGBTS." EDN, January 1999, pp 128 – 147.

[8]Goodengough, Frank. "Trench-Gate DMOSFETs in S0 – 8 Switch 10A at 30V." Electronic Design, March 1995, pp65 – 77.

[9]Goodengough, Frank. "DMOSFETs Switch Milliwatts to Megawatts." Electronic Design, September 1994, pp57 – 65.

[10]Furuhata, Sooichi and Tadashi Miyasaka. "IGBT Power Modules Challenge Bipolars, MOSFETs in Invertor Applications" PCIM, January 1990, pp 24 – 28.

[11]Russel, J. P. et al. "The IGBTs – A new high conductance MOS-gated device." Harris Semiconductor, App. Note AN 8607. 1, May 1997.

[12] Wojslawowicz, J. E. "Third Generation IGBTS Approach Ideal Switch Capability." PCIM, January 1995, pp 28 – 37.

[13]Frank, Randy and John Wertz. "IGBTS Integrate Protection for Distributorless Ignition System." PCIM, February 1994, pp 42 – 49.

[14]Dierberger, K. "IGBT Do's and Don'ts." PCIM, August 1992, pp 50 – 55.

[15]Clemente, S., A. Dubhashi, and B. Pelly. "Improved IGBT Process Eliminates Latch-up, Yields Higher Switching Speed – Part I." PCIM, Octobert 1990, pp 8 – 16.

[16]Temple, V., D. Watrous, S. Arthur, and P. Kendle. "MOS-Controlled Thyristor (MCT) Power Switches-Part I-MCT Basics." PCIM, Novem-

ber 1992, pp 9 – 16.

[17] Temple, V., D. Watrous, S. Arthur, and P. Kendle. "MOS-Controlled Thyristor (MCT) Power Switches-Part II: Gate Drive and Applications." PCIM, January 1993, pp 24 – 33.

[18] Temple, V., D. Watrous, S. Arthur, and P. Kendle. "MOS-Controlled Thyristor (MCT) Power Switches-Part III: Switching, Application and The Future." PCIM, February 1993, pp 24 – 33.

[19] Temple, V. A. K., "MOS-Controlled Thyristors-A New Class of Power Devices." IEEE Trans., Electron Devices, vol ED-33, no 10, pp 1609 – 1618.

[20] Temple, V. A. K., "MOS-Controlled Thyristors-A New Class of Power Devices." PCIM, November 1989, pp 12 – 15.

[21] Burkel, R. and T. Schneider. "Fast Recovery Epitaxial Diodes Characteristics-Applications-Examples." IXYS Technical Information 33 (Publication No. D940004E, 1994).

[22] Williams, B. W. Power Electronics: Devices, Drivers, Applications and Passive Components. Macmillan, 1992.

[23] Kinzer, Dan. "Fifth-Generation MOSFETs Set New Benchmarks for Low On-Resistance." PCIM, August 1995, p 59.

[24] Delaney, S., A. Salih, and C. Lee. "GaAs Diodes Improve Efficiency of 500kHz DC-DC Converter." PCIM, August 1995, pp 10-11.

[25] Deuty, S. "GaAs Rectifiers Offer High Efficiency in a 1MHz. 400Vdc to 48 Vdc Converter." HFPC Conference Proceedings, September 1996, pp 24-35.

[26] Daivs, C. "Integrated Power MOSFET and Schottky Diode Improves Power Supply Designs." PCIM, January 1997, pp 10-14.

[27] Goodenough, Frank. "Dense MOSFET enables portable power control." Electronic Design, April 14, 1997, PP 45-50.

[28] Anderson, S., K. Gauen, and C. W. Roman. "Low Loss, Low Noise Diodes Improve High Frequency Power Supplies." PCIM, February 1991, pp 6-13.

[29] Adler, Michael, et al. "The Evolution of Power Device Technology." IEEE Transactions on Electronic Devices, November 1984, Vol ED-31, No 11, pp 1570-1591.

[30] Arthur, S. D. and V. A. K. Temple. "Special 1400 Volt N-MCT Designed for Surge Applications." Proceedings of EPE 93, (Vol 2)(1993), pp 266-271.

[31] Barkhordarian, V. "Power MOSFET Basics." PCIM, June 1996, pp 28—39.

[32] Bird, B. M., K. G. King, and D. A. G. Pedder. *An Introduction to Power Electronics* (2nd Edition), John Wiley, (1993).

[33] Borras, R., P. Aloisi, and D. Shumate. "Avalanche Capability of Today's Power Semiconductors." Proceedings of EPE-93, (Vol2), (1993), pp 167 – 171.

[34] Bose, B. K. Modern Power Electronics. IEEE Press, 1997.

[35] Bradley, D. A. Power Electronics. Chapman & Hall, 1995.

[36] Consoli, A., et al. "On the selection of IGBT devices in soft switching applications." Proceedings of EPE-93, pp 337 – 343.

[37] Deuty, Scott, Emory Carter, and Ali Salih. "GaAs Diodes Improve Power Factor Correction Boost Converter Performance." PCIM, January 1995, pp 8 – 19.

[38] Driscoll, J. "Bipolar Transistors and High side Switches in High Voltage, High Frequency Power Supplies." Proceeding of power conversion conference, October 1990.

[39] Driscoll, J. C. "High Current fast turn-on pulse generation using Power Tech PG-5xxx series of "Pluser" gate assisted turn-off thyristors (GATO's)." Power Tech App Note 1990.

[40] Eckel, H. G. and L. Sack. "Optimization of the turn-off performance of IGBT at overcurrent and short-circuit current." Proceedings of EPE-93, 1993, pp 317 – 321.

[41] Frank, Randy and Richard Valentine. "Power FETS Cope with the Automotive Environment." PCIM, Ferbruary 1990, pp 33 – 39.

[42] Gauen, K. and W. Chavez. "High Cell Density MOSFETs: Low on Resistance Affords New Design Options." Proceedings of PCI, October 1993, pp 254—264.

[43] Goodenough, Frank "DMOSFETs, IGBTS Switch High Voltage." Electronic Design, 7 November 1994, pp 95 – 105.

[44] Heumann, K. and M. Quenum. "Second Breakdown and Latch-up Behavior of IGBTs." EPE-93, 1993, pp 301 – 305.

[45] International Rectifier. "Schottky Diode Designer's Manual." 1997.

[46] Lynch, Fernando. "Two Terminal Power Semiconductor Technology Breaks Current /Voltage /Power Barrier." PCIM, October 1994, pp 10 – 14.

[47] Locher, R. E. "1600V BIMOSFET™ Transistors Expand High Voltage Applications." PCIM, August 1996, pp 8 – 21.

[48] Mitlehner, H. and H. J. Schulze. "Current Developments in High Power Thyristors." EPE Journal, March 1994(Vol 4, No. 1), pp 36 – 47.

[49] Mitter, C. S. "Introduction to IGBTs." PCIM, December 1995, pp 32 – 39.

[50] Mohan, N., T. M. Undeland, and W. P. Robbins. Power Electronics: Converter, Applications and Design. John Wiley, 1989.

电源与供电

312

[51]Nilsson，T. "The insulated gate bipolar transistor response in different short circuit situations. " Proceedings of EPE-93，1993，pp 328 – 331.

[52]Peter，Jean Marie. "State of The Art and Development in the Field of Medium Power Devices. " PCIM. May 1986，pp 14 – 27.

[53]Polner，Alex. "Characeristics of Ultra High Power Transistors. " Proceeding of First National Solid State Power Conversion Conference，March 1995.

[54]Ramshaw，R. S. Power Electronics Semiconductor Switches. Chapman & Hall，1993.

[55]Rippel，Wally E. "MCT/FET Composite Switch. Big Performance with Small Silicon. " PCIM，November 1989，PP 16 – 27.

[56]Roehr，Bill. "Power Semiconductor Mounting Considerations. " PCIM，September 1989，pp 8 – 18.

[57]Sasada，Yorimichi，Shigeke Morita，and Makato Hideshima. "High Voltage，High Speed IGBT Transistor Modules. " Toshiba Review，No 157，Autumn 1986，pp 34 – 38.

[58]Schultz，Warren. "Ultrafast-Recovery Diodes Extend the SOA of Bipolar Transistors. " Electronic Design，14 March，1985，pp 167 – 174.

[59]Serverns，Rudy and Jack Armijos. "MOSPOWER Applications Handbook. ". Siliconix Inc. ，1984.

[60]Smith，Colin and Roger Bassett. "GTO Tutorial Part III – Power Loss in Switching Applications. " PCIM，September 1989，pp 99 – 105.

[61]Travis，B. "MOSFETs and IGBTs Differ in Drive Methods and Protections Needs. " EDN，March 1，1996，pp 123 – 137.